我的目标在于表明，

与某些哲学家的恐惧和另外一些哲学家的希冀相反，

科学的理性主义图像的根基既没有因为科学家乞助于审美考虑而受到侵蚀，

也没有因为科学家参加科学革命而发生动摇。

刘兵　主编

Beauty
and
Revolution
in
Science

美与科学革命

[英] 詹姆斯·W. 麦卡里斯特　著

李　为　译

By

James W. McAllister

中国大百科全书出版社

知识出版社

图书在版编目（CIP）数据

美与科学革命 /（英）詹姆斯·W.麦卡里斯特著；
李为译 . -- 北京：中国大百科全书出版社，2021.1
（艺术与科学译丛 / 刘兵主编）
书名原文：Beauty and Revolution in Science
ISBN 978-7-5202-0861-1

Ⅰ.①美… Ⅱ.①詹…②李… Ⅲ.①科学美学
Ⅳ.① G301

中国版本图书馆 CIP 数据核字（2020）第 231058 号

Beauty and Revolution in Science, by James W. McAllister, originally
published by Cornell University Press.
Copyright © 1996 by Cornell University
This edition is a translation authorized by the original publisher, via CA-LINK
International.
著作权合同登记号 图字：01-2020-1006

出 版 人　刘国辉
丛书策划　李默耘
责任编辑　程　园
责任印制　陈　凡
出版发行　中国大百科全书出版社
地　　址　北京阜成门北大街 17 号
邮　　编　100037
网　　址　http://www.ecph.com.cn
电　　话　010-88390739
印　　刷　保定市铭泰达印刷有限公司
开　　本　660 毫米 ×930 毫米　1/16
字　　数　247 千字
印　　张　18.75
版　　次　2021 年 1 月第 1 版
印　　次　2021 年 1 月第 1 次印刷
定　　价　52.00 元

本书如有印装质量问题，请与出版社联系调换

构建艺术与科学的坚实基础

——总序

科学与艺术成为跨越科学与人文领域的热点问题已经有许多年了。我们不时地看到一些相关的活动、项目、展览等举办，其中一些还有非常高端的人士参与。在基础教育、大学通识教育的改革中，对科学教育和艺术教育来说，科学与艺术之关联和素养也成为被关注的焦点之一。然而，如果仔细观察，就会发现，在这个议题成为热点的同时，其成果在表现形式和质量水准上，还存在诸多的问题和不足。例如，除了少数意识到其重要性的真正热心者之外，许多高端人士的参与，往往只是被临时拉进来，发表一些朴素的感想，或是做些基于其本职工作的联想和发挥，但这些参与、观点和言论，却并未基于扎实的学理性研究。许多相关的作品的完成，经常也只是在科学与艺术之间建构了比较表面化的关联，甚至只有相对牵强的对接。这些不足的存在，使得科学与艺术这一领域的发展并不理想。造成这种局面的重要原因之一，则是在此领域中深入、扎实、系统的学理性研究的缺乏。或者说，虽然已经经历了许多年的发展，但现在科学与艺术在国内在很大程度上依然还只是一个被提出的问题，或者被关注的主题，还没有形成一个成熟的研究领域。

将近20年前，本人曾主编了一套名为"大美译丛"的翻译丛书，在那套译丛的总序中，我曾写道："广义的科学美学的内容，也即对于自然之美与科学之美的认识和审美提升，应属于科学文化的一部分，而且是其非常重要的一部分。鉴于国内对此领域的深入研究之缺乏，我们选择了引进翻译国外有关重要论著的方式。不过，即使在国外，这些研究也是非常分散的，也还没有像其他一些相关领域——如一般美学和科学哲学等——的研究那样形成规模。因此，我们在策划此套丛书和确定选题时，对原著的选择余地会受到很大的限制，要从文献海洋的边边角角中将科学美学的重要代表作筛选出来，难免会有明显的遗漏，再加上获取版权的困难，又不得不再次对一些初选的佳作割爱，这使得本丛书涉及的范围和规模受到不少影响。尽管如此，在本丛书现有的选题中，还是涵盖了几个最重要的方面，如关于自然界和艺术之中美的典型体现之一——螺旋——的研究，关于美与科学革命之关系的科学哲学研究，关于人们对所认识的天体与音乐、数学与音乐共同之规律和美感的研究，关于艺术与物理学之关系的研究等等。"

这套译丛当时只出版了第一批5种，分别是《艺术与物理学——时空和光的艺术观与物理观》《生命的曲线》《美与科学革命》《心灵的标符——音乐与数学的内在生命》，以及《天体的音乐——音乐、科学和宇宙自然秩序》。虽然后来由于种种原因，这个译丛没有能继续延续出版下去，但已经出版的几种书还是产生了一定的影响。原本我们设想其主要读者应该是跨学科领域的科学人文研究者，后来却意外地发现在艺术领域中对此译丛关注的读者远远超出了我们原来的想象。这也说明，艺术与科学的问题，确实是一个会在更大范围内引起人们兴趣的话题。

将近20年后，艺术与科学仍然还是学界的一个热门话题，但如前所述，这些年来在此领域中更有影响的著作和研究工作依然还是为数不多。而另一方面，随着科学文化及与之相关的各领域的发展，例如像教育领域中"STEAM"（即科学、技术、工程、艺术与数学多学科融合的综合教育）的兴起，以及中国基础教育改革中对核心素养的强调、大学中通识教育的广泛开展等，更不用说在科学、艺术和科学人文教育中对跨学科研究的关注，无论在理论上还是在实践上，对艺术与科学这一主题（或者说研究领域）的需求却日益增长。而以前的"大美译丛"因系多年前出版，现在早已脱销。中国大百科全书出版社敏锐地意识到这类选题的价值，找到我，希望能重出"大美译丛"并继续增加新的品种。

正是在这样的情况下，才有了新的这套"艺术与科学译丛"。有些遗憾的是，原来"大美译丛"中几种非常优秀的作品（如《艺术与物理学——时空和光的艺术观与物理观》等），多年后已经联系不上版权。现在在这套新的"艺术与科学译丛"中，我们除了重版可以解决版权的几种著作之外，将陆续组织翻译更多的新作品，而选择的标准，则是在广义的艺术与科学这一领域中有特色、有新意、有重要学术价值的各类作品。我们将以开放的方式将这套丛书持续地做下去。

希望"艺术与科学译丛"能够为国内相关的理论研究和实践转化应用提供有益的借鉴！

刘　兵

2020年9月20日于清华园荷清苑

CONTENTS　·目　录

自从我们名之为科学的人类活动出现伊始，哲学家们就一直力图通过构建模型来描述和理解它。然而，科学活动的形式是多种多样的；科学活动会因所处的学科分支、历史时期、研究派别的不同以及参与其中的科学家个体的不同而采取不同的形式。迄今为止，人们尚未找到一种能够对表现形式如此多样的科学活动做出统一说明的模型。在我们建构起这样的模型之前，说明和理解科学活动的最好方式就是，建构出各种只具部分概括力的模型，只要每个这样的局部模型，都分别能够对科学活动的这一或那一方面做出适当的说明。正是出于这种原因，现今的科学哲学中充满各种只能对科学活动提供部分说明的局部模型。

我们可以把这些局部模型依照它们所论问题范围的大小做层次上的排列。像否证主义和归纳主义这样最高层次上的模型的目标在于，描述在科学家的研究活动中或者在科学的长期的历史发展中所表现出来的最概观的那些特征。但是，用这样的模型无法解释科学活动的更贴近细节的那些特征，比如，用这样的模型不能解释科学家对新理论的抗拒，以及科学家对思想试验的情有独钟。而居间层次上的那些模型，比如对科学中所使用的类比推理的研究，可以揭示出科学家个人在科研中的一些独特路数，但是有了这样的模型不意味着我们就能够描述科学理论演替的每种具体情况。处于更低层次上的那些模型是把一门科学的发展依其具体阶段做编年的记述，这样的模型可以显示出与科学史实的精确符合，却使人无据从中做出概括。在种种模型中，属于最低层次上的是科学家的自传性记述；记述他们那些偶尔为之的对自己思考过的问题和使用过的方法的反思。

这些模型之间的逻辑关系是错综复杂的。许多处于最高层次上的模型，比如否证主义与归纳主义，由于它们之间相互矛盾，因而必定被看作是竞争对手。处于最低层次上的那些模型，虽然可能也是相互抵触的，但是更为典型的情况是，由于它们分别涉及不同的差别显著的历史事实，因而它们在逻辑上可以是相互独立的。每个最高层次上的模型总会有某些较低层次上的模型与之相容，并且典型情况是，着眼的层次越低，与每个最高层次上的模型相容的低层次模型就越多。例如，许许多多的科学家对自己工作的描述都与否证主义所主张的相一致。因而我们就可以在局部模型中做出选择，可以把它们安排成一种金字塔结构，这一模型的金字塔由一个最高层次的模型，若干中间层次的模型和许多低层次的模型组成。一个安排适当的由不同层次上的模型组成的模型金字塔会为它的使用者对科学活动在各种尺度上的特征提供一种理解，这尺度可以大至最普遍的概览，小至最详尽的历史细节。实际上，在每一位科学哲学家的心目中都自觉或不自觉地存有这样一个模型金字塔，这个模型金字塔帮助他或她对科学活动进行观察。在科学哲学中，许多争论都集中于对一些模型金字塔进行比较，目的在于取优舍劣。

现今，已有若干关于科学的模型金字塔提出，在本书中，我对我认为最可取的模型金字塔做了论述。在这一模型金字塔结构中，位居最高层次的是我将称之为"理性主义者关于科学的图像"的模型。这种理性主义的对科学活动的刻画主张，科学家对外部世界所进行的探究与推理要受到一些规则的约束，而这些规则是与实在有着某种特定关系的，这些规则就是理性规则。抱定这种理性主义信念的人，致力于为科学活动的方方面面提供理性主义说明，不过，他们当然不是要把科学家的一举一动都说成是理性的。在科学活动中，有这样两种特别事例迄今为止仍不能依据理性主义原则加以说明，一个是科学家在估价他们的理论时经常会诉诸审美标准，另一个就是科学革命。本书为这两种特别事例构造了相应的理性主义模型，并以此为建成以理性主义观点统率的模型金字塔结构做出贡献。

我在本书中提出的模型是一个居中间层次的关于科学活动的模型，是一个处在最高概括和历史个案研究之间领域的模型。这个层次的模型，在绝对简单性方面比不上那些最高层次的模型，而在细节的详尽性与对情境的敏感性方面又比不上那些对各个具体事件所做的历史研究。毫无疑问，我提出的模型的这后一方面局限更值得看重，并且我也不打算对此含糊其词。如果有谁希望对科学史中诸如天文学中日心说的兴起或者物理学中量子理论的产生这样的一些特别事例做详尽入微的了解，我请他到别处寻求帮助。此处，我们是在多少高一些的概括水平上处理问题，寻找的是一些类别的历史事例共有的东西。因而我们就得认可由此造成的对历史细节的说明能力的降低。

本书内容安排如下："第一章　对理性主义的两个挑战"指出，几十年来理性主义者一直在下述两个方面遇到困难，首先，理性主义者不能解释科学家在估价理论的时候为什么应该像他们实际所做的那样，如此频繁地诉诸审美考虑；其次，理性主义者不能对科学革命做出令人信服的解释。本书的目标是，对理性主义在解释科学活动方面存在的上述缺陷做出补正。"第二章　抽象实体和审美估价"给出我们为完成上述任务将会用到的概念系统。贯穿全书的做法是，我们将把注意力集中于科学理论本身的审美特性（这些特性是一些抽象实体），而不是把注意力集中于理论的表达形式方面的特性（因为理论总是表达在诸如文本和图表这样的具体形式中）。第二章对这种区分做了论述并对一种非理性主义的对科学活动的看法，即行动者网络理论（actor-network theory）做了简短的批驳，这一理论由于青睐铭文（inscription）概念而忽视了科学理论的概念。进一步地，这一章把科学家描述成是持有审美标准的，而每种审美标准都会把审美值归因于理论的一种特别性质。

科学家曾把审美价值归因于科学理论的某些特性，"第三章　科学理论的审美性质"对这些特性做了考察。同时，我把科学理论可能显示的审美特性做了分类，例如，有一类可以包括科学理论能够显示的各种各样的对称特性。本章所做的考察表明，科学共同体估价理论有两种方式：一种致力于确定理论的可能的经验效绩，另一种则运用审美鉴赏的方法。

这两种估价方式之间有什么关系呢？对这一问题实际存在一系列可能的答案，而其中每种答案分别以不同程度宣称审美判断可以归结为经验判断。在这些答案之中，处在一个极端的答案主张，科学家所做的审美估价与理论的经验功效无涉，因此科学家对理论所做的审美的和经验的估价是相互独立的。如果这一主张正确，人们就可以指望在历史记载中见到，科学家就理论实际做出的审美的和经验的判断之间不存在任何系统的关联。处在另一极端的答案则认为，科学家的审美判断和他们的经验判断二者不过互为表现形式或者说是不同方面。我们可以看到这一观点的两种形式：第一种形式把审美判断看成是经验判断的一种表现，而第二种形式则把经验判断归结成审美判断。在这两种情况下，科学家对理论所做的审美的和经验的判断就必然永远相互一致。

"第四章　对科学家的审美判断的两种错误看法"讨论了这些极端的观点。此处，我主要以从科学家的实际活动中取证的形式，阐述了我为什么否弃以这些极端的观点作为范例来说明科学家如何达致对科学理论做出审美评价。在"第五章　审美偏好的归纳结构"中，我提出了更为优越的第三个模型。根据这一新模型，一个科学共同体的审美偏好得自对诸多理论的经验效绩的持续记录所做的归纳；科学共同体对理论的每个特性都附加上审美价值，所附加的价值的大小正比于显现那个特性的理论在经验上的成功程度。我称这种程式为"审美归纳"。

在我看来，我们无从确保理论的某些特别的审美特性与高度的经验适宜性之间存在相关。不过，如果我们遵循一切归纳活动的共同策略，我们可以指望通过审美归纳分辨出可能存在的这种相关关系，只要我们的归纳跨越的时程足够长。在"第六章 美与真的关系"中，我们考察了在科学的历史进程中通过审美归纳辨识出这样一种相关关系的可能性。许多20世纪的科学家，包括爱因斯坦在内，似乎已经断定，这样的一种相关关系已经找到了。但是，我们将看到，有证据不支持这一结论。

科学家经常依据理论显示的简单性情况来对理论做出判断，并且科学哲学家对科学家的这种做法也做了大量的论述。但是，科学家的这种对简单性的考虑在多大程度上是经验的或者在多大程度上是美学的，人们对此至今尚未取得一致意见。在"第七章 简单性研究"中，我对这一问题重新做了考察。我认为，事实上科学家诉诸的是两个不同的简单性标准：一个是通过把价值附加给一种特别的简单性形式得到的，一个是（通常）优先选择这样的理论，在这些理论中这种简单性形式以更高程度表现出来。鉴于后一个标准可以依据经验得到某种辩护，因而我认为前者才是一个审美标准，而这一标准可以借助归纳活动不断得到更新。这就意味着，如果存在着与经验适宜性存在显著相关关系的某种简单性形式，那么科学共同体能够辨别出它们，只要科学活动进展的时程足够长。审美归纳可以解释科学家的理论选择的标准是怎样逐步进化的，单凭审美归纳本身却不能解释科学革命，要知道在科学革命中理论选择的标准突然发生了改变。"第八章 革命作为审美剧变"将说明我们怎么能够把迄今为止得到的科学活动模型加以延伸以说明科学革命。考虑这样一系列由于经验上成功而被一个科学共同体采纳的理论，如果其中每个理论的审美特性都显示出与前辈理论的审美特性相似，那么审美归纳就能够及时校订共同体的审美规范，从而使得共同体在面临理论选择时总会维持自己的经验标准和审美标准一致。但是如果在前后相继的理论中，后辈理论突然显现出前所未见的审美特性，审美归纳也许就不能及时地校订共同体的审美准则以反映这一发展，从而共同体的审美标准就会陷入与它的经验标准的冲突之中。我把一场科学革命看成是与有明确审美标准的传统的决裂，而这样的传统是那些重视经验的科学家在如此这般的情境中会自然而然遵循的。

我主张，科学家的审美偏好的形成是出于对功利的关切，通过的是归纳过程。这一看法似乎令人难以置信。为说明我的这一结论，在"第九章 实用艺术中的归纳与革命"中，我对实用性艺术中的风格形成过程做了一番考察。实用艺术中的设计既要受现有技术手段的约束，又要受主流审美准则的制约。如果结构设计不能反映一种新材料的特性，这种新材料就不能得到充分的开发。但是，首次对一种新材料做实质性开发利用的设计之所以经常能打动观众不会是因为它在美感方面有什么动人之处，因为无论何时，占支配地位的审美准则一般来说都来源于对长期运用而确立的技术手段的独特性的顺应。我向读者表明，在实用艺术中估价设计的审美准则正是由功利考虑的推动进化的；共同体最终依据在设计中技术方面的创新能够得到最全面的开发利用去估价设计。我们一直在讨论的科学活动中的现象非常类似于实用艺术中的这个过程。从这些类似中，我可以引出如下两个结论：首先，科学家的审美偏好形成于对理论的可见的经验效绩的归纳过程这样的看法并不与我们对艺术中的审美规范的理解相冲突；其次，尽管科学与实用艺术的活动形式如此不同，但这之中的审美偏好都在一定程度上形成于对与成功相联系的那些形式的适应。

"第十章 天文学中的圆周和椭圆"和"第十一章 20世纪物理学中的继承和革命"给出若干案例研究，这些案例研究展示出这一科学活动模型在解释历史事例方面的效力。两对历史事例得到了讨论：数理天文学中哥白尼的理论和开普勒的理论的产生，以及物理学中相对论和量子论的兴起。这四个事例通常被刻画为科学中的革命。但我将论证，在上述两对事例中只有第二个事例才应该被看成是革命的。

"第十二章 审美选择的理性依据"回到对科学的理性主义图像的两个挑战问题的讨论。我们重新考察，科学家依据理论的审美特性估价理论的活动在多大程度上可以得到理性的辩护，以及革命的发生在多大程度上是向我们表明，并不存在科学理性这回事。我的目标在于表明，与某些哲学家的恐惧和另外一些哲学家的希冀相反，科学的理性主义图像的根基既没有因为科学家乞助于审美考虑而受到侵蚀，也没有因为科学家参加科学革命而发生动摇。

Chapter 1
Two Challenges to Rationalism

·第一章　对理性主义的两个挑战

人们总是能够造出一种理论，乃至许多种理论去解释已知的事实，间或地甚至能预言一些新的事实。而对理论的审视标准却是审美的。

——乔治·汤姆生：《科学的灵感》

1. 理性主义的科学图像

根据理性主义者对科学的看法，人们从事科学活动是要受到一套规则或者说一些理性规范的制约的，而这些规则或者说理性规范是可以由我们做出某种原理层次上的和超历史的辩护的。换句话说，科学家在形成以及估价自己的科研决策和研究策略时是有基础可依据的，而这种基础又是完全与习俗、时尚或其他地域性或历史性因素无关的。这种理性主义的科学图像还补充说，尽管历史上科学家个人所做的决策与谋划可能背离了依据理性根据本来会被建议的做法，但这样的背离不曾过于离谱或者持久——现实中的科学主要是理性的。正如许多科学哲学家指出的那样，理性主义的科学图像是一个令人信服的高层次的科学活动模型——它具有说服力地解释了科学家的许多行为，解释了许多科学史上的事例。[1]

然而，近几十年来，有两类史实凸现出来，这两类史实导致一些哲学家和科学史家对科学的理性主义图像的适宜性提出质疑。第一类史实证实，科学发展不时被革命打断，而在革命中，科学共同体用以阐述和估价理论的规范会剧烈地发生改变。第二类史实证实，科学家在对可得的理论做评估以及在这些理论中做选择的时候，总是实质性地和系统地求助于审美偏好。在适当的时候我们将详细回顾这一类史实。[2]

这些史实以下述方式对科学的理性主义图像构成威胁。首先看一下革命的发生。有关这类革命事件的模型，比如库恩（Thomas S. Kuhn）的科学革命模型，至今已在哲学家和历史学家中产生了巨大影响，这种模型对科学革命的解释是，革命就是共同体的理论估价模型整体改变，没有什么方法论规则能够不加改变地在一场科学革命中幸免。这意味着，那种贯穿整个科学史而长保其有效性不变的方法论规则是不存在的，因而，这也就是说，不可能存在什么理性准则。这种观点的支持者把"理性准则"这一短语，至多看成是"推理风格"的同义词，看成是一个标签，我们可以把它加给无论什么样的一组基本方法论规则，只要这组规则为一个科学共同体在一个特定时间里所遵循。[3]许多论及审美判断在科学中的作用的学者也得出了类似结论。在大多数人看来，审美偏好不管怎么说都是情感性的，是与人的癖好相联系的，因此他们断定，科学家的审美偏好与经验适宜性，或者与理论的任何别的从理性角度讲可欲的特性都是无关的。按照这种观点，科学家依据审美标准去估价理论是非理性的。例如，克拉夫（Helge Kragh）就科学家的审美偏好提出了如下观点：

> 数学美的原则，就像相关的审美原则一样是大有问题的。主要问题在于美本质上是主观的，因此不能把它们作为一种平常的规定性明确的工具来指导和估价科学。至少可以说，用理性论证来为审美估价辩护是困难的。（……）不管怎样，我看不出怎么能避免这样一种结论：科学中的审美判断是植根于主观的和社会的因素之中的。科学家习得的审美标准的意义是社会过程的一部分；

但是科学家，以及科学共同体，对如何判断一个特定理论的审美价值可能有非常不同的看法。所以，那些杰出的物理学家对哪些理论是美的、哪些理论是丑的没有一致的看法是不足为奇的。[4]

如果对科学家的审美偏好的这一看法正确，那么作为不过是一系列理论选择行动的结果的科学进步就要系统地和实质性地为非理性因素所左右了。

本书目的在于，使这两类史实造成的对科学的理性主义图像的威胁无害化。我要试图表明，上述两类史实，无论是革命的发生还是科学家对美学考虑的乞助都不与理性主义图像相矛盾。我的研究要达到的结果是，达到这样一种对科学的理性主义观点，这种观点使我们既可以接受科学方法经历突然剧烈的转变，又可以接受把审美考虑作为科学共同体在对相互竞争的理论做出选择时的依据之一。

依据我将提供的解释，科学活动中的这两种现象是紧密相关的。的确，科学革命的发生是科学家运用审美标准对理论进行估价的结果。无论事情怎样发展，从理性主义观点出发去理解科学革命的关键就在于如何认识科学家的审美偏好。因此，本书的大部分篇幅将用于论述第二个论题，到第八章我们再回到对科学革命的论述。

2. 理性主义的理论估价模型

在理性主义的科学图像中，最直接招致有关革命的发生和审美估价的作用这两类史实产生怀疑的地方就是，理性主义的科学图像对科学家的理论估价活动的解释。因此，我们应当由此入手去捍卫理性主义的科学模型。我们首先来回顾一下理性主义者是怎样看待科学中的理论估价活动的。当然了，已经有若干由理性主义者提出的科学的理论估价活动模型：这里我选择的是由牛顿-史密斯（W. H. Newton-Smith）提出来的模型，我将把这一模型称作理论估价的"逻辑经验主义模型"。[5]

这一模型以这样的前提为基础——科学的终极目标就是产生最完整的和最精确的对宇宙的可能的解释。理论在多大程度上接近于这一理想取决于它在多大程度上具有"经验适宜性"这一性质。说一个理论具有最高程度的可能的经验适宜性意味着它的理论断言对所有可观察现象都是真的，这要包括过去发生过的现象和以其他我们人类难以通达的形式表现的现象；而说一个理论具有多少低一些的经验适宜性意味着它的理论主张只对相应比率的可观察现象是真的。科学实在论者会说，科学的终极目标是产生一个对宇宙的真的解释，不过他们能够赞同上述分析，因为他们认为，一个理论具有如此程度的经验适宜性是由于该理论以相应的程度接近真理。[6]

逻辑经验主义模型需要推介的唯一的理论估价标准似乎本来就该是经验适宜性本身，即"选择一个有较高经验适宜度的理论，而不是选择一个有较低经验适宜度的理论"。然而，"经验适宜性"的意义却使得我们不可能在实际的理论选择过程中把它作为标准使用。我们能够证实一个理论具有最高的可能的经验适宜度的唯一方法就是要表明这一理论与所有经验数据都一致，在这里，所有经验数据指的是对它们的收集要遍及所有方方面面来源以及要遍历无限长的时间范围；类似地，我们要想证实一个理论具有较低的经验适宜度，我们只有表明，在所有经验数据中这一理论只与相应比率的经验数据相一致。因而，要想对一个理论的经验适宜度有明确的数据，就要弄清在所有的经验数据中有多大比率的经验数据与该理论一致。但是，即使对一个理论的得到证实和未被证实的预言的数量进行计数和比较的想法能够得到精确落实，这样的任务也不可能在有限的时间内完成，因为这是对大范围的经验数据而不是对重言式或逻辑矛盾句进行概括。因此，经验适宜性标准本身并不能够为我们对相互竞争的理论做选择提供实际依据。[7]

然而，我们可以建立其他一些标准，我们可以以有高度经验适宜性的理论所具有的那些特征作为标准，并且这些标准的使用要使我们能够迅速做出明确的判断，那么这些标准就能够在理论估价中派上用场。通过做下述考虑，我们可以建立一组这样的标准。我们可以考虑，如果一个理论要具有高度的经验适宜性，它必须具有哪些特性：它应该显示出以高比率与迄今为止探究过的现象保持一致，并且要显示出它大有希望以高比率与迄今为止尚未探究过的现象保持一致。在此基础上，逻辑经验主义模型提出的标准如下——

（1）与现有经验数据有一致性标准：在其他条件相同的情况下，如果一个理论的推断与现有的已知现象一致，那么这个理论就应该有更高价值。

（2）有新预言标准：一个理论应该得到更高估价，如果这个理论对经验数据和现象提出了预言，并且随之表明自己与这些数据和现象一致，而这些经验数据和现象在这个理论建立的时候尚不为人所知，或者至少，这些数据和现象在这个理论建立的时候尚未被考虑到。毕竟，如果对理论的唯一的经验要求是它应该与先前收集到的现象和数据一致，那么我们就不得不给一个故意建构来解释已知数据和现象的理论打高分；而无论在何种情况下这样的理论都是可以建构出任意多个的。

（3）与当前得到充分确证的理论有一致性标准：在其他条件相同的情况下，一个新的理论应该有更高的价值，如果这个理论与其他依据先前的标准得到高分的理论相一致。如同科学实在论的支持者论证的那样，一组关于这个世界的真的理论都会是相互一致的；因此，如果我们现在有了我们认为接近真理的理论，我们就应该指望任何已被我们接受了的新理论和这些理论相一致。

（4）解释能力标准：对一个新理论的最起码的要求是不能与已经确立了的那些理论有矛盾，与此同时，如果这个新理论能够为那些理论包含的规律提供一个解释，这个新理论就应该有更高的价值。一个新理论如果能够做到这一点，那就是说这个理论已经找到了潜藏在经验数据内部的模式或机制，并且这种情况也预示着，这一新理论将会和以后收集到的经验数据和现象一致。

如果考虑到下述情况，我们就有必要对以上标准做些补充。如果我们从科学中打算得到的全部东西就是逻辑上与经验数据相容的理论，我们就会对重言式和逻辑矛盾句这样的理论感到满意。因为毕竟没有哪个逻辑上可能的事态是一个重言式能够排除的，而且无论什么样的预言都能够从一个逻辑矛盾句中推出。但是，我们不能够把这样的陈述看成有高度的经验适宜性，因为它们的预言是无限定的，我们的确无从依据这样的陈述把我们居住的宇宙和所有其他别的逻辑上可能的宇宙区分开。为了避免使我们的理论选择的经验标准流于重言式和逻辑矛盾句，在逻辑经验主义模型提出的标准中必须再增加两个标准。

（5）经验内容标准：理论必须不是重言式的。

（6）内在一致性标准：理论必须不包含内在矛盾。

理论估价的逻辑经验主义模型要完成的任务是依据理性原则解释科学家对理论的选择。它可以很好地完成这一任务：通过假定科学家的理论选择都依据上述六个标准做出，可以使科学家所做的许许多多理论选择得到解释。因此，逻辑经验主义的理论估价模型是理性主义科学图像的一个有价值的扩展。

然而，这一模型不能帮助理性主义图像对那两类史实（我们正在考察这两类史实对理性主义图像提出的挑战）做出满意的回应。首先，我们来考虑科学革命这一类史实。逻辑经验主义模型怎么能够解释这一事实？上面列出的逻辑经验主义模型的理论估价的六个标准无一例外都是从"经验适宜性"的分析中推出的。因而，如果这些标准是有效的，它们就必须无论何时都有效，除非科学的目标改变了。这就使得逻辑经验主义模型无从解释此时的一个科学家怎么能够持有与彼时的科学家不同的理论估价标准。但是科学革命就是这样的历史时期，在这样的时期里，科学家的理论估价标准发生了变化：因此逻辑经验主义模型不能够解释科学革命。

其次，逻辑经验主义模型不能够解释科学家在做理论选择的时候要诉诸审美标准这一史实。由于逻辑经验主义模型完全从逻辑和经验考虑出发，它就缺乏适当的概念工具去分析审美偏好。如果科学家的审美方面的素质像许多人认为的那样完全与个人癖好有关并且不能归为理性思考的对象的话，那么理论的演替就很难遵循逻辑经验主义模型描述的路线。

我的结论是，逻辑经验主义的理论估价模型过于简单，因而既不能解释科学革命的发生这样的史实也不能解释在理论估价过程中审美考虑发挥作用这样的史实。当然，逻辑经验主义模型仍然有办法从自己的建模工作中打发掉科学活动的一些方面，采用的手段是把科学活动的这些方面看成是非理性的；但是这样的选择等于宣布科学活动的部分方面是不可解释的，理性主义者只应该在某些局部的和特定的情况下才涉及这些方面。理性主义图像是能够迎接由革命的发生和理论选择中审美考虑的作用这样的史实提出的挑战的，但是这只有在有了更丰富的有关科学家的理论选择偏好模型时才能做到。

3. 发现和辩护中的审美因素

在这一节和下一节中，我们考察理性主义者为消解由科学家在理论选择中使用审美标准的史实引出的疑问所做出的两个尝试，如果这两个尝试中哪怕有一个能够成功，理性主义者就可以不再受一个理性主义者必须应对的问题，即科学家在理论选择中的审美偏好问题的困扰。不幸的是，出于随后将越来越清楚的原因，两个尝试都失败了。

第一个尝试由逻辑实证主义做出。逻辑实证主义是理性主义的一个派别，它在19世纪20年代达到鼎盛并且影响长期留存。逻辑实证主义者提出了这样的论题：从事理论创造的科学家前后相继地进入两种"情境"。

第一种是"发现的情境"。在这种情境中,这位科学家凭借直觉或猜测创造理论。此时,这位科学家的这些行为并不受逻辑或理性准则的制约,因而不能够在理性主义框架内对这些行为进行分析,就是说不存在什么科学发现的逻辑而只有科学发现的心理学。此后这位科学家则进入"辩护的情境",在这种情境中,他或她验证他或她在发现的情境中创造的理论。这个验证要依据逻辑和经验的标准进行,并确保理论的演替合乎理性。[8]

逻辑实证主义者承认审美因素会影响处于发现的情境中的科学家的行为,因为逻辑实证主义者认为,任何种类的刺激都可能成为激励科学家提出假说的促动因素。但是他们否认审美因素在辩护情境中也可以发挥作用,看起来这是因为他们无法把审美标准划归逻辑或经验标准。费格尔(Herbert Feigl)表达了对科学中的审美因素的如下看法:

> 这里我对存在的某些误解说几句。这些误解产生于时下盛行的对科学知识的历史,特别是对科学知识的心理学的关注。在值得称赞的(但可能流于空想的)力图拉近"两种文化"(或填平"我们文化中的鸿沟")的努力中,那些比较脱离实际的思想家强调科学和艺术是多么地有共同点。但这种"填平"(……)只是就科学(……)创造的心理学方面而言时才讲得通(……)。无疑问地,科学存在着审美的一面(……)。但是,(……)在估价科学知识主张时起主要作用的东西在评价艺术作品时(充其量)只能起次要作用。反之亦然。[9]

因此,根据逻辑实证主义的看法,根本就不存在科学家对理论进行审美估价这么回事,并且,根本不存在上述那种困扰科学哲学家的事情。科学家在从事科学发现的时候可能要受到审美因素的影响,解释这一现象却是那些研究科学家的传记作家和心理学家的任务而不是科学哲学家的任务。

总的来说，现今在科学哲学中逻辑实证主义已经被超越，但是它仍然对科学中审美因素的作用问题的讨论留有自己的影响。这种观点坚持认为，在理论的创造方面审美因素可能是重要的，但在理论的接受方面只有经验标准可以起作用。例如，西蒙顿（Dean K. Simonton）写道："没有哪一位科学家，包括狄拉克在内，会莽撞到竟然从像'美'这样极端非理性的基础出发去为一个理论做辩护。"[10]

　　毫无疑问，逻辑实证主义者在描述审美考虑在科学发现的情境中的作用方面是正确的。我们经常见到，科学家部分地依赖科学理论的审美特性的鲜明程度来选择他们将接受的理论。[11]但是，逻辑实证主义者在否认审美考虑在科学家的理论估价中的作用的同时，忽略了两个事实。首先，我们是可以把许多种类的智力创造成果，比如从数学证明到象棋游戏，看成是艺术产品的。当我们以这种方式看待智力创造成果的时候，我们就会自然而然地就它们的审美特性去估价它们，于是这种审美估价会影响我们对这些审美特性的总的看法并会使我们积极地看待它们。如果说把科学理论看成艺术作品的想法任何时候对科学家都没有吸引力并且科学家对科学理论的总的看法完全不受审美判断的影响，那才真是异乎寻常。理所当然地，科学家确实经常屈服于这种诱惑。卢瑟福（Ernest Rutherford）在1932年说的话可以作为表明科学家的这种倾向的一个范例：

　　　　我坚决主张：不妨把科学发现的过程看作是艺术活动的一种形式。这一点最好的表现是在物理科学的理论方面。数学理论家依据某些假定并根据某些得到透彻理解的逻辑规则一步一步地建立起了一座雄伟的大厦，同时依据他的想象力清楚地揭示出大厦内部各部分之间隐藏的关系。从某些方面看，一个得到良好塑述的理论毫无疑问是一件艺术产品。一个美妙的例子就是麦克斯韦提出的动力学理论。爱因斯坦提出的相对论，撇开它的有效性问题不谈，不能不被

　　　　　　　　　　　　　　　　　　　　　　| 美与科学革命 |

看成是一件伟大的艺术作品。[12]

其次，逻辑实证主义者没有看到，科学家在自己的工作中并不明确区分发现的情境和辩护的情境。在大多数情况下，引导一个科学家提出一个有某些特性的理论的那些因素也会在共同体形成对那个理论的价值的意见时起作用。尤其是，看起来，科学家既在致力于提出假说的时候诉诸审美因素，又在对共同体中已经提出的理论进行估价的时候诉诸审美因素。逻辑实证主义者把科学家对理论的审美估价作为无关紧要的东西排除掉，这样一来他们就不能够对科学活动中的这一方面提出辩护。

科学家对审美考虑的实际使用是一回事，逻辑实证主义者对这些审美考虑的解释是一回事，这两者之间的差距在狄拉克（P. A. M. Dirac）的著作中得到揭示。在自己的著作中，狄拉克对审美因素在自己的工作中以及在一般的科学活动中的作用做了许多思考。狄拉克强调，审美因素的影响既表现在作为启发性的向导也表现在作为理论估价的基础。[13]首先，正如他承认的那样，他利用审美标准来确定自己研究工作的重点。他认为，他的许多同事也是以同样的方式工作的，例如：

> 当爱因斯坦着手建立他的引力理论的时候，他并非去尝试解释某些观测结果。相反，他的整个程序是去寻找一个美的理论（……）。他以某种方式取得了一种把引力和空间弯曲联系起来的想法。他能够提出一种数学方案去实现这一想法。他唯一遵循的就是要考虑这些方程的美。（……）遵循这样的程序得到的就是基本观念绝对简单和漂亮的理论。[14]

其次，狄拉克在估价理论的时候也依仗审美标准。发现的情境和辩护的情境在他如下的这段话中是浑然融合的："让方程体现美比让这些方程符合实验更为重要。（……）情况看来是，如果一个人的研究工作是从要在自己的方程中得到美这样的观点出发，并且如果他真的有了一个绝佳的洞见，那么他就已步入正轨。"[15]正如达里兹（Richard H. Dalitz）回忆的那样，那是1955年在莫斯科："当有人要他简短地写下他的物理学哲学的时候，他在黑板上写道：'物理学规律应该有数学美。'"[16]至少在某种程度上正是依据这样的标准，狄拉克支持广义相对论："我相信，这一理论的基础比人们仅仅从试验证据支持中能够取得的要深厚。真正的基础来自这个理论的伟大的美。（……）我认为，正是这一理论的本质上的美是人们相信这一理论的真正的原因。"[17]

这样，在逻辑实证主义者承认在发现的情境中审美因素可以发挥作用，但是否认审美因素在辩护的情境中可以有任何作用的时候，狄拉克相信，这两个阶段上的典型程序都要诉诸审美考虑。如果我们想要解释狄拉克提到的那样的行为，我们就将需要一个比逻辑实证主义者的观点更为丰富的对科学的看法。

4. 科学行为的界限

理性主义者为消除由科学家对理论做美学估价引出的问题所做的第二个尝试是更加微妙的。一些学者认为，尽管科学家在估价理论时有时使用美学标准，但这种行为不是科学的，因此不属于我们要描述的科学活动的范畴。

逻辑实证主义者如此狭隘地规定科学行为，就是在把科学行为等同于经验论者眼中的行为。按照这种观点，科学家的任务就是收集、处理、总结和解释经验数据，所有其他行为都是非科学的并且都是来自科学外部对科学的影响。例如，弗朗克（Philipp Frank）在19世纪50年代区分出两类理论估价标准，他把它们分别称为"科学的"标准和"超科学的"标准。科学的标准要与观察一致并且要有逻辑一致性；而所有其他种类的标准都是属于超科学的。[18]按照这种看法，科学家可能有的任何非经验的考

| 美与科学革命 |

虑都属于一种外部影响，作用是扰动科学使之偏离正途。既然弗朗克把审美因素划归超科学标准的范畴，他就会坚持认为在解释科学活动时无须考虑这些标准。

尽管几乎不会有学者像逻辑实证主义者那样狭隘地限定科学行为，但许多学者仍然相信，在科学中以经验标准为基础去估价理论是适当的，诉诸审美考虑却是不适当的。这种信念经常表达在这样的一个主张中：当科学家必须在经验标准已经表明具有同样价值的一些理论中间做出选择的时候，科学家会诉诸审美标准，但只是把它们作为点球（tiebreakers）以定取舍。这一主张由罗尔利希（Fritz Rohrlich）提出："在物理理论中存在着（……）伟大的美。（……）在没有更有说服力的标准的情况下，正是这种美使我们相信这一理论优越于另外一个理论。例如，广义相对论是如此之美，以至于人们愿意相信它优越于与它竞争的其他理论，只要那些竞争的理论不能够更好地解释经验事实。"[19]这段话的意思是说，如果人们发现，与竞争对手相比，相对论能够更好地解释经验事实或者与此相反，那么美学考虑就无关紧要了。这一观点等于否认审美标准的重要性，按照这种观点，只是在科学家依据经验标准已经确认，从经验标准那里我们将不会再获得什么的那些场合，审美标准才能登场。

事实上，正如我们将看到的那样，审美标准远非只是当经验标准表明当前的理论有同等价值的时候才发挥作用，在科学家的理论选择中，审美偏好经常要否决标准的检验准则。因而情况并不是只有当科学家依据理论选择的经验标准已经断定哪些理论他们可以接受的时候审美标准才得到应用；倒不如说，美学的和经验的标准共同决定科学家的理论选择标准。历史研究证实，审美考虑在做出这些决定时发挥着作用。[20]

因而，审美因素（我们将为其建立一个模型）应该被看作是充分表达科学的特征的，正如科学家把逻辑的或经验的考虑看作科学的特征一样。当然，这并不意味着，在科学家的经验的和审美的考虑之间不能做出有意义的区分；但是这的确意味着，我们在它们之间所做的区分并不能够被看作对科学的和超科学的东西所做的一种划界。

5. 一位先驱：哈奇森对科学中的美的解释

20世纪的哲学家之所以不愿意给科学活动中美的判断以更重要的地位，也许某种程度上是由于在现今的哲学中缺乏关于智力美的有分量的阐述。20世纪的美学理论是以艺术作品中的美和自然中的美作为自己的关注中心的，因而几乎不去注意智力构造物中的美。奥斯本（Harold Osborne）在1964年特别指出："我相信，现今智力美的概念与其说遭到普遍否定不如说被完全忽视了；几乎没有哪一本具权威性的美学著作会对智力美不只限于口头上顺便提一提，我不知道有哪一本著作，在阐述一般美学概念时要么尝试对智力美做深入的分析，要么赋予智力美与感性美以同样的重要性。"[21]然而，智力美的研究沦入受漠视的境地只是晚近的事情：例如，在18世纪的美学理论中，智力美曾占据一个重要位置。在这里我们首先回顾18世纪最有造诣的探讨智力美的理论家之一哈奇森（Francis Hutcheson）的思想，并以此开始我们对科学家的审美估价问题的考察。由于哈奇森明确地把自己对美学问题的论述延伸到了科学理论，断言表现出某些特定性质的理论应该被看成是美的，因而他的看法与我们的目的相关。

哈奇森对智力构造物的美的解释直接来源于他的更一般的美学理论。哈奇森赞同在他那个时代流行的认识论信条，即客体的性质不同于"观念"，并且事实上是"观念"的原因。客体的性质是感官知觉的唯一的直接的材料，美就是这样一种由外部客体的某些特定性质在人的头脑中引起的观念。正如哈奇森所写："把美这个词看作在我们头脑中引起的观念，把美感看作我们获取这一观念的能力。"[22]因而，哈奇森不是把"美"理解成客体的性质而是理解成一个观察者的美的知觉对客体性质的反应：

　　　　　　　　　　　　　　　　　　　| 美与科学革命 |

应该看到，仅用绝对的美或原本的美这样的概念并不能理解被认为存在于客体之中的本身应该自在地就是美的那些性质，如果不联系知觉这些性质的头脑的话。因为美与其他可感知观念的名称一样，所指谓的正是人头脑中的知觉。所以，冷、热、甜、苦指谓的都是我们头脑中的知觉，或许在那些在我们头脑中引起这些观念的客体中根本就不存在与这些知觉类似的东西，可是，我们一般却都不这样认为。[23]

说明美是哪一种事物之后，哈奇森转向探究客体的哪些性质在我们头脑中引起美的观念产生。"既然可以肯定，"他写道，"我们有关于美与和谐的观念，让我们来考察一下客体中的什么样的性质激起了这些观念，或者说是这些观念的原因。"[24]哈奇森很快做出了结论，"在我们头脑中引起美的观念的图画似乎是那些在其中 uniformity amidst variety（'从多样中可见统一'）的图画。（……）客体中我们称之为美的东西，比如就以数学形式的表达而论，似乎就存在于多样性和同一性的复比之中：结果是，在对象的统一性表现为千篇一律的地方，美作为多样性存在，而在多样性表现为杂乱无章的地方，美则作为统一性存在。"[25] "多样性中的统一性"这一性质在自然界中和艺术作品中的种种场合能够见到，但是在智力的构造物中也能够见到：智力的构造物像具体客体一样也能够在我们头脑中产生美的观念。

哈奇森相信，通过科学活动我们取得了特别的机会去知觉多样性中的统一性，并且因此得到了美的观念。科学家在其中知觉到多样性中的统一性的那些客体分别位于抽象程度不断增加的三个层次中。

位于最低层次上的客体是组成了科学的主题的那些实体和现象。例如，排列在夜空中的星星呈现出高度的多样性中的统一性，并由此在观察者的头脑中产生美的观念。为了能够从这些实体中获得美感，做平常的观察就足够了：并不需要特定的科学理论或专门知识，正如人们会自然而然地在一幅风景中看出美一样。[26]今天，处在哈奇森的第一个层次上的客体的美是由天文学家和化学家辨识出来的，天文学家在观测天体的时候发现了美，而化学家则提到了美的分子结构。[27]

处在哈奇森的第二个抽象层次上的客体是自然规律，自然规律并不能够在现象中直接见到，却显现在由理论提供的模型或解释中。尽管这些规律具有多样性中的统一性并且因而能够在我们头脑中产生美的观念，它们却只能由那些掌握了一定科学理论的观察者去知觉并由此作为美的东西来欣赏。例如，研究天体运动的天文学家发现的规律要多于容易为偶尔观察夜空的人见到的规律。牛顿（Isaac Newton）的天体力学理论（这一理论不仅给大多数其他的18世纪英国经验主义者，而且给哈奇森也留下了深刻的印象）揭示了在像行星的轨道半径和它们的运行周期这样的性质之间的关系中存在的规律。虽然这些规律是现象的性质，但是如果不通过科学理论这种媒介，我们就不能够知觉到它们。哈奇森写道："这些就是令天文学家神往的美，并且就是这些美使得天文学家的冗长沉闷的计算带来的是愉悦。"[28]哈奇森认为，知觉这种美是技术工作的特征。

毫无疑问，美可以存在于由理论归咎给世界的那些规律和特征中。例如，达尔文（Charles R. Darwin）的进化论认为，一个生物栖息地起到维持生物之间的错综复杂的关系网络的作用，而这一关系网络是通过理论的媒介作用才成为可见的；并且显然，达尔文在自然界中观察到这样一种网络的场面时，他感到了美的愉悦。[29]同样地，地理学理论可以深化我们对风景的理解并由此深化我们对风景的审美鉴赏。[30]

若干个世纪以来，艺术家们就把由科学理论揭示的现象的性质作为美的愉悦的一种源泉加以引证。例如，许多17世纪的英国诗歌都认为宇宙包含着种种和谐，而这些和谐是未受教育的眼睛见不到的，但是借助亚里士多德和柏拉图的宇宙理论的帮助，这些和谐就成为显而易见的了。在《失乐园》（1667）中，弥尔顿（John Milton）看来是依据宇宙运动的天文学模型去理解宇宙运动的：

> 那一天，和其他节日一样，
>
> 它们同在圣山周围唱歌跳舞，
>
> 那是神圣的舞蹈，行星、恒星，
>
> 诸星天天照常运转着，
>
> 错综、纵横、迂回，如入迷阵，
>
> 看似最不规则，却是超过寻常整齐的规律。
>
> 它们的动作合乎神的协调，
>
> 如此柔和、有魅力的乐曲，
>
> 使上帝自己听着也心花怒放。[31]

　　单凭肉眼看去，天体运动是杂乱无章的；但是借助宇宙理论的帮助，我们会发现，恰恰在天体运动看起来最不规则的时候，却在展示最伟大的规律性。在弥尔顿以后的世纪里，诗歌中开始出现通过牛顿理论见到的宇宙：由《数学原理》（*Principia mathematica*）激发的把宇宙看作一种钟表装置的观点以及由《光学》（*Opticks*）给出的把白光看作由光谱颜色混合而成的观点在文学上得到了反应。[32]在20世纪，诗歌和其他艺术同样地，比如说按照相对论刻画的那样品评世界。[33]

　　最后，哈奇森相信，科学家能够知觉处在第三个抽象层次上的客体中的美：数学定理和科学理论本身。他指出，某些定理和理论具有堪称范例的那种多样性中具统一性的性质。哈奇森把一般的定理和理论（他称之为"发现"）与单个的观察报告加以区分，他认为单个的观察报告也许能够揭示真理却显示不出任何的统一性："我们来比较一下我们在下述两种情况下的不同心情。当我们做出了定理和理论这样的发现的时候，我们的内心感到极大的满足。而当我们所做的试验不能够归结到一般的规范，我们只是在积累起大批的一个个不相容的观察的时候，我们内心感到的是不满足。此时，每一个这样的试验都揭示了一个新的真理，尽管有多样性，却没有愉悦或美，这种情况直到我们能够从中发现某种统一性或者能够把它们归进某种一般的规范的时候才会改变。"[34]

正是在具备伟大普遍性、具备必然性或因"展示一般真理"而为人称道的定理和理论中，哈奇森看出了审美诉求的最伟大的能力：没有什么其他种类的存在，"能够让我们在其中见到这样一种迷人的具统一性的多样性，并由此在我们心中产生非常巨大的愉悦"。之所以会如此，其原因是，"我们可以以最精确的一致性发现"，在这种构造物中"包容了无限多的个别真理，而且它所包容的无限通常还是多方面的"[35]。哈奇森指出，这种高度的美既可以在数学中也可以在经验科学中发现：

> 当一个定理包含众多的可以很容易由此定理导出的推论的时候，在前提中就存在（……）美。（……）在欧几里得的《几何原本》的第一卷中的第35个定理就是这样的一个定理。依据这个定理，计量直边形的面积的整个技巧通过解析可以归结为去求诸个三角形的面积，而这些三角形的面积则分别是诸个平行四边形面积的一半（……）。在人类探索自然中获取的有关某些伟大原理或普遍力的知识（确确实实有无可计数的结果来自这些原理或普遍力）中存在与美同类性质的东西。在伊萨克·牛顿爵士的纲领中，引力就是这种与美同类性质的东西。[36]

由于相信美的观念的起因是多样性中的统一性这一性质，哈奇森把经验理论的美追溯到它们具有的普遍性和统一性力量。

哈奇森对科学理论美的处理办法，给我们能够想到去提出的主要问题都提供了答案。他说明了美是哪一类实体；他区分了理论的美和作为理论的研究主题的现象的美；他描述了断定某一理论是美的判断与这个理论的性质之间的关系；他提出了哪些特别性质会使科学家认为一个理论是美的。（正如我们将在第四章中看到的，哈奇森对理论的经验效绩和科学家对他们的审美估价之间的关系也提出了看法。）尽管哈奇森没有把自己的讨论延伸到科学活动的社会和历史方面，但是他的解释也蕴涵关于这些方面的主张。例如，他预言，所有科学家都会同样承认一个既与的理论是美的，只要他们都正确地把握了这个理论；而由此就可以推出，关于一个既与的理论的美的判断，如果是正确地做出的，将永远不需要订正。用我们随后将使用的术语来说，哈奇森主张，存在一种历史上的所有科学家都能共享的美学规范，对理论所做的一切审美估价都可以依据这一规范做出或将做出。

事实上，仍然有学者要么赞同哈奇森的观点要么对他的意见提出看法，这种情况表明哈奇森对科学理论的美所作阐述的重要性。例如，哈奇森在格拉斯哥的一个学生斯密（Adam Smith）在自己的著作中反复提出，某些理论是美的，因为它们能够把完全不同的观察资料统一起来。例如，他提道："由少数几个普遍原理提供联系去对不同的观测资料做出系统安排所得到的美。" [37] 从那以后，许多数学家和科学家都证实了多样性中所寓的统一性在产生美的观念方面的重要性。例如，庞加莱（Henri Poincaré）曾经问道："我们认为具有美和雅特征的，能够在我们心中产生一种审美情感的数学实体是什么？那些东西，它们的组成元素得到和谐的排布，以至于我们的心智能够毫不费力地在无须忽略细节的情况下领会整体。同时这种和谐是对我们的审美需要的一种满足，是对我们的心智的一种援助，因为它支持和引导我们的心智。" [38]

最近，雅尔丁（Nicholas Jardine）特别提到科学理论在"揭示"种种自然现象中的美的能力对未受教育的眼睛来说并非显然，因为都是一些处于哈奇森讲的三个抽象层次中的第二个层次上的客体。[39]

我部分同意哈奇森对理论美的解释。例如，我赞同他的这一看法：在知觉到客体中的某些性质的时候，观察者会把美归因于客体，并且我接受他在理论的审美性质和现象的审美性质之间所做的区分。但是，我发现哈奇森对其他理由的阐述是站不住脚的，与哈奇森所坚持认为的不同，我不相信会存在这样一个性质，让古今所有科学家都承认他能够确保理论中美的存在；我认为，哈奇森有关科学家对理论的审美估价和理论的经验效绩之间关系（这是一个我们尚未讨论的问题）的解释是与历史活动中的事实不相容的；并且，与哈奇森对理论的审美估价在决定科学的进程方面起到的作用的看法相比较，我所得出的结论的意义更为深远。

第一章注释：

1. 我认为，我所谓的理性主义的科学图像作为科学活动的模型为诸如波普尔（Popper 1959）、拉卡托斯（Lakatos 1970）、劳丹（Laudan 1977）、牛顿-史密斯（Newton-Smith 1981）等人的工作提供了基础。

2. 科恩（I. B. Cohen 1985），40~47页，评述了让人们相信科学的发展不时为革命打断的证据。以前的论述科学中的美学因素的著作有维赤斯勒（Wechsler 1978）、柯廷（Curtin 1982）、钱德拉塞卡尔（Chandrasekhar 1987）、雷舍尔（Rescher 1990）和陶伯（Tauber 1996）等人的作品，不过，其中只有部分著作讨论了美学考虑在理论估价中的作用。亚历山伯格（Alexenberg 1981），146~202页，描述了与科学家的会见，了解了这些科学家在工作中经历的美学体验。

3. 库恩（Kuhn 1962）。

4. 克拉夫（Kragh 1990），287~288页。

5. 牛顿-史密斯（Newton-Smith 1981），208~236页。

6. 至于工具论者和科学实在论者都一致同意科学的目的在于造就有高度经验适宜性的理论，见范·弗拉森（van Fraassen 1980），12页，以及车赤兰德（Churchland 1985），38~39页。

7. 我在麦卡里斯特（McAllister 1993）中研究了"经验适宜性"的意义对理论估价的这些后果。

8. 霍伊宁根-休恩（Hoyningen-Huene 1987）考察了提出和接受对发现的情境和辩护的情境做区分的过程。

9. 费格尔（Feigl 1970），9~10页。

10. 西蒙顿（Simonton 1988），193页，至于另一起新近做出的否认美学因素在理论辩护中起重要作用的论述，见恩格勒（Engler 1990），31页。

11. 对美学因素在科学中的启发作用的一些评述可以在芒楚尔（Mamchur 1987）的著作中见到。

12 引自巴达什（Badash 1987），352页。钱德拉塞卡尔（Chandrasekhar 1989）讨论了美学因素在理论探索和辩护中的作用。

13 狄拉克讨论了他怎样把数学公式的美学性质作为启发性向导使用，见狄拉克（Dirac 1982a），克里施（Krisch 1987），51页；宣称："狄拉克说：'在选择研究方向的时候公式的优美是非常重要的。'"

14 狄拉克（Dirac 1980a），44页，钱德拉塞卡尔（Chandrasekhar 1988），52~55页；怀疑爱因斯坦的引力理论的研究受到美学因素推动的程度会像狄拉克认为的那么大。

15 狄拉克（Dirac 1963），47页。

16 达里兹（Dalitz 1987），20页。

17 狄拉克（Dirac 1980b），10页。

18 弗朗克（Frank 1957），359页。

19 罗尔利希（Rohrlich 1987），13~14页。类似的看法见奥斯本（Osborne 1986），12页。

20 例如，雅凯特（Jacquette 1990）表明，牛顿对什么样的定律可以看作令人满意的自然定律的看法部分地建立在美学考虑的基础上。

21 奥斯本（Osborne 1964），160页。

22 哈奇森（Hutcheson 1725），34页。评论见凯维（Kivy 1976），57~60页。

23 哈奇森（Hutcheson 1725），38~39页。

24 同上，39页。

25 同上，40页。

26 同上，41~42页。

27 林奇和埃杰顿（Lynch and Edgerton 1988）讨论了天体形象的美学特性；霍夫曼（Hoffmann 1990）评述了被化学家看作是美的分子的性质。

28 哈奇森（Hutcheson 1725），43页。

29 关于达尔文对进化现象的美学鉴赏，见格鲁伯（Gruber 1978）。

30 关于科学在对风景的美学鉴赏中的作用，见鲁尔斯顿（Rolston 1995）。

31 弥尔顿，《失乐园》，第五卷，618~627页。对弥尔顿的宇宙形象的进一步讨论，见尼科尔森（Nicolson 1950），51~52页，以及（1956），80~109页。译者注：中译参考朱维之选译《弥尔顿诗选》，人民文学出版社1998年版。

32 关于牛顿理论对诗作的激发作用，见尼科尔森（Nicolson 1946），特别是107~131页；以及布什（Bush 1950），特别是51~78页。

| 美与科学革命 |

33 许多有关相对论对艺术的影响的研究，见弗里德曼和唐利（Friedman and Donley 1985）。

34 哈奇森（Hutcheson 1725），49页。

35 同上，48页。

36 哈奇森（Hutcheson 1725），50页。关于哈奇森对数学定理和科学理论的美的处理的进一步评论，见凯维（Kivy 1976），97~99页。

37 斯密（Smith 1776），768~769页。关于斯密对美学因素在科学方法中的作用的看法的进一步讨论，见汤姆生（Thomson 1965），219~221页。

38 庞加莱（Poincaré 1908），59页。关于庞加莱对数学的和科学的构造物的美的看法的进一步讨论，见巴伯特（Papert 1978），105~113页。

39 雅尔丁（Jardine），209~212页。

Chapter 2

Abstract Entities and Aesthetic Evaluations

· 第二章　抽象实体和审美估价

> 一个以前的研究生课后告诉我，令我最感美妙的就是，直到上了我的一节课以后他才知道在数学中有美的东西。我深感震撼。
>
> ——内维尔·莫特：《科学人生》

1. 理论和理论的表达之间的区别

本书赞同我所谓的理性主义的科学图像。与理性主义图像相容的关于理论估价活动的模型，比如在前一章中讨论的逻辑经验主义的理论估价模型，是把重点放在对科学理论和理论的表达做出区分之上。在这一节和随后的下两节中，我对这一区别做出概述并探究由这一区别可以引出的某些结论。这一讨论将使我们能够更清晰地勾画出我们的主题，即科学家对理论的审美估价问题的范围。

科学理论是抽象实体。正因如此，尽管我们可以有关于这些实体的知识，但它们却不是我们能够看见或者听见的实体。为了能够传达关于某个理论的知识，我们必须首先构造某种可以称之为表现物的东西，以某种语言或代码去表达这个理论或者对这个理论编码。这就是我们作为出版物去读的或者作为讲座去听的东西，这么做为的是取得关于这个理论的知识。很清楚，理论和理论的表达是两类不同的实体：理论是抽象实体，而理论的表达则是像文本和言词那样的具体实体。

科学理论有种种特性。在理论可能具有的种种特性中包括是不真实的、是繁杂的，以及是或然的这样一些特性。科学理论的表达也有种种特性。在理论的表现物可能具有的种种特性中包括是简洁的、是用法语术语表达的，以及包含许多图表这样一些特性。既然理论和理论的表达是不同种类的实体，那么理论具有的特性就不能够是理论的表达物具有的特性，即使理论的某些特性可以被给予与理论的表达物的特性同样的名称。例如，不仅理论而且理论的表达物都可以是量化的，但是它们的性质依然不同：一个量化的理论之所以是量化的是因为它对物理常数的值有所断定，而一个理论的表达物可以是量化的，如果它含有数学方程式的话。我们可以给像量子理论这样的一个量化的理论以一个纯粹的量化的表达形式这样一个事实表明了这些特性之间的截然不同。

根据理性主义的理论估价模型，我们务必不要把理论表达物的性质与理论的性质做同等看待。估价一个理论只应该依据这个理论本身的，诸如它与经验数据的符合程度以及它的内在的一致性这样的性质，而不能依据这个理论的表达物的性质。例如，某人在听了一个理论的课堂讲授之后，抓住课堂讲授的某些缺点去反对这个理论，这种做法是不合理的。当然，要求我们保证我们对理论的看法永远不受这些理论的表达物的性质的影响或许是我们力所不及的；但是根据理性主义的理论估价模型，完全受这样一种影响的支配依然是不合理的。

理论的性质和理论的表达物的性质之间的区分也可以延伸到审美性质。理论的表达物有许多审美性质。这一点可以最明显地在以绘画作为表现形式的情况中见到：利奥那多·达·芬奇（Leonardo da Vinci）的解剖学素描表现和传达了他的解剖方面的知识，并且许多19世纪的地理学知识包含在旅行家们绘制的水彩画和蚀刻画中。[1]这样的绘画不但包含复杂的科学知识而且具有艺术性这一事实使我们很难在科学作品和艺术作品之间画出清晰的界线。[2]甚至以言辞形式存在的理论的表达物也有显著的审美性质，例如，科学历史学家和社会学家越来越明确地意识到科学文本具有修辞学和文体学维度。[3]不过，理性主义的理论估价模型认定，理论表达物的审美性质不应该在理论估价中起重要作用。这就是本书不考虑像科学文本的文学性质这样的理论表达物的性质的原因。当然，理性主义到底能否允许理论的审美性质在理论估价中发挥作用是本书自始至终要讨论的问题。

2. 行动者网络理论对抽象实体的无视

在当前作为理性主义图像的替代物提出的科学活动的高层次模型中间，有若干模型采用的是社会学或人类学方法。大多数这样的模型都否认我对理论和理论的表达物做的区分。在这类模型中，一个最有趣的模型是科学活动的行动者网络理论。[4]

根据行动者网络理论，所有科学家以及其他人类和非人类的行动者都相互联系地处于一个因果关系的网络之中。一伙一伙的科学家，通过生产和摆布实体，尝试着把其他行动者吸纳进为他们利益的服务中，科学活动就是由科学家所做的这些尝试组成的。能够服务于这一目的的唯一实体是具体实体，因为抽象的或非物质的实体没有任何因果效力——的确，一些行动者网络理论的支持者坚持认为，抽象实体并不存在。像仪器读数和杂志文章这样的铭文（inscription）和文本是最适于影响其他科学家的具体实体之一。相反，科学理论由于是抽象实体，就不能影响行动者的行为。由这些信条可以解释拉图尔（Bruno Latour）和伍尔加（Steve Woolgar）怎么能够把科学看成这样一个系统：其目的主要不是为建立科学理论而是为产生铭文，并且能够解释拉图尔为什么认为了解科学的最佳途径不是对科学理论进行分析而是对特定的科学文本进行分析。[5]拉图尔提出如下看法："我们确实并不思考，我们确实并没有什么观念。倒不如说，我们有的是书写行动，这是一个涉及运用铭文的行动（……）；是一个通过与其他同样书写、雕刻、交谈的人交谈去实践的行动（……）；是一个通过运用铭文去说服人或者不能说服人的行动，这里铭文的做出就是要让人去说、去写和去读的。"[6]

行动者网络理论提供了一种有启发意义和有洞察力的看法。然而我发现，与理性主义图像相比，它是一个具有更少说服力的科学活动的高层次模型，这在某种程度上是由于它坚持认为，只有像铭文这样的具体实体是要紧的，而像科学理论这样的抽象实体是无关紧要的。但如果不承认知识的项目是抽象实体，就不可能令人信服地解释知识的拥有和传播，这里，抽象实体可以不同于表达它们的具体实体。

例如，不可否认的是，某些个人和共同体拥有随意产生某些诸如特定的力学、电学和化学效应这样的物理现象的知识。他们能够通过向其他个人和共同体传达某些实体在他们那里再产生出这一知识。他们通过哪些实体来传达这一知识呢？根据我上面引述的说法，我推想，行动者网络理论支持者会说这一知识可以通过一定的铭文或文本来传达。然而，它大概也能够通过对那一铭文的如实解释或者翻译来传达。这样情况不可能是，传达产生一个特定物理现象的知识的能力只为既定的铭文专有；相反，情况必定是，这一能力为以一定的方式相互联系的所有铭文共有。这种能力必定是该铭文组的每一铭文都具有的一种抽象性质，即使它们不共有什么具体的东西。但是，这种结论等于宣称，产生一个特定物理现象的知识事实上是用抽象实体传达的，而该铭文组的每一铭文都是对这一抽象实体的一种独特的表示。没有什么东西妨碍我们把我们谈论的抽象实体看成是一个科学理论，把那些铭文看成是那个理论的一些相互之间可替代的表示形式。

由于否定了科学理论概念，行动者网络理论就失去了看出一组铭文就是一个特定理论的可互相替代的表示形式的能力；这样它就不能解释这样一个事实：产生一个特定物理现象的知识可以通过属于一个特定铭文组的任何铭文来传达。更概括地讲，由于醉心于铭文概念而无视科学理论概念，行动者网络理论的支持者就使我们不能认识到，我们对物理世界的知识恰恰就包含在这些实体之中。行动者网络理论的这些缺点进一步显示出把理论的性质与理论的表示形式的性质区分开来的重要性，以及给予理论的性质以应有注意的重要性。

3. 知觉抽象实体的性质

我一直在勾画的对科学理论的解释包括如下主张：科学理论是抽象实体，而抽象实体是我们的视觉和听觉所不能通达的。因此，我们获取关于理论的信息就不能通过看理论或听理论，但是可以通过思考科学理论的表示形式来做到。这些表示形式是我们的感官能够通达的，因为它们是像出版物和讲座这样的具体实体。这种解释遗留下来下列难题，这一难题困扰了从柏拉图到现在的所有预设了抽象实体的人：鉴于我们的感官只能够通达具体实体这一事实，我们怎么能够确定抽象实体的性质呢？

当哈奇森主张像数学定理和科学理论这样的智力构造物能够有美的时候，他就面临了这一难题。他试图通过与"外在感官"相并行地预设存在某种"内在感官"来解决这一问题，他认为外在感官负责知觉外部物体，而内在感官在思考抽象实体的过程中形成美的观念。[7]他从音乐美学中援引证据："在音乐中，我们似乎普遍承认存在某种与外在的听觉器官性质不同的类似听觉器官的东西，并称之为一副好耳朵。"[8]

今天的美学已经不喜好预设新的感觉器官。在今天的美学中，成为标准的是某种不同的解决这一难题的方法。这一方法依靠的是对性质做转换的概念：从抽象实体的性质到这些实体的表现形式的性质的变换。在许多

　　　　　　　　　　　　　　　　　| 美与科学革命 |

情境中，我们对一个抽象实体的某些性质的把握是通过知觉这一实体在某种具体演示中展现的某些其他性质做到的。例如，我们对一首乐曲（这是一种我们对其没有直接的感官通路的抽象实体）的性质的了解是通过知觉在这首乐曲的一种或多种形式的演示或演奏中展现的其他性质做到的。毫无疑问，在一种演示形式中展现的某些性质产生于演示形式本身并且这些性质不能被溯源到这首乐曲，例如，对乐曲的演奏可能是呆板的和匆促的，但是在这种演示中展现的其他性质允许我们借以把握这首乐曲本身的一些性质，或许，这就是我们怎么可以逐渐听出它是一首赋格或是一首无调性乐曲的原因。显然，就这种提供对抽象实体的准确知识的途径而言，演示形式的某些性质必定与抽象实体的某些性质处在某种已说明的关系之中。对这一难题提出这种解决方法的那些人说，如果我们要想能够把握抽象实体的性质，那么抽象实体的性质就必须被变换成实际可以演示的形式。[9]

依据这种解决模式，可以论证，我们能够通过知觉处在某种具体实体之中的某个科学理论的某种表示形式所展示的某些其他性质来把握这一科学理论的某些性质。以某种文本形式存在的某个理论的某种表示形式的某些性质是为这种表示形式所特有的。比如，这一文本或许是用法文写就的，但是一个做到了信达的表示形式所展示的一些性质会被看成来源于这个理论的数学结构、逻辑简明性，或者这个理论的其他特性，虽然这些性质完全是展现在演示形式之中的。虽然我们是经由演示形式把握这些性质的，但是这些性质可以合法地被追溯到理论。

对这一难题的一种不同的解答可能如下：我们不应该把我们一直称作抽象实体（如科学理论）的表示形式的那种东西看成是表现那个抽象实体的一幅图画，而应该看成是为这个抽象实体创建一个智力副本的一种算法——光顾某个抽象实体的某个表示形式能够使我在头脑中复制这个抽象实体。这样，一个人的关于一个抽象实体的性质的知识就可以通过考察这个抽象实体的某个智力副本而不是考察它的具体表达形式得到。就一个产生某种产物的算法而言，无须要求该算法的性质与该产物的性质相似。因而，这样一种对上述难题的解答方式不会要求我们坚持理论的性质都变换成理论的具体表达形式。

4. 审美价值、性质和估价

为了理解科学家以审美为基础估价科学理论的活动，我们需要对观察者对对象做审美判断是什么意思有大致凑手的概念。分析观察者的这种行动是美学理论的任务。在本节中，我们从当今的美学理论中吸取一套概念系统用于我们的研究。

当我们对一个对象做审美鉴赏的时候，从中我们会涉及如下两类实体：可知觉的性质和审美价值。我们的审美鉴赏指涉的必定是对象的性质，如果这是一种对那个对象的鉴赏行为的话，并且这必定指涉到价值，如果这是一种估价活动的话。为了说明我们所诉诸的这些性质和价值是什么，我们必须对如下问题做出回答：

（1）美是对象的一种性质、一种价值、还是一种其他种类的实体？

（2）审美价值是存在于知觉的对象中，还是由观察者投射进对象中的？

（3）审美鉴赏指涉的对象的审美价值和内在性质之间的关系是什么？

（4）当审美鉴赏指涉可推断为独立于观察者本体的对象的性质的时候，由不同的观察者做出的审美鉴赏怎么能够表现出巨大的差异？这种差异的存在是美学争论的特征。

出于本书的目的，我对这些问题做如下回答：

（1）尽管依据某些传统，比如依照柏拉图主义，美被看成是内在于一些对象的一种性质，我则把美看成是一种审美价值。价值是事物的可以断定为好的、重要的，或者可欲的一些方面。如果美是对象的一种性质，宣称一个既定的对象是美的就是在做一个纯粹描述性的报告，就如同说，一个既定的对象是球状的。如果美是一种价值，宣称一个既定的对象是美的就具有一种估价的成分，这种说法中就蕴涵着一些有关该对象的优良性、重要性或者可欲性的判断。

顺便提一下，美并不是我们可以设想的唯一的审美价值：另一种在艺术作品的估价中起重要作用的价值是艺术价值。下述考虑可以表明美和艺术价值之间的区别：一个艺术作品可以不是美的，但它仍然可以具有艺术价值，这是由于它，比如说，具有伟大的原创性，而这种原创性并不能自行带来美。另一方面，如果一个对象感觉起来与一个美的对象没有什么区别，我们就不得不认为它也是美的；但是情况可能是，这两个对象中只有一个有艺术价值，比如说，如果其中的一个已经对艺术的发展产生了巨大的影响，而另一个只是一种随后的复制品的话。这就是说，美的判断完全以被估价对象的可知觉的性质为基础，而艺术价值的判断则可能涉及那些表示关系的性质，比如这是指有特别的历史或者与其他艺术品有特别的关系这样的性质，可是这样的性质在对象中并不是明明白白显示出来的。

我们可以为科学理论辨识出一种与艺术作品的艺术价值对等的审美价值。通过类比艺术价值，我们可以依据科学理论具有的某些表示关系的性质，比如对科学的发展有过特别影响的性质，使科学理论获得审美价值，科学理论这种性质可能并不是明明白白显示出来的。然而，本书将讨论的唯一的审美价值是美。

（2）价值位于何处这一问题联系着美学和伦理学中客观主义和投射主义两种理论之间的争论。客观主义坚持认为，价值存在于外部世界中并且可被观察者遭遇。投射主义则主张价值不能在外部世界中找到，它是被观察者作为他们对对象的响应（比如判断或情绪）的一种反射物投射到外部世界中去的。[10]

投射主义在伦理学中要比在美学中得到更普遍的辩护。麦基（John L. Mackie）在他对伦理投射主义所做的辩护中提出，有些性质是我们无须指涉它们对有知觉生命体的作用就能够理解的。某个事物只有在能够依据这样的性质得到充分描述的时候，这个事物才是客观的。根据麦基的看法，因为不牵涉某些性质对有知觉生命体的作用，我们就不能够充分地描述价值，所以他的结论是，价值不是客观的。鉴于对既定对象，不同的观察者做出的价值判断大有差异，麦基引用这种差异性作为支持自己观点的证据。麦基认为，与认定这种差异性只是源于观察者对存在于外部世界的价值的不同反应相比，认定这种差异性反映了观察者所持的价值的不同能够更好地解释这种差异性。[11]

在本书中，我对美学价值持一种与麦基在伦理学中所持的相类似的投射主义观点：我觉得，科学理论的美学鉴赏指涉的价值并不存在于理论本身之中，它是由科学家个人、科学共同体以及科学的观察者投射进科学理论中去的。这就等于说，（我认为这是非常合理的）如果不涉及一个理论的性质对科学家或者其他观察者的作用，我们就不能够充分描述那个科学理论的审美价值。我支持的根据与麦基的类似。在科学家和其他人对科学理论的审美反应中我见到了巨大的差异性。客观主义会把这一差异性完全解释成由科学家对内在于科学理论中的审美价值持不同反应造成。我认为，对这一差异性的更好的解释应该是，审美价值是由不同的科学家和科学共同体以不同的额度或强度投射进科学理论中去的。从而，一个既定的理论最终具有的审美价值的额度或强度可以因观察者的不同而变化。

当然，容易形成价值是客观的印象。的确，"美"的语义和它的派生词多半有客观性色彩。例如，我们总是说实体"有美"或"是美的"。但是，许多观察者都有价值是客观的这样的印象这一事实并不能够挫败投射主义关于美的或伦理的价值的看法。简单来说，人类知觉的现象学可能是这样：大多数观察者在把美的或伦理的价值投射进对象的时候，都感觉到自己正在与存在于对象中的价值遭遇。[12]尽管我将继续以标准的客观主义的措辞方式使用"美"和相关语词，但是我把这些语词仅仅看成对价值判

　　　　　　　　　　　　　　　　　　　　　　　| 美与科学革命 |

断过程的更精确的、严格讲的投射主义描述的缩略语。

（3）美的审美价值和对象的内在性质之间的关系是什么？对于一个特定的对象，我们投射进这一对象中的审美价值是否必定在一定程度上依赖于对象的内在性质？不管怎样，情况似乎是，对象在观察者那里激起的审美反应只能由对象的某些性质引起。我把如下内在于对象的那些性质称为"审美性质"，这些性质要能够激起观察者对该对象做出审美反应，并且特别地，要在决定观察者是否把美投射进该对象方面起作用。例如，一幅画有许多内在性质，其中有些性质（与这幅画的构图、打样或者着色有关的性质）将在确定我们的审美反应方面发挥作用。依照我的用法，这些性质就是这幅画的审美性质。所以，在一个对象的审美性质客观地属于那个对象的意义上，这些性质内在地是那个对象的性质，而这些性质是审美性质，则只是由于这些性质激起了观察者对该对象做出审美反应。

需要注意的是，对一个依据这个定义被看作是审美的性质来说，它无须是应该令人愉悦的。审美反应不仅包括愉悦的感觉和把审美价值投射进对象，而且包括不愉快的感觉和对审美价值的否定。根据我的定义，能在观察者中激起任何这些反应的性质都可以算作审美性质。因此，一个对象有审美性质这样的事实并不能确保一个既定的观察者会觉得该对象是美的：一个观察者只有在从对象那里辨识出特定的审美性质，即辨识出他或她会对其做积极评价的审美性质的时候，他或她才会把这个对象看成美的。

许多作者会反对我把审美性质定义成对象的任何能够在观察者那里激起审美反映的内在性质。在美学中长期流行的看法是，对象的审美性质是像"优美""勇敢"和"悲怆"那样的性质，它们是固有地令人愉快的或令人不愉快的，并且是由感受它们的观察者归属到特定对象上去的。[13]这一看法的支持者于是陷入了一场繁难纠葛的讨论之中：一个对象的内在性质（他们把这种性质看成非审美的）怎么能够激起观察者把审美性质归属于这个对象？我与这种看法的分歧集中在：审美性质的固有属性是什么。依照流行的看法，审美性质有一种内在的价值维度，因为它们是固有地令人愉快或令人不愉快的。更确切地说这等于由观察者解释对象。与这种看法不同，被我看作审美的那些性质内在地就是对象的性质，并且它们只有在能够在观察者那里激起对对象的审美估价的意义上才是有价值的。依照我的看法，像"优美""勇敢"和"悲怆"这样的语词不是对象的性质的名称，而是对观察者对对象的审美性质的反应的概略的刻画。

（4）最后，我们该怎么解释观察者对对象的审美反应的差异性？我是针对科学理论的审美知觉这一特定情况探讨这一问题的。要想解释科学家对理论的审美反应的差异性，我们必须弄明白，科学家是怎样受到促动去把美投射进特定的理论的。在对第三个问题的回答中我提出，科学家是在他们对在某理论中知觉到的性质做出反应的时候，对该理论做出审美判断的。通过知觉一个理论中的特定性质，科学家把美投射进这个理论。那么问题仍然是，是什么使得科学家能够把某些性质作为保障美向理论中的投射的性质选择出来？

在本书中，科学家选择理论的某些特定性质来保障美的投射这样一个事实将被看成由于科学家持有特定的审美标准，这些标准指涉这里讨论的那些性质。简单来说，不同的科学家或科学共同体持有不同的标准，他们依据这些标准对理论做出审美判断，并且特别地，依据这些标准决定将投射进既定理论的美的价值的额度或强度。

这些美学标准发展的性质、由来和方式将在本书中逐步得到阐明。让我们来总结一下到现在为止已勾勒出来的美学理论的原则。像美这样的审美价值不是存在于外部世界之中，而是由观察者投射进对象中去的。像科学理论这样的知觉对象有许多内在性质，其中可能有一些内在性质能够在观察者那里激起审美反应，例如诱导观察者把美的价值投射进对象中去。我认为这样的性质是对象的审美性质。一个科学家是在他持有的一种或多种审美标准的促动下把美投射进理论中的，而正是这些标准把审美价值附加到该理论具有的性质上。最后，我依据不同的科学家持有不同的一些这样的审美标准的假定去解释科学家对科学理论的审美反应的差异性。

5. 审美标准和规范

在上一节里我已经说过，我把促动科学家把美投射进理论的原因解释为是由于他或她持有一种或多种审美标准，是这些标准把审美价值附加到那个理论的性质上。对一个理论可能展示的每个性质，我们都可以设想一个相应的审美标准。针对性质P的标准可以采取这样的形式："如果理论有性质P，那么在其他条件相同的情况下，我们要附加给这个理论比它没有性质P时更多的审美价值。"这样的标准提供了对理论的估价：我们可以把它们应用到理论估价的场合以及让它们在做理论选择时发挥作用。

我们可以设想，科学家对其做出审美反应的理论的性质有多少，科学家持有的这种形式的美学标准就有多少。科学家持有的审美标准组成了（我将称之为）科学家的审美规范。如果在一个科学共同体的成员持有的诸审美规范之间存在足够的一致性因而使得把它们归在一起有意义，那么一个科学共同体也可以被看成具有这样的一个规范。美学规范像一个个审美标准一样可以用于估价理论和选择理论。

可以设想，组成审美规范的诸审美标准具有不同的权重，换句话说，当每个标准把审美价值附加给理论的一个特定性质的时候，在该规范之内，一个标准可能比另外一个标准更有分量或更有价值。这样，假定一个科学家必须依据审美在两个同样有吸引力的理论之中做出选择，这里要排除一个理论展示性质P而另一个理论在同样的地方展示性质Q这种情况。如果这两个性质都以科学家的审美规范去估价，并且审美标准附加给它们的价值以同样的分量，那么科学家将认为这两个理论有同样的价值。但是，如果这些标准有不同的权重，那么带有更大权重的标准将占优势，而科学家就会选择具有这一标准指涉的性质的那个理论。

因而，一个表达完整的审美标准将既指涉理论的一个可能的性质，又带有一定的权重，这种权重决定了在选择理论时标准具有的分量。这样，一个标准可以由一对信息项表示：前项说明理论的一个比如P这样的可能的性质，后一项说明它的权重W_P。因此，作为由一组这样的标准组成的规范会采取如下形式：

P, W_P

Q, W_Q

R, W_R

.

.

.

说到这里，似乎一个科学家的审美规范包含数量很少的标准，这些标准对应的是理论中科学家把审美价值附加其上的少数性质，当然这么想很自然。但是，一个实用的有普遍意义的对科学家的审美规范的描述是把这些规范看成由大量的或者甚至无限数目的项目组成：每个项目分别对应科学理论的科学家能够设想把审美价值附加其上的每个性质。对于任何一位科学家而言，在这些标准中，占压倒性多数的标准带的权重都是零，因为典型情况是，科学家只把审美价值附加给科学理论的少数可能的性质而忽略其余的。这样去描述美学规范的好处是，一个规范的任何演变因此能够被看成只是附加给这个非常长或者无限长的项目表中的每个标准的权重的改变。

6. 识别理论中哪些性质是审美性质

虽然我已经指出，我维护的看法是把审美性质看成在观察者那里能够激起审美反应的性质，但是我还没有说明，在实践中我打算怎样按照这一定义去识别科学理论的哪些性质是审美性质。我将以两个标准做依据。

首先，我将把某理论的某性质判定为审美性质，如果相关学科里的科学家在公开场合都把它作为审美性质对待，例如，他们宣称把审美价值附加给它，在理论估价行动中把它作为审美性质引用，或者用像"美""雅致""令人愉悦"或者"丑陋"这样的标准的审美鉴赏语汇谈论它。我把这些行动看成是对该性质的审美反应，那么，科学理论的任何能够在科学家那里激发起这些行动的性质都直接满足我对审美性质的定义。当然，在许多情况下，科学家不会对理论的一些特定的性质而是对一个理论或一组理论整体表达审美上的满意或者不满意，比如科学家会论及"一个美的理论"。在这样的情况下，我们也许就不得不根据环境去推断这种审美反应是由该理论的哪些性质激发起来的。

我的这种依据科学家的行动去指示科学理论的哪些性质是审美性质的意图可能招致两方面的反对意见。第一种反对意见是，科学家把审美语汇用于理论的某一性质的行动事实上可能并不等于对那个性质做的审美反应；第二种反对意见是，科学家在公开场合的行动和陈述可能误传该科学家私下持有的对该理论的性质的审美偏好。让我们更仔细地考虑一下这两种反对意见。

第一种反对意见得到这样的观察所见的支持：人们有时候使用审美语汇去表达对实体的非审美的判断。在科学家中间，审美语汇有时候用于评价比如像经验数据的精确性和说服力这样的东西。比如，密立根（Robert A. Millikan）在他的实验室笔记本中对他的电荷试验中的某些数据标记上了"美"和"美的"这样的语词。[14]没有人会从这件事情中做出这样的结论：密立根在他取得的试验结果的数字上发现了特别优美的东西。更准确地说，他在发表这样一种感受："这正是我原本希望取得的那种数据。"简而言之，这种反对意见是说，对符合希望的结果，人们能体验到满足，并且有的时候人们用一种拟审美的语词表达这种情绪。

我承认这种反对意见的合理性：情况似乎是，在科学家谈论科学理论的话中出现的一些审美语汇表达的不是对理论的审美评价而是别类的判断。因为有这一事实，所以在科学家的陈述中出现的审美语汇并不都与我们的讨论相干。然而，我相信，众多的出现审美语汇的场合，特别是我在本书中提到的那些场合，都包含对理论的评价，都地地道道是审美的。毕竟，和所有其他实体一样，对我们称之为科学理论的概念实体也是可以做审美评价的，所以，应该可以指望在某些场合下，科学家事实上在对它们做审美估价。依据解释的宽容原则，我们应该把科学家的意图在于表达对理论的审美评价的陈述，读作他们真的在这样做，自然这要排除根据上下文可知或者有证据表明情况不是这样的那种场合。

上面提到的第二种反对意见在于主张科学家在公开场合把审美价值归属给理论的某特定性质的行动，或者从审美出发去接受某特定理论的行动可能误传该科学家私下持有的审美偏好。这一看法可能得到下述一般观察所见的支持：科学家在公开场合的所行和所言有时候不同于他们私下持有的信念。不管怎样，这一反对意见并不能使我们放弃在调查中把科学家在公开场合的行动和陈述作为证据使用。这一反对意见之所以不成立是因为我们的目的是给理论的审美估价活动建立一个模型，这里的审美估价活动指的是在科学共同体中得到采用的，影响了科学的进程特别是理论的演替的审美估价活动。因而，为了能够对科学有实际影响，对理论的估价必须以行动或言辞公开表达出来。因此，准确来说，我们必须加以研究和必须做出解释的正是科学家已公开做出的对理论的审美反应。我把进一步去发现一个特定的科学家公开表达的东西是否偏离了他私下持有的美学偏好的任务留给了其他研究者：研究科学家的智力发展的传记作者。

尽管产生了两种反对意见，但依据如上论述，我认为，为确定理论的哪些性质会在观察者那里激起审美反应，并且因此按我的定义理论的哪些性质是审美性质，谨慎仔细地求助于科学家的公开的行动和言辞的做法是有根据的。

我提出来用以识别理论的哪些性质是审美性质的第二个标准有些宽泛：一个性质是审美性质，如果一个科学理论由于具有这个性质就能轻易地打动观察者，让观察者感到这个理论有高度的适当性（aptness）。对这一标准的辩护是，在许多艺术哲学中，一个对象的美被解释成它的适当性或者它的组成部分的适当性。自古典时代以来，适当性一直处于美的概念的中心：包括柏拉图在内的希腊艺术理论家都把美看成prepon，像维特鲁威乌斯（Marcus Vitruvius）这样的罗马著作家则把美看成decor，这两个词都是合适、合比例的意思。[15]正是由于在古典时代给了这些概念以如此的重要性，故而，比如说，人们把建筑上的诸古典柱式的持续不断的使用看成在把美带给建筑。哈奇森提出的我们所发现的美是寓于多样性中的统一性的看法也可以看作指的是知觉对象中的适当性。甚至在今天，要想解释人们依据什么把一个对象看成是美的，普遍的做法仍是，把这个对象或者它的组成部分看成令人赏心悦目的、恰如其分的、适当的，或者匀称的。

可以认为，美和适当性之间的这种联系对科学理论也成立。的确，一些科学家，包括海森堡（Werner Heisenberg）都把理论中的美定义为"部分与部分之间和部分与整体之间固有的统一"。[16]许多其他科学家把他们从理论中得到的审美愉悦归因于他们所谓的这些理论的某种适当性。一些科学家在某些理论中非常强烈地知觉到某种适当性，以至他们把这种适当性描述为达到极致的或注定如此的，就像温伯格（Steven Weinberg）刻画的：

在聆听一首乐曲或欣赏一首十四行诗的时候，当人们意识到在该作品中没有任何东西可以更改，没有一个音符或者语词你会要它是别的样子时，人们有时能感到一种强烈的审美愉悦。拉菲尔的《圣家族》这幅油画中的人物布局是完美的。在世界的所有绘画中这一幅也许不是你最喜欢的，但是当你看这幅画时，没有什么地方你会要拉菲尔做不同的处理。在一定程度上（仅仅是一定程度上）广义相对论同样如此。一旦你了解了爱因斯坦采用的一般物理原理，你就会理解，由这些原理引导，爱因斯坦得出的不可能是其他显著不同的引力理论。（……）同样注定如此的感觉在我们关于作用于基本粒子的强和弱电力的现代标准模型中（再说一遍，只是在一定程度上）也能够找到。[17]

有了美和适当性之间的联系，把使理论更易于看起来适当的那些性质看成是审美性质就是合理的了。在下一章中，这个用于辨识审美性质的第二个标准将指导我们把理论的某些像形而上学虔诚这样的性质作为审美性质看待，形而上学虔诚这样的性质很少被看作审美性质，不过它们同样具有毫无疑问是审美性质才具有的许多特征。

第二章注释：

1 费尔特曼（Veltman 1986），202～226页；考察了利奥那多·达·芬奇用于以形象化形式表达解剖学见解的技术；阿克曼（Ackerman 1985）对文艺复兴时期的解剖学图解方法做了更广泛的研究。关于19世纪旅行家的绘画中的地理学内容见斯塔福德（Stafford 1984），59～183页。

2 鲁特-伯恩斯坦（Root-Bernstein 1984）、肯普（Kemp 1990）和埃杰顿（Edgerton 1991）论证了对外部世界的科学表现和艺术表现是不容易区分的。

3 格劳斯（Gross 1990）的研究是许多新近的对科学文本的修辞学研究之一。

4 除了行动者网络理论，现今有关科学的社会学的和人类学的模型包括著名的科学知识社会学、人种学方法论、反射论和社会认识论等方向。皮克林（Pickering 1992）总结了这些方向之间的争论。

5 拉图尔和伍尔加（Latour and Woolgar 1979），88页。拉图尔（Latour 1987），21～62页。

6 拉图尔（Latour 1984），218页。

7 哈奇森（Hutcheson 1725），34页。

8 同上，35页。评论见凯维（Kivy 1976），24～27页。

9 沃尔海姆（Wollheim 1968），74～84页，讨论了审美性质的转换。

10 沃尔海姆（Wollheim 1968），231～240页，探讨了一些不同于关于审美价值的客观主义和投射主义的观点。

11 麦基（Mackie 1977），15～49页。布莱克本（Blackburn 1984），181～223页，也对投射主义就伦理价值做了辩护。麦克道尔（McDowell 1983）探讨了美学中的投射主义。

12 布莱克本（Blackburn 1985）论证，投射主义在伦理学中能够解释对道德判断的客观主义的"感觉"。

13 那些持有这里描述的对审美性质的观点的人包括西布

莉（Sibley 1959）、洪格兰（Hungerland 1968）、比尔兹利（Beardsley 1973）和戈德曼（Goldman 1990）。

14 密立根（Millikan）的这些说法见霍尔顿（Holton 1978），68页，讨论见25~83页。

15 关于 prepon 见波利特（Pollitt 1974），217~218页，关于decor见341~347页。

16 海森堡（Heisenberg 1970），174页。利普斯科姆（Lipscomb 1982），4页。钱德拉塞卡尔（Chandrasekhar 1987），70页。

17 温伯格（Weinberg 1993），107~108页。

Chapter 3

The Aesthetic Properties of Scientific Theories

· 第三章　科学理论的审美性质

1. 审美性质的分类

虽然科学理论的任何性质都可能在科学家那里激起审美反应，在实践中却只有较少的性质能做到这一点。与我在前一章中给出的定义相一致，我称这样的性质为理论的审美性质。在本章中，我们将讨论历史上对科学家有过最大影响的那些性质。

理论的审美性质可以归成若干（我称之为）类：例如，理论可能表现出来的所有的对称性形式归为一类。审美性质的类别组成了科学家对理论做出审美估价的名目。然而这并不是科学家由于知觉到了某类审美性质，对某个理论做出的审美估价，因为这估价是由该理论实际显现的审美性质激起并且以该理论实际显现的审美性质为依据。例如，科学家可以在对称性类别的名目下比较两个理论，但是科学家会由于某个理论显示了特定的对称形式而偏好这一理论。要预言科学家在两个竞争的理论中间会做出怎样的选择，只知道科学家的审美规范中有对称性是不够的，毕竟，实际上可以说任何理论都有某种对称性。人们需要知道，哪一种或者哪几种对称性形式依科学家的规范是可欲的。

有些人认为，让科学家的审美偏好在理论估价中发挥作用是不可能的，因为这些审美偏好从来没有得到足够明确的定义，[1]而我们对审美性质和审美性质的类之间进行的区别应该有助于减轻这些人的怀疑情绪。如果科学家的偏好仅仅指涉像"对称"这样的审美性质的类，这种怀疑论调或许是合理的；但是正如我们将看到的，科学家的偏好可以远比此精确地得到说明。

诸审美性质聚集成类出现，针对的同样是实体而不是科学理论。比如，小说家福斯特（E. M. Forster）曾经写道，他赞赏那些情节表现出对称的小说。对称在这里是一类审美性质而不是一种可以说成只在某些小说中出现而在其他小说中不出现的性质。在我们能够准确预言哪些小说福斯特会由于它们情节对称而赞赏它们之前，我们必须知道这一类性质中的哪个成员福斯特会感到是可欲的。他或许赞赏哈代（Thomas Hardy）的小说，因为在这些小说中景物的基调反映了主人公的心绪，或者他赞赏狄更斯（Charles Dickens）的小说，因为在这些小说中事件的叙述不止从一个人物的视点出发。事实上，结果是，福斯特喜欢法朗士（Anatole France）的《泰依丝》和詹姆斯（Henry James）的《使节》，因为在这些小说中两个主人公逐渐交换了心理位置，使得故事情节呈现出"一个沙漏的形状"。[2]

本章讨论理论的四类审美性质：对称性形式、模型的援引、形象化／抽象化和形而上学虔诚。第五类审美性质，即简单性形式的讨论，将推迟到第七章，以使我们可以借助在其前几章中引入的概念。对上述每类性质，我们都将考察科学家已经把审美价值附加于其上的若干性质以及科学家依据这些性质对理论做的审美估价的若干例子。[3]

我不认为上述所列已经穷尽科学家在对理论做审美估价时所指涉的各类性质，我也不认为，每种审美性质都可以唯一地归属于我命名的五类性质中的某一种。例如，在16世纪和17世纪的天文学家中间进行的关于他们的理论的和谐性的讨论可以被看作主要与理论的简单性性质、理论的对称性或者理论的形而上学虔诚有关。

在本章中，我的论点是，至少自文艺复兴以来属于这些类之中的各个类的诸性质深深地影响了科学中的理论选择。通过确立这一论点，我要表明以审美为基础的理论估价是科学活动的一个有影响的方面，任何不牵涉这一方面的对科学的解释必定要被看成是不完全的。

2. 对称性形式

一个结构在一定的变换下是对称的，只要该变换能够使该结构保持不变。[4]许多物理对象和自然现象都展示出了对称性。像分子、雪花和星系这样的对象由于在旋转或反射下保持不变因而都有对称性。在物理学中，与特定的变换，比如伽利略变换或者洛伦兹变换相联系的对称，都是现象具有对称性的例证。比如，当物理学家谈到一个理论在洛伦兹变换下保持不变的时候，他们的意思是该理论把这一不变性归因于一些特定的现象。[5]

像智力创造物这样的抽象对象同样能够展示出对称性。例如，一首赋格（一种曲体形式，在其中三个或更多的声部演唱或演奏作为同一主题的变奏的短句）有若干大致的对称性，在不同的声部之间交换这些短句使得该作品大致保持不变。

当然，与我们的研究有关的对称性质是那些被称为科学理论的抽象对象具有的性质。可以说，一个科学理论具有某种对称性，如果对该理论的诸概念性组分（它的概念、公设、自变数、方程或者其他元素）施加一个变换而该理论的内容或者主张保持不变。通常，我们将谈到的对称性是大致的而不是精确的，某种变换通过这样的对称性使一个理论大致保持不变。理论具有的对称性质不同于现象具有的对称性质：前者可以为在两个描述同一现象的理论之间做选择提供基础。

这里是科学理论能够具有的四种对称性的例子。首先是由麦克斯韦（James Clerk Maxwell）和其他人提出的，以麦克斯韦方程组著称的那组古典电动力学方程展示出了近乎完美的对称性。在零电源的情况下，麦克斯韦方程组表现为：

$$\text{curl } \mathbf{E} + \partial \mathbf{B}/\partial t = 0 \qquad \text{curl } \mathbf{B} - (1/c^2)\partial \mathbf{E}/\partial t = 0$$

$$\text{div } \mathbf{E} = 0 \qquad \text{div } \mathbf{B} = 0$$

在这里，$\mathbf{E}$ 是电场矢量，$\mathbf{B}$ 是磁场矢量，c是光速，旋度curl和散度div是矢量算子。交换这些方程中的 $\mathbf{E}$ 和 $\mathbf{B}$，方程组的内容几乎不受影响。[6]

许多物理学家把这种对称性看成是麦克斯韦方程组的美学价值之一。[7]看来，麦克斯韦本人也被这种对称性所打动。他对数学结构做过审美评价："我总是把数学看成是获得事物的最佳形态和维度的方法，这不仅是指最实用的和最经济的，更主要是指最和谐的和最美的。"[8]依据这种看法，赞同彭罗斯（Roger Penrose）的结论就是合理的："看来，这些方程组的对称性和这一对称性产生的审美诉求必定在麦克斯韦完成他的这些方程组的过程中起过重要的作用。"[9]

其次，在爱因斯坦（Albert Einstein）否弃古典物理学的某些特征并为相对论做辩护的时候，处于论证核心的是对某些对称性形式的考虑，他认为要求物理理论具有这种对称性是适当的，在第十一章中，我将对此做更详细的讨论。闵可夫斯基（Hermann Minkowski）在进一步发展相对论时同样使用了对称性论证，尽管闵可夫斯基的论证依据的是几何考虑而不是爱因斯坦所诉诸的那种物理考虑。[10]

我的第三个例子是体现在波粒二象性中的对称性。1900年，为了解释黑体辐射光谱，普朗克（Max Planck）提出，像光这样的电磁辐射，展示出了某些粒子的性质（而在当时像光这样的电磁辐射无一例外地被看作波动现象）—— 这种电磁辐射的能量变化是以离散量或者以份额的方式进行的。普朗克断言，辐射能量的量子的值E与辐射的频率f成正比：

$$E = hf$$

这里的h是普朗克常数。这一公式把离散能量这一粒子性质与频率这一波动性质联系起来了。1923年，德布罗意（Louis de Broglie）提出，相应地，粒子同样应当具有波动性质，因此它们应该有衍射和干涉现象。德布罗意断言，具有动量mv的一个粒子可以被看成具有由下列公式给出的波长的一个波：

$$\lambda = h/mv$$

与普朗克的公式相对应，这一公式把波长这一波动性质与动量这一粒子性质联系起来了。德布罗意主要以对称性考虑为基础或者用波兰尼（Michael Polanyi）的说法，"纯粹依据智力美"得出了他的这一结论。[11]在粒子表现波动性质的观念在波动力学里得到应用的1927年之前，德布罗意的理论一直缺乏经验支持。在那中间的几年里，物理学共同体之所以偏好德布罗意的理论，原因主要是看到了这一理论把动人的对称性带给了物理理论。

第四个例子，卡西迪（Harold G. Cassidy）建立了一种关于电子交换聚合物的理论。他谈到在觉察到这一理论中存在的对称性时油然而生的满意心情："当时我正在听一首钢琴协奏曲，一种想法突然产生：制备电子交换聚合物应该是可能的。我立刻认定这是可行的，并且我觉察到了这种想法的恰当性，因为它是对质子交换聚合物的补充。（……）当清晰地意识到了这种关系的对称性时，我随之体验到了巨大的愉悦和兴奋。"[12]卡西迪对这一插曲的叙述告诉我们，他对该对称性的觉察不仅促进了对该观念做进一步研究，而且还为肯定性地估价该理论提供了基础。

这些例子表明，科学理论可以展示广泛不同的对称性形式。麦克斯韦方程组展示的对称性在于对不同的物理常数形成相似的主张。爱因斯坦赞赏的并且他判定古典物理理论并不充分具有的那种对称性是这样的一种对称性，借助这种对称性，一个理论就能够对物理上认定等价的事件提供同样形式的解释。德布罗意的理论（我认为还有卡西迪的理论）展示的对称性形式是这样一种对称性：如果一个理论把先前与一个实体联系在一起的性质归给了第二个实体，那么由于这种对称性，这个理论同样会把后一

美与科学革命

个实体的相应的性质归给前一个实体。爱因斯坦赞赏的对称性形式既不同于麦克斯韦方程组展示的对称性形式，也不同于德布罗意的理论展示的对称性形式。

理论展示的诸对称性形式应该算得上是理论的审美性质。物理科学家经常依据对称性把理论看成美的。如物理学家安东尼·基（Anthony Zee）写道："对于已知的两个理论，物理学家认为，一般来说，越对称的理论越美。"[13]更广泛地说，理论的对称性质易于使观察者产生一种恰当感。事实上，自古希腊时代以来，对称性一直被看成实体的审美性质。[14]

3. 模型的援引

当我们说某科学理论援引某模型的时候，我们的意思是，该理论或含蓄地或明确地在它试图去描述或解释的那个现象领域和某个其他现象领域之间假设了一种类比关系，典型情况是，后一个现象领域更为人们理解或熟悉。这个更为人们熟悉的现象领域被称作该理论的模型或者这一类比的源域，而应用该模型的现象领域是这一类比的目标域。[15]

根据金特纳（Dedre Gentner）发展的类比的构造映射理论，类比的功能如下：任何实体域都展示出一种关系的分阶序列 —— 性质（我们可以把它看成第零阶关系）、在性质之间成立的第一阶关系、在第一阶关系之间成立的第二阶关系，等等。一种类比把源域的实体映射成目标域的实体，而且这一类比把该源域展示的一定数目的关系映射到该目标域。依据金特纳的描述，模型保留的关系的阶数越高（甚至牺牲较低阶的关系），模型就越好。这样一来，实体的性质就属于模型最无须保留的元素。[16]

作为例证，金特纳提到了卢瑟福的原子理论显示的与太阳系的类比。作为该类比的源域的实体的太阳系，被映射成作为目标域的实体的原子：太阳被映射成原子核，而行星被映射成电子。这一类比在忽略该源域的实体的许多性质的情况下，保留了该源域的某些高阶关系。例如，在该源域中成立的关系"太阳对行星的吸引使行星围绕太阳旋转"被映射成在该目标域中成立的关系"原子核对电子的吸引使电子围绕原子核旋转"。

一个特定的科学理论是否要援引一个模型，以及它要援引哪一类模型，是影响科学家对理论的评价的诸因素之中的两个因素。许多理论得到了广泛认同一定程度上是由于这些理论援引了某个特定模型；许多别的理论令科学家反感则是由于这些理论表明难于用科学家爱用的模型去处理。

19世纪初对热的解释为科学家在理论援引模型问题上的偏好提供了一个例证。在18世纪20年代，拉普拉斯（Pierre-Simon de Laplace）和傅立叶（Joseph Fourier）各自提出了一种热的数学理论。他们工作于同一个传统，都试图把现象数学化以便把牛顿在天体力学中以极大成功发展起来的技术应用到这些现象。但是，拉普拉斯和傅立叶对物理理论提出的要求在别的方面多少有些不同。对拉普拉斯来说，一个理论如果不能够为现象提供一个模型，这个理论就不能被看作可接受的：他的热理论给出了一个把热作为流体处理的模型。与此相反，傅立叶否认理论为他们描述的现象提供模型是重要的，他喜欢一种纯粹分析的方式。他坚持认为，在一个理论得到经验数据充分证实的时候，这个理论只要提出他所谓的"现象的方程式"就足够了，而不必追求通过与某个别的物理领域的类比来解释现象。[17]

认定理论总要援引某个模型明显不同于断言理论应该可以依据某种特定种类的模型，比如力学的、电学的或者生物学的模型得到解释。毕竟，我们总是能够发现一个理论与一个既定的理论处在一种类比的关系中。事实上，对这种事情表达了看法的大多数科学家都表现出偏好那些能够援引特定种类模型的理论。对这些科学家来说，一个援引错了模型类型的理论与一个无模型可援引的理论一样，没有什么价值。在许多情况下，那些认定理论应该援引某个特定种类模型的科学家是受这样一种信念的指使：在众多科学门类中有一门科学是基础性的，它应该为所有其他科学门类提供解释原则。例如，以机械论著称的19世纪物理学的理论化方式规定，所有现象，比如电磁波的传播，都应该依据力学模型去描述。这种偏好深深扎根在这样一种信念之中：力学是最基础的科学，所有现象都能够依据力学得到分析。

如果任何理论都能够被重新叙述以便援引既定种类的模型，那么科学家对某种模型的偏好就几乎不会影响他对理论的选择。如果情况真是这样，那么偏爱特定种类模型的每一个科学家就能对所有理论都同样满意。事实上，援引特定模型的理论并不能轻易地改变以援引别的模型：模型是一个理论的相对不可替换的组分。这就意味着，科学家对模型类别的喜此厌彼的偏好的确能够作为理论选择的一种确定的标准发挥作用。

在前面我对性质和性质的类做的区分有助于澄清关于模型的这方面问题。我把"理论T总要援引某个模型"解释为与"理论T总要显示某种形式的对称"地位等同：这两个命题都指涉性质的类而不是指涉性质本身。相反，"理论T援引如此这般种类的模型"（比如一个力学模型）和"理论T显示如此这般的一种对称形式"都是依据该理论的性质来描述该理论，这种描述可以作为科学家估价理论T的基础。

科学家对模型的偏好表现出一种有趣的现象：科学家要求理论援引的模型的类别随着时间的推移在缓慢地变化。例如，19世纪物理学家普遍持有理论应该援引力学模型的要求，但是在今天，这一要求普遍不再被看作合适的了。这样的转变可以被解释成时尚的结果。例如，依照内格尔（Ernest Nagel）的看法，科学家容易高看一个理论，如果这个理论援引一个熟悉的模型；而科学家会贬低一个理论，如果这个理论援引一个不熟悉的模型："根据历史记载，在科学家对不同类型模型表现出的偏好方面存在着时尚（……）。以不熟悉的模型为基础的理论经常遭到顽强的抵制，直到新观念不再令人感到陌生，以致新的一代通常会自然而然地接受由于不熟悉而令前一代不满意的一类模型。"[18]正如我们将看到的,科学史上的案例研究确证了内格尔对模型偏好中存在时尚的观察。这些研究也揭示了构成这样的时尚的基础的模式。

自16世纪以来,取自物理学和工程学的模型一直支配着生理学中的理论。有一个时期,生理学家普遍承认,物理理论组成了最适当的模型来源,但至于这些理论是哪些理论,他们则和他们的前辈有不同的看法。生理学家倾向于以他们自己时代最成功的物理理论去描述人。赫西(Mary B. Hesse)认为如下观察来自维纳(Norbert Wiener):"依据在该时期使用的最典型的机器对人的科学描述有过三个阶段:第一阶段,17世纪和18世纪,通过来自动力学的类比描述的时钟机构;19世纪,通过来自热力学的类比描述的热机;以及现在,通过来自电子学的类比描述的通讯装置。"[19]已经积累了最伟大经验荣耀的17世纪和18世纪的理论(多亏了笛卡尔和牛顿)是力学的理论。因此,这一时期的生理学把机体模型化为连杆、轮轴和绳索的编排,并且生理学要根据新理论是否能够接纳这样的模型来估价新理论。截至19世纪,力学在经验上的成功在某种程度上已经被热力学理论的成功掩蔽:生理学喜好的模型的来源相应地发生改变。在20世纪,经验成功的新模式推动生理学到电子工程学中寻找它的模型。

一个类似的模型演替过程在生理学的一个年轻分支神经生理学中可以见到。这里同样一直是从物理科学中寻找模型,但是神经生理学家偏好的模型来源屡次发生改变。在19世纪40年代,受信息理论的启发,神经生理学家习惯于把神经系统比作一个电话交换机。这一模型推动了这样一种观念的产生:神经系统有一种高于电神经冲动机构的组织水平,信息传输在这个水平上发生。这一模型还认为,神经系统是一个受动的网络,如果没有接收到刺激,在该网络中就不会有反应产生。在19世纪50年代,受控制论的启发,神经系统被解释为像一架恒温器一样的反馈装置。这促成了认为神经系统本质上是一个动态系统的看法,即认为这个系统能不断消

　　　　　　　　　　　　　　　　　　　　　　　美与科学革命

除对化学平衡的偏离。在19世纪70年代，受计算机科学的启发，神经生理学家开始把神经系统比作中央处理器。这一类比提出，大脑具有处理"程序"所必需的那类构造：已发现的一些证据表明，大脑中的每一个皮质细胞并不是一个孤立的只有单值选择性的刺激探测器，它具有多值选择能力并且是一个一起共同充当探测器的细胞网络的成员。[20]

正如在生理学中一样，在神经生理学中，每一个时期的科学家都一直选择物理科学的理论或领域作为他们模型的来源，这些理论或领域在其最近的前一时期显示出了最大的或者至少最引人注目的经验成功。本书第五章将用更多的篇幅去阐明模型是怎样通过一个科学共同体的偏好相互接续的。在这里我最后申明：援引一个特定种类模型的某个理论的性质应该被看作一种审美性质。首先，类比推理的目的是去发现存在于多样中的统一，这是一种典型的与审美有关的事情；其次，比喻和类比在文学和艺术作品中是审美愉悦的源泉。[21]当一个人看出，理论适于通过他所喜欢的一种类比去解释的时候，我们几乎不可能怀疑，这一发现会给他带来审美满足。

4. 形象化/抽象化

为实现其解释大量经验数据和现象的功能，一些理论假设了被认为构成现象基础的可形象化的结构或机制。在这里，我用可形象化的结构或机制来指谓具有智力形象的、典型情况下是从日常生活经验中抽取出来的、能够引导我们理解现象的本质或动力过程的那种结构或机制。[22]

这里有一些由科学理论假设的可形象化的结构和机制的例子。化学中的燃素理论认为，一个物体的燃烧被形象化为涉及一种燃素流体的释放。自亥姆霍兹（Hermann von Helmholtz）以来，非欧几里得空间被刻画为处于第三维中的一个两维弯曲表面。[23]像电子那样的基本粒子的"自旋"有时被形象化为围绕一个轴的旋转运动。

不同的理论对同一现象做不同的形象化的情况经常出现。例如，在相互接近的两个电子之间的相互作用被古典电磁理论形象化为静电排斥力的逐渐增强，并且被量子电动力学形象化为一个虚光子的交换。更值得注意的是，某些理论以不止一种方式把一个现象形象化。例如，现今标准的核磁共振（当一种物质受到以特定频率振荡的磁场作用的时候，核磁共振产生）理论提出了两种视觉化形象。根据第一种形象化方案，一种物质的原子核从磁场吸收能量并经历从一个量子态到另一个量子态的跃迁；根据第二种形象化方案，振荡磁场反复地改变原子核的磁矩的方向。[24]

其他理论对经验数据和现象给出的描述不是形象的而是抽象的。一个抽象的理论并不唤起一个智力形象，更确切地说，他只借助数学和其他形式工具描述现象。例如，在牛顿以后的那个世纪里的力学主要是以一种抽象的方式发展的，并不依赖特定的形象化方法。在关于这个主题的书名为《分析力学》的纲要的序言中，作者拉格朗日（Joseph Louis Lagrange）声称："在本书中找不到任何数字。我这里提出的方法既不需要作图也不需要几何的或者力学的论证，只需要遵从一种规则的和统一的程序的代数运算。"[25]

科学家是依据科学理论所具备的一些性质的强度对科学理论进行估价和选择的，形象化和抽象化就属于这种性质。许多科学家宣称他们喜欢把理论形象化：爱因斯坦和闵可夫斯基就属于这种人。[26]费恩曼（Richard P. Feynman）也是这样。的确，他之所以著名，或许正是因为他提出了现在被称作费恩曼图的那种东西，这是对基本粒子之间的某些量子力学相互作用的一种图形表示。[27]

但是，并非每一个科学家都喜欢形象化，有一些科学家就喜欢抽象推理。就某些科学家而言，他们喜欢抽象推理是由于受到实证主义的鼓动。那些信仰实证主义的科学家倾向于相信，人们只应当提出有充分经验证据的断言，并且这种断言表达的是可观察量之间的数学的（并且因此是抽象

　　　　　　　　　　　　　　　　　　|　美与科学革命　|

的）关系。根据他们的看法，试图为一个抽象的理论补充可形象化的机制超出了正当要求的范围。

形象化和抽象化不应该被看成是理论的无关紧要的或者可消除的性质，正如理论援引模型不是无关紧要的一样。与此相反，这里的两个论证表明，它们是理论的深层性质，是表征特定理论的特性的。首先，一个抽象的理论一般不能够再阐述以便去指涉可形象化的过程并仍可辨认地保持为同一理论。无论是从日常生活经验还是从别的什么地方，经常根本找不到任何能够刻画该理论所展示的物理变量之间关系的智力形象。例如，在现今的亚微观物理学中见到的许多理论不仅产生于非形象化形式而且本身显示出难于接受后来的对它们进行有说服力的形象化的尝试。其次，与一种可形象化的机制相关联的理论一般不能被归约到一个纯粹抽象的理论而不损失一些解释能力或启发能力。通常的结果是，这种理论提出的形象化在产生该理论对现象的解释方面或者在表明该理论应该怎样应用或进一步发展方面发挥了作用。

理论在被形象化时表现出来的性质不应该与理论在援引模型时表现出来的性质混淆。确实，一个正在形象化的理论展示如下两者之间的关系：该理论描述的现象与某个其他经验领域里的具体机制，并且这个关系类似于类比关系。不过，有两个事实要求我们把被形象化的理论的性质与援引模型的性质区分开来。

首先，正如我们在上一节看到的那样，以模型为基础的推理涉及概念的和分析的资源系统在不同科学领域之间的转移。但是，要求一个理论假设的机制是可形象化的就不能再要求对该理论可以进行这样一个资源的转移。当我们说光的波动理论援引水中的波的模型的时候，我们间接涉及的事实是，某种概念和关系系统从波的理论转移到了光的理论。这包括波长、频率、振幅、衍射和干涉等概念，联系速度、波长和频率的比例性关系，以及波的方程。相反，当我们断言处在一个无限、有界、膨胀着的宇宙中的空间可以被形象化为一个充气球的表面的时候，我们并不因此就说宇宙学需要从有关气球的理论中取得概念资源；当我们把DNA螺旋形象化为盘旋而上的楼梯间的时候，并不存在生物化学和遗传学理论可以指望从市政工程中获得的助益。[28]

第二个要求我们把形象化和诉诸模型区别开来的事实是，没有什么东西要求一个好的模型一定是可形象化的。要求一个机制是可形象化的，就是要求一个机制是可用图像表现的：尽管这一机制一般只存在于科学家的想象中，但是原则上它可以用图或者甚至虚构的方式去表达。相反，一个令人满意的模型可以用一个完全抽象的形式系统提供。例如，现今的粒子物理学使用某些取自所谓群论的数学分支的模型，群论描述变换的性质。根据由格奥尔基（Howard Georgi）和格拉肖（Shelley Glashow）在1974年提出的一个得到高度重视的理论所描述的，夸克和轻子的分类结构与一个特定的群的结构，即所谓的SU（5）同型。[29]尽管这个理论援引了一个模型，但它并不能够由此被看作一个形象化的理论，因为它援引的模型是抽象的。这表明提供一个使特定理论可以得到解释的模型并不能够确保该理论假设的机制是可形象化的。

或许把理论的援引特定模型的特性与理论的可形象化的特性区分开来的最好方式是去说明，援引模型的理论诉诸的是类比关系，而提供了现象的形象化的理论则构造了一个比喻关系。毕竟，做出一种类比就是指出两个结构之间的相符关系，这种关系正是模型所依据的；而使用一个比喻就是把某种东西看成某种别的东西，这正是把理论形象化时要求我们去做的。

科学哲学家经常忽略使用一个模型与提供一种形象化两者之间存在的性质差别。例如，赫西考察了物理学中的两个思想派别，她把它们分别追溯到坎培尔（Norman R. Campbell）和迪昂（Pierre Duhem）。在赫西看来，坎培尔认定而迪昂否定模型在科学的理论化中起根本作用。然而，

美与科学革命

她用来说明这一争论的一些陈述诉诸的是形象化而不是模型。例如，赫西描述坎培尔和迪昂的追随者在争论凯库勒（August Kekulé）做的一条蛇把自己的尾巴咬在自己的嘴里的梦在他形成苯的分子有一个由六个碳原子组成的环状结构的猜想中是否起到根本作用。[30]但是在任何可信的意义上，凯库勒梦到的蛇并没有起到模型的作用：它并没有导致概念或者关系从爬虫学到结构化学的转移。倒不如说，蛇是对凯库勒的理论规定给苯分子的结构的形象化。赫西正确地觉察到在科学中经常诉诸模型和类比，把形象化的东西看成是模型却是在贬低模型概念的价值。[31]坎培尔和迪昂之间存在的大量分歧可以更好地解释为英国物理学特有的形象化的理论化风格与法国物理学家偏爱的抽象的理论化风格之间的分歧。更具体地说，众所周知的迪昂对他所谓英国物理学派的批评既指向对模型的使用同时又指向英国物理学家一定要给现象提供形象化的说明的固执要求。[32]

我主张，形象化和抽象化性质是理论的审美性质。理论呈现给我们的某种对结构和机制的形象化往往会在某些观察者心目中产生一种适宜感，这正满足我在第二章中提出的用以辨认理论的审美性质的第二个标准。另外，有的科学家在抽象的理论中看到了审美价值，他们从关注一个纯粹的、形式的其效能不依赖特定的形象解释的概念结构中得到了愉悦。迪昂在这样的理论中得到了审美愉悦："跟从一个伟大的物理理论行进，看到它从初始假设出发的威严地展开的规则的演绎，看到它表现在从实验定律到细枝末节的那些推断，不可能不为这样一个结构的美着迷，不可能不热切地感到人类心智的这样一个创造物的确是一件艺术作品。"[33]相反，形象化的理论让他反感，因为这些理论诉诸想象。迪昂抱怨英国物理学家："既没有对物理定律的解释也没有对物理定律的合理分类（……），只有这些定律的模型，不是为满足理性而是为取悦想象建立的模型。（……）因此，在英国的理论中，我们发现这些不均衡，这些不连贯，这些矛盾，我们不得不对此做严格评价，因为在作者力求给我们只是一个关于想象的作品的地方我们则力求得到一个理性的系统。"[34]这里，迪昂的审美好恶显而易见。

形象化性质之所以与我们的讨论有关的另一个理由是，它的例示主要是非数学的，也就是说，这一性质并不显现在理论的数学结构中。从这方面看，形象化性质不同于理论的其他审美性质，比如不同于理论的对称性形式。人们经常提到的是，当一个理论以抽象数学形式表达时可以最佳地揭示该理论的对称性。由此有些人断定，经验理论的美只不过就是数学美。但是正如我们看到的，可形象化经常依据的不是对抽象数学形式的依赖；的确，更多强调抽象形式可能导致形象化的缺失。

偏好形象化理论的科学家的存在和偏好抽象化理论的科学家的存在导致在理论继承过程中出现一个有趣的现象：若干历史时期，这两种偏好在共同体的理论选择规范下竞争。这种竞争产生了如下或此或彼的结果。在某些情况下，该共同体分成两个派别，一派是偏好形象化的科学家，一派是偏好抽象化的科学家，每派都持有自己的理论。在另外一些情况下，该共同体从一个形象化理论摇摆向一个抽象化理论，反之亦然。

量子理论从1913年到1927年的发展历程可以例示后一种结果，在这个时期，关于亚原子粒子的最主要的理论失去了形象化。在第十一章中，我们将详细考察这一史实。19世纪的电动力学可以例示前一种结果，在这种结果中，形象化和抽象化派别的科学家在共同体中共存。主要通过泊松（Simeon-Denis Poisson）的工作，物理学家发展了用数学描述静电场和磁场的技术。但数学的处理除了潜在可能以外并没有赋予这些场以任何性质，也就是说，施加作用力给带电体的能力在于带电体内部。这揭示出，带电体和磁体之间存在无须中间介质的超距作用。对那些有经验倾向的物理学家，像法拉第（Michael Faraday）和其他英国物理学家来说，这种观念不能令人满意：他们希望用电场和磁场更具体地把事件图像化。法拉第并不寻求修改泊松的数学处理，他要用把电磁场形象化的方法补充泊松的处理，他把电磁场形象化为被从带电体和磁体发出的"力线"充满的空间区域。麦克斯韦后来做的对电磁理论的扩展部分是受到对场的这种形象化的启发。在接下来的这段文字中，麦克斯韦描述了体现法拉第对电磁场形象化的理论与由麦克斯韦称之为"数学家"的那些人做出的纯粹抽象处理之间的区别："在法拉第心目中看到穿越整个空间的力线的地方，数学家看到的是超距吸引的力的中心，也就是说法拉第看到介质的地方他们只不过看到了距离；法拉第要知道通过介质真实作用的现象的处所，数学家则满足于在施加于电流的超距作用的力上知道它的存在。"[35]

法拉第的贡献使得在19世纪下半叶出现了两种不同形式的电磁理论：一种是纯粹数学的和抽象的，它不声称存在什么传播介质，它认为电磁相互作用通过超级作用发生；另一种是虽然与前者共有抽象数学形式，但继续以力线术语提供场的形象化。在这两种理论之间，物理学家可以根据他们对抽象性或者形象化的偏好做出选择。[36]

5. 形而上学虔诚

每一种在智力史上有记载的伟大的形而上学世界观都有复杂的本质。它的一种组分是关于世界的终极构成的一些主张；第二种组分是一组推理规范；第三种是一组规定、陈述应该接受哪些类关于世界的经验主张，哪些类应该反对。例如原子论认为世界是由物质粒子构成的；原子论规定宏观物体的性质应该通过求助于组成它们的原子的性质去解释；因为原子论把光的传播解释成粒子流，所以它必然反对光瞬时传播的经验主张。

正是形而上学世界观的这第三种组分，即关于世界的经验主张的可接受性的那组标准，与我们这里的问题有关。这个组分等于一组用以估价科学理论的形而上学标准。不同的理论通过它们的主张显示出对不同的形而上学世界观的虔诚。因此，持有一种特定的形而上学世界观的科学家一定程度上可能依据理论显示的形而上学虔诚去估价理论。[37]

我提出要把科学理论具有的对形而上学世界观的虔诚看成理论的审美性质。这不是惯常的做法：科学哲学家更经常把理论估价中的审美偏好看成形而上学偏好的一个子集，或许这是由于相信科学家的审美趣味得自于他们的形而上学观点。[38]我颠倒这种通常分类的理由是，理论具有一种特定形而上学虔诚这一性质与本章中描述的理论的其他性质在两个方面非常类似。

首先，一个观察者觉察到一个既定的科学理论的主张与他或她的形而上学信仰吻合时多半会体验到一种适宜感。反过来，其形而上学虔诚与观察者的信念冲突的理论则会招致反感。对此，爱因斯坦对量子力学的反应是最为常见的例证，我们将在第十一章考察这个例证。

其次，科学共同体提出和修正他们在理论选择时所依据的形而上学标准的过程就是他们选择在理论估价中所偏好的对称性形式、模型的类别或者可形象化的程度的过程。科学共同体选择为他们晚近的经验上最成功的理论满足了的标准作为他们的形而上学标准。接受这样的标准有两个作用：它巩固了这些理论的确是值得高度重视的信念；并且它鼓励科学家进一步寻求显示同样形而上学虔诚的理论。这意味着，一组形而上学预设往往会不断加强自己的地位。

这里是我上述主张（科学家选择为他们晚近的经验上最成功的理论满足了的标准作为他们的形而上学标准）的一个例证。它说的是17世纪的关于理论不应该把像活力、神秘的质以及超距作用能力这样的性质赋予无生命对象这一标准的兴起和衰落。[39]

在文艺复兴时期，为了解释物体之间的相互作用，某些像占星术、炼金术和巫术这样的前科学学科把活力赋予无生命的物质。活力就是产生影响其他实体的作用的能力。它不只是转达别处已经产生的作用，根据在这些学科中提出的理论，具有活力是无生命实体的一种觉察不到的或者神秘的性质。此外，这些理论坚持认为由实体的活力产生的作用会超距传播，即既不通过产生的和接受的实体之间的接触也不通过中间介质的作用。

例如，占星术赋予天体一种跨越距离影响人类事务的能力。炼金术假定微观世界与宏观世界之间存在相关关系，比如，通过这种关系，特定的物质由于与宇宙处在一种特定关系之中而有治疗作用。巫术理论把草药和矿物质的制备过程赋予从远处影响人和事物的能力。比如，经久流传的信念认定某些创伤可以通过把药膏敷于造成这些伤害的武器得到治愈。巫术总是假定物质因为具有这些活力的那些质从而是神秘的。[40]

17世纪出现于笛卡儿（René Descartes）、伽森狄（Pierre Gassendi）、波义耳（Robert Boyle）和其他人的著作中的微粒论置疑活力、神秘的质和超距作用的概念。它的目的在于从自然哲学中排除这些概念。它要通过诉诸微粒解释所有现象，这些微粒并不产生自己的影响作用，不具有不可知觉的质，并且只通过接触和碰撞与其他粒子相互作用，通过这种过程微粒获得运动。这一纲领在笛卡儿的物理学中得到了最充分的实现。例如，笛卡儿把静电力和磁力看成粒子流施加不同压力的结果。笛卡儿通过假定地球旋转产生的离心力对不同物质有特异作用解释地球表面附近的物体的下落：土性粒子下落以补偿其他粒子的上升。行星受到充满宇宙的巨大的粒子涡旋的推动在轨道上飞掠，而彗星则被携带从一个涡旋到另一个涡旋。在这些理论中，超距作用的概念既是不必要的也是难于理解的。

对开普勒的行星运动定律的赞赏加之对数学方法的完善，使得牛顿提出了一个定量的、可检验的关于万有引力的理论。这个理论断定宇宙中的每一个物质粒子都发出吸引其他每个粒子的力：这个力的作用可以跨越距离，无须任何中间介质作用参与。起初，牛顿寻求一种能够解释这个吸引作用的微粒机制，但是没有成功，并且最终他没能对引力提供微粒论解释。在他的光的反射、固体内聚力和化学反应的理论中，他同样求助于超距作用的吸引和排斥力。他写道，所有这样的力都是内在于物质的活力的表现。

　　换句话说，牛顿把原本为文艺复兴时期从事占星术、炼金术和巫术的人熟悉的概念重新接纳进了物理理论。牛顿的某些概念复活玄秘论这一个事实可能并不偶然，看起来牛顿的自然哲学思想受到了他对炼金术持续的强烈兴趣的影响。[41]笛卡儿派的自然哲学家，像惠更斯（Christiaan Huygens）和莱布尼茨（Gottfried Wilhelm Leibniz）批评牛顿诉诸这些概念。他们认为他的理论回到了微粒论原本要排除的玄秘论和神秘主义。随后在牛顿派和笛卡儿派之间产生了漫无休止的争论：理论是否能够并且应该为引力现象提供微粒论解释。[42]尽管如此，在19世纪，超距作用的理论甚至在笛卡儿声望最高的法国的物理学家中间得到了流行。很快，活力不再被看成不可理解的，引力的活力被看成物质的一种完全无懈可击的性质。

　　因此，自16世纪末至18世纪末，在自然哲学的理论估价标准方面发生了两个重大变化。在伴随笛卡儿物理学兴起的第一个变化期间，理论应该以无生命微粒之间的碰撞分析现象并避免涉及活力、神秘的质和超距作用成了一种要求。在伴随牛顿物理学产生的第二个转变中，在自然哲学中使用这样概念的禁令被放宽，并且它们之中的某些概念开始得到重视。

　　与这里有关的问题是，什么推动了这些接续的变化？在相关因素之中有满足可供选择的若干组标准的可得理论的相对的经验成功程度。文艺复兴时期的占星术、炼金术和巫术理论最终在完成解释和预言任务方面被看作是不成功的。一定程度上由于这些理论不令人满意的经验记录，自然哲学家开始怀疑他们的形而上学假定的价值。相反，像笛卡儿的那些微粒论理论则在包括光、热、流体和行星运动研究的若干领域中获得了令人鼓舞的经验成功。他们的成功使得这样的理论的形而上学虔诚开始被看好。这种重视反映在17世纪下半叶开始对理论提出的要求之中，即理论应该表

　　　　　　　　　　　　　　| 美与科学革命 |

现对微粒论的虔诚。牛顿本人起初感受到了这种要求的影响，他为引力寻求微粒论解释。可是，他没能找到这样一种解释并不能阻止他提出一种非微粒论的显示经验成功的理论。更深受微粒论影响的笛卡儿派反对牛顿的理论。随着时间的流逝，牛顿理论积累起了远大于笛卡儿物理学的经验成功。这个成功使得牛顿理论的形而上学虔诚开始被共同体接受，虽然某些前科学的对自然的解释也具有这些虔诚。共同体开始接受可以恰当地称之为牛顿派的理论估价标准，因为它们得自于牛顿理论的性质。直到19世纪末，这些标准都在影响物理学中的理论建立和理论选择。

可以令人信服地说，开始于19世纪20年代的关于物理理论应该是决定论的要求的衰落经历了类似过程：这里同样，形而上学标准的演替一定程度上是由于经验成功考虑的推动。在这一点上，科学家的形而上学标准的表现类似于其他我们在本章中考察过的标准的表现。因此我们可以期望，所有这样的标准的提出和修正可以用同样的模型描述。

6. 生物学和社会科学中的美

在物理科学家的关于方法论的评论中审美因素似乎起到了非常显著的作用，而在生物学和社会科学家那里却不是这样。这种不均衡在某些作者那里产生这样的印象：审美因素主要是在物理科学中起作用，而在其他科学中则几乎没有这种作用。尽管本书广泛以物理科学作为历史事例的来源，但我看到有证据表明，审美因素在所有科学分支中都有重要影响。我将建构的关于科学家的审美规范发展的模型既适用于物理科学，也以同样程度适用于生物和社会科学。比如，我认定，审美归纳（见第五章）的作用贯穿科学始终并且我的科学革命模型（见第八章）适合所有科学分支。

当然，在物理科学中理论的被赋予审美价值的性质可能不同于在生物学和社会科学中被赋予审美价值的性质。这里有两个例证。

首先，物理科学中的典型理论与生物学和社会科学中的典型理论相比较，前者更为普遍地具有明确的数学结构，具有更为经常地被物理学家而不是生物学家和社会科学家归诸像对称性这样的形式和数学性质的美的概念。的确，物理学家经常把他们的理论描述成具有"数学美"—— 一个并不普遍用于生物学和社会科学理论的措辞。于是，美被赋予像定理和证明这样的纯粹数学结构的根据可能不同于美被赋予经验科学的理论的根据，因为后者可以求助于对经验成功的度量，而前者则不能。因为这一点，或许对经验科学中的美的哲学处理，像本书中给出的，并不适用于纯粹数学中的美。[43]虽然如此，数学结构显然对确定审美价值对物理理论的归属有帮助。

其次，从事物理科学的人要比生物学家和社会科学家更高度重视理论的简单性。在某种程度上，不同科学有不同目标。物理科学的典型理论目标在于提出自然定律，即经常只是近似真却总是精确的普遍概括。对自然定律的关注无疑会导致物理学家相信理论的最引人注目的性质是它们的相对于描述的现象范围的简单性。典型的生物科学理论的目标不在于提出自然定律而是对相对不多的现象提供详细和特异的说明。因此，生物科学家不会被引导到去重视显著简单的理论。

但是这并不意味着在生物学和社会科学的理论中，没有什么可配属审美价值的性质。比如，像特定理论对类比处理的适应，或者提供对现象的形象化，或者有特定的形而上学虔诚这样的考虑在生物学和社会科学中会起到与在物理科学中同样重要的作用。[44]

在对科学的哲学讨论中物理学占据的显赫地位使得某些作者认定科学家承认的理论的唯一的审美性质是像理论的对称性和简单性这样的形式性质而不是与理论的内容有关的性质。这些作者对理论的审美性质提出了形式主义解释。[45]我相信，形式主义途径不会对科学家对理论的审美反应提出适当的理解，因为科学家承认的其他的审美性质是同——正如我们在本章看到的——理论的内容而不是同它们的形式结构有关。

　美与科学革命

第三章注释:

1 认为科学家的审美偏好从未足够严格地定义因而不能用于理论估价的看法,见劳丹(Laudan 1984),52页;回答见马丁(Martin 1989)。

2 福斯特(Forster 1927),102~105页。

3 我以前见到的科学家在理论估价中使用的审美标准见麦卡里斯特(McAllister 1989),30~36页;其他对这种标准的评论见奥斯本(Osborne 1984)和恩格勒(Engler 1990),28~31页。

4 关于对称的经典的处理见韦尔(Weyl 1952)。

5 现象的对称引起哲学注意的例证请见福尔肯伯格(Falkenburg 1988)和范·弗拉森(van Fraassen 1989),233~289页。

6 对麦克斯韦方程的对称性的深入讨论见罗森(Rosen 1975),101~102页。

7 物理学家对麦克斯韦方程的对称性的审美欣赏见季里吉斯(Tsilikis 1959),92~94页。

8 给高尔顿(Galton)的信,引自希尔茨(Hilts 1975),59页。

9 彭罗斯(Penrose 1974),271页。

10 关于闵可夫斯基的审美偏好见加里森(Galison 1979),103~105页。

11 波兰尼(Polanyi 1958),148页。在德布罗意的推理中对对称性考虑的作用的证据见梅拉和雷兴贝格(Mehra and Rechenberg 1982—1987),586~587页。

12 卡西迪(Cassidy 1962),57页。

13 基(Zee 1986),13页。对理论估价中对称性考虑的某些审美方面的深入讨论见罗森(Rosen 1975),120~122页。

14 对一般美学中的对称性的讨论见奥斯本(Osborne 1986 b)。关于古希腊艺术理论中的对称性概念见波利特

（Pollitt 1974），14～22页。

15 关于科学中的模型的文献的评论见利里（Leary 1990 a）。

16 金特纳（Gentner 1983）；金特纳和耶焦尔斯基（Gentner and Jeziorski 1989）。

17 关于19世纪热理论中的模型建立和实证主义态度，见卡尔冈（Kargon 1969），424～430页；贝洛内（Bellone 1973），29～53页。

18 内格尔（Nagel 1961），115页。

19 赫西（Hesse 1954），140页；赫西把读者引向维纳（Wiener 1948），39～40页。关于17世纪和18世纪人的力学模型的深入讨论，见麦克雷诺兹（McReynolds 1990），152～158页，查乃尔（Channell 1991），30～45页。

20 关于神经生理学历史的这些阶段，见普里布拉姆（Pribram 1990），81～88页。

21 关于科学中和文学中使用的类比的共同特征的研究，见贝尔（Beer 1983），79～103页。

22 关于形象化在科学思考中的作用的入门，见安海姆（Arnheim 1969），274～293页。关于科学家运用视觉形象思考的记载，见谢泼德（Shepard 1978），125～127页，并见鲁特-伯恩斯坦（Root-Bernstein 1985），52～58页。

23 亥姆霍兹（Helmholtz 1870），5～11页。

24 雷格登（Rigden 1986）描述了核磁共振的两种形象化方法。

25 拉格朗日（Lagrange 1788），11～12页。

26 关于爱因斯坦对形象化的偏好，见霍尔顿（Holton 1973），385～388页；关于闵可夫斯基对形象化的偏好，见加里森（Galison 1979）。

27 关于费恩曼（Feyman）对形象化的使用，见谢韦伯（Schweber 1994），462～467页。

28 比如，把扩张的宇宙形象化为气球的膨胀的表面由霍伊尔（Hoyle 1950）提出，102～103页。

29 基（A. Zee）描述了在粒子物理学中由对称群构成的模型的使用（Zee 1986），228～254页。

30 赫西（Hesse 1966），7页。

31 梅勒（Mellor 1968）批评赫西忽视了模型和形象化之间的区别，282～285页。

内格尔（Nagel 1961）同样混淆了形象化和援引模型的区别，107~117页。

32 迪昂（Duhem 1906），69~104页。

33 同上，24页。

34 同上，81页。我认为在这段文字中迪昂是在谈论形象化，尽管在翻译中使用了"模型"一词。

35 麦克斯韦（Maxwell 1873），1∶9页。关于法拉第对电磁场的形象化的历史材料，见赫西（Hesse 1961），198~203页；关于麦克斯韦，见卡尔冈（Kargon 1969），431~436页。关于法拉第和麦克斯韦的图像使用的进一步讨论，见内尔塞西安（Nersessian 1988）。

36 对形象化和抽象理论之间的选择同样出现在19世纪德国的电动力学中，如卡内瓦（Caneva 1978）的观点：见68~70页关于他所谓的"具体化科学"以及95~104页关于"抽象化科学"。

37 关于形而上学标准在理论估价中的作用的一般性讨论，见阿加西（Agassi 1964）。

38 把审美标准作为形而上学标准的一个子集的分类法由玛格瑙（Margenau 1950），81页；与布赫达尔（Buchdahl 1970），206页给出。

39 自然哲学家对超距作用的态度的历史有赫西（Hesse 1961），98~188页；和布赫达尔（Buchdahl 1973）讨论，我利用了他们的解释。

40 关于文艺复兴时期的神秘学，见韦伯斯特（Webster 1982）。

41 牛顿对炼金术的兴趣，见多伯斯（Dobbs 1992）。

42 有关牛顿派和笛卡儿派之间关于引力的争论，见科恩（Cohen 1980），79~83页，以及哈奇森（Hutchison 1982），250~253页。

43 在对数学构造的美的著名处理之中有莱·利奥奈（Le Lionnais 1948）与亨特利（Huntley 1970）。

44 关于审美因素在生物科学理论的形成和估价中的作用的先前的文献包括盖斯林（Ghiselin 1976），皮克万斯（Pickvance 1986），150~153页，以及鲁特-伯恩斯坦（Root-Bernstein 1987），关于社会科学，见尼斯比特（Nisbet 1976），9~26页。

45 对科学理论的审美性质的形式处理由恩格勒（Engler 1990，1994）推进。

· 第四章　对科学家的审美判断的两种错误看法

1. 关于审美的超脱性的理论

科学家在估价理论时如果真的既依据经验标准，比如依据逻辑经验主义的理论估价模型提出的那些标准，又依据审美标准，比如依据在前一章中考察过的那些标准，那么在这两种估价之间存在什么样的关系？在本章中，我们将考察针对这一关系的两种观点并依据科学家的陈述和科学史上的其他事实估价一下这两种观点的适宜性。我们将表明这些观点是不适宜的，但我们对这些观点的考察会为我们提出一种更适宜的观点提供线索，我们将在下一章中提出这种看法。

我们将考察的两种观点是自律论和归约论。自律论认为科学家的审美估价和经验估价是完全不同的并且也不能相互归约，而归约论认为科学家的审美估价和经验估价只不过是互为不同方面。它们代表了可能存在的一系列观点的两个极端。在这一系列观点中，每种观点都假定了审美判断和经验判断之间的一定程度的可归约性。我们将首先考察自律论的观点。

有一种关于注意力在审美知觉中起作用的方式的理论。[1]有许多种注意力方式是人们在知觉活动中可能适用的。这些方式的不同依据的是使知觉活动得以激活或者使知觉活动得以进行的目的或利益的不同。例如，人们可以审视一块宝石以对它做出估价，或者人们可以观察一张棋盘心存对黑方的关切。根据这里提出的理论，审美知觉特有的注意方式是超脱的。"超脱性"指的是，对一个知觉对象的一种超然的或者无目的的态度。对一个对象的这种超脱的态度指向的不是对象有助于人的某种目的的潜质而只是它的内在的结构和意义。

知觉的超脱性的概念在18世纪的道德哲学中占据突出的地位。根据沙夫茨伯里勋爵（Lord Shaftesbury）的看法，道德正直的获得，正如霍布斯（Thomas Hobbes）坚持认为的，不是通过对一个人的利益方面的引导而是通过使这个人的行为与所有利益方面的东西分离而去追求道德行为中的正当。头脑要用来以一种漠视利益的态度去分辨哪些行动是正当的。[2]但是如果头脑在寻求道德上正当的行为时能够这样运用，那么它在审美知觉活动中同样可以这样运用。的确，沙夫茨伯里勋爵把审美知觉活动看成是那种不理会背后的利益的知觉方式："想象一下，（……）如果你正在被大海的美丽吸引，你从远处的某个地方看到了海的这一景致，可是如果寻求像一位非凡的海军上将那样控制大海并驾驭海的主人的念头竟然来到你的脑海中，这样的嗜好不是有些荒唐吗？"[3]从"占有"大海得到的满足是"非常不同于从对海的美丽的冥想中自然生发出来的满足"的。[4]这是因为对一个对象的审美上的沉思默想并不把功利的东西归给这个对象。

哈奇森同意沙夫茨伯里勋爵的看法：审美判断不理会功利方面的考虑。他相信如下的观察可以表明这一点——我们经常倾向于不惜有所付出地去追求美的东西："我们不是经常看到为得到美，人们会无视便利和效用，而在美的形式中除了显露令人愉悦的美的观念外并没有任何别的可看得出的功利吗？"[5]

当沙夫茨伯里勋爵从对自然美的知觉活动转向由数学中的定理产生的审美愉悦的时候，这种注意力的方式可能适用于科学理论的想法就产生了：

> 不管一个人最终对数学的原理多么无知，但只要他稍微学过一点科学或者接触过一点学术，他都会发现在他专心于做出发现的时候，即使那只是纯推理上正确的东西，他也能够得到一种超越感官快乐的愉悦和欣喜。当我们深究这种沉思快乐的本性时，我们会发现它毫不涉及任何个人功利，其目的也不在于对个人人身的自利或者有益。[6]

哈奇森同样把对科学知识的审美沉思与对科学知识的功利的意识做了

区分："除了科学知识的有用性之外，很容易看出这种知识的美多么令人神往（……）。甚至我们享受这种愉悦是在我们除了感受沉思这种美时直接得到愉悦外看不出从这样一种演绎方式中能够取得什么别的效用的时候。"[7]沙夫茨伯里勋爵和哈奇森于是认为，数学定理和科学理论可以用两个尺度去估价：一个衡量该数学结构能够提供效用的程度，而另一个则与超脱地沉思数学结构得到的审美愉悦有关。

一些20世纪的美学作者复兴了审美的超脱性理论。布洛（Edward Bullough）让我们想象我们深陷海雾之中时的感觉。[8]通常情况下，大海上的雾引起的是焦虑：水手很可能为他们的船的安全担心。"不过，"布洛写道，"海上的大雾可以引起强烈的乐趣和欢欣。让我们暂时把注意力从对海雾的体验移开（……）；而把注意力指向'客观地'组成这个现象的特征。"[9]布洛认为，当做了这样的努力后，观察者的注意力会专注于雾的乳白色幕帐、空间的巨大包容力、海水奶油一样的平滑，以及与外部世界疏离的感觉。当知觉活动指向这些特征自身而不是考虑它们对航海构成的威胁的时候，"这一体验可能达到的（……）那种强烈的情绪和欣悦与关注这个现象的其他方面时产生的盲目的和异常的焦虑形成鲜明的对比。"[10]这种视界的不同是由于观察者摆脱了对功利的关注而以一种超脱的方式运用注意力。布洛把注意力的这种转移看成由于有观察者和被沉思对象之间的"心理间隔"介入造成的。"间隔（……）的取得是通过使对象脱离实际需要和目的而达到把对象与人们对它的从自己的私利出发的诉求分开。由此仅仅对该对象'沉思'就成为可能。"[11]

这样，对应于对象可能具有的两组价值，就可以辨认出这两种知觉活动的方式。一组价值是功利的，而另一组价值——通过心理间隔的介入去知觉的——是审美的；"间隔（……）能够提供一种特别的与实际（功利）的、科学的或者社会（伦理）的价值不同的审美价值的标准。所有这些价值都是具体价值，它们要么作为功利的价值直接地是个人的，要么作为道德的价值则间接地极模糊地是个人的。"[12]我们可以在这两种知觉方式下观照任何对象，我们既在一种功利的知觉活动中归给它一定程度的实用价值，又在超脱性的知觉过程中归给它一定程度的审美价值。[13]

斯托尔尼兹（Jerome Stolnitz）最近对审美的超脱性理论做了辩护。他认为"审美态度"的特征是"仅仅从物自身出发""不带有任何其他目的考虑"的"对无论什么意识对象的超脱性和共鸣式的注意和沉思"。[14]

布洛并没有明确地把科学理论看成审美知觉活动的对象；斯托尔尼兹认为超脱性的审美判断被运用在数学中，但是他并没有提到经验科学是应用审美判断的一个可能的场合。[15]不过，这些作者的观点可以很容易地扩展到对科学理论的知觉。布洛认为，欣赏一个对象的审美价值与欣赏这个对象的"科学价值"不同。科学理论的"科学价值"可以被解释成它们的功利效力，是可以在经验检验和实际应用中揭示的。依照这种解释，布洛暗示，科学理论可以依据两组标准去估价。一组是功利的，由逻辑的和经验的标准组成，适于确定理论的经验价值；而另一组则是审美规范，它完全不理会功利价值。

2. 审美判断和经验判断的一致

正如我们已经看到的，按照审美的超脱性的理论，依据经验标准对理论的估价与依据审美标准对理论的估价是相互独立的。依据一个理论的经验上的成功程度对这个理论做的估价与在这个理论中知觉到的审美上的优越之处没有任何相关关系。现在让我们来估价把这个观点作为科学家的一个行为模型的适宜性。

的确，一些科学家对理论的经验性质和审美性质做了明确的区分。根据凯勒（Alexander Keller）的总结，物理学家是以如下言辞表示对玻尔的原子模型的接受的："非常漂亮——但是它能行得通吗？"[16]罗森（Joe Rosen）认为，人们不可能把科学家依据经验标准对理论做出的高度赞许与科学家对理论的审美估价区分开："如果我们偷听科学家们私下的讨论，我们可能听到这样的说法，比如'这是（我们的）一个美丽的理论'或者'他的理论相当丑陋'。由于这两个理论能够同样好地解释一些同样的自然现象，这两个理论可能是同样好的。事实上，'丑陋'的理论甚至可能更好。"[17]这些话预设了对理论的功利的估价和审美的估价是相互独立的。如果一个被判定为丑陋的理论在经验上优于被判定为美丽的理论这种可能性存在的话，那一定是经验估价和审美估价是独立地做出的，并且对一个理论的审美价值做估价完全无须理会这个理论在经验上的效用。

不过，科学活动中的大量事实是与这一观点相冲突的。有必要更严格地审查一下科学家对理论的审美估价独立于对理论的经验估价的主张。情况可能的确是，在一个理论提出的最初的几年里这个理论在经验上的成功与在那一时期结束时归给这个理论的审美价值之间几乎没有什么相关关系。例如，在19世纪20年代在关于亚微观现象的量子理论提出的20年里这个理论已经积累了给人印象深刻的经验上的成功，但是许多物理学家认为这些理论审美上是不讨人喜欢的（见第十一章）。但是在更长一段时间以后科学家的经验估价和审美估价之间的一种相关关系开始出现。如果一个理论在提出以后能够在一个较长时期里在经验成功方面保持一个好的纪录，那么到那一时期结束时它同样容易得到科学家的审美上的认可。例如，到了19世纪70年代，物理学家对量子理论的普遍的审美反应不再是反感而是越来越承认量子理论有它自己的审美价值，虽然这种审美价值不同于被它替代了的那些关于亚微观现象的理论具有的审美价值。

换句话说，看来是表现出持续的经验成功的理论所具有的审美性质逐渐会赢得青睐。就长的时限而言，科学家的审美估价则倾向于和他们的经验估价一致。这一相关关系提示在长的期限里做出的审美判断一定程度上要依据理论的经验绩效。这一发现是与把科学家的审美估价看成是与经验价值无关的模型相矛盾的。

　　我已经提出，在一个理论提出的最初几年里，共同体对这个理论做出的审美判断可能不同于对它的经验估价，但是在一个较长的时限后，共同体对这个理论做出的审美判断很可能会与对它的经验估价一致，只要这个理论继续表明其经验上的成功。这一变化可以用将在下一章提出的假定来解释，即一位科学家对一个经验上成功的理论做出审美判断的过程类似于该科学家逐渐习惯于信赖这个理论的过程。至少在一个审美上革新的理论提出的最初几年里，共同体的上层一般将继续由那些被培养来继承并且尊重共同体的前辈的科学家占据。如果这个新理论表现出了令人意外的美学特征，这个共同体很可能认为它是不令人满意的。但是，一旦更长一段时间过去，这个共同体将最终习惯于这个理论的存在。如果对理论的审美上的看法可以被归因于某种形式的习惯，人们就可以期望科学家在这后一段时间做出的审美判断转变成与他们对理论的经验估价相一致。

　　如果取得持续的经验成功的理论开始被看成有审美上的吸引力了，那么科学家对理论的审美估价就不能解释成超脱的。不过，科学家有时候同样对经验上不成功的理论做出偏爱的审美估价——我们在下一节会见到一些这方面的案例。既然这些审美判断看来与经验价值判断无关，那么至少把这些审美判断看成超脱的不是很合理吗？或许，甚至可以把这些审美判断解释成与经验绩效有关，尽管这样做要通过一种更加复杂的方式。一个本身没有取得经验成功的理论，却可能具有与其他已经取得经验成功的理论类似的审美性质。如果科学家最终把这些经验上成功的理论看成审美上有吸引力的，他们就很可能把经验上不太成功但具有与经验上成功的理论相同的审美性质的理论同样看成有吸引力的。作为一个例子，让我们想象一下18世纪末的一个错误的牛顿类型的流体力学理论。尽管这一理论在解释本领域里的经验数据和现象方面并不成功，它却具有牛顿的天体力学理论具有的许多审美性质，而牛顿的天体力学理论在经验上是成功的。如果牛顿的天体力学由于经验成功，被看成审美上有吸引力，那么牛顿类型的流体力学会被看成审美上有吸引力，尽管它缺乏经验成功。被归给这个理论的审美价值就可能是不适当的，因为这仅仅由于另一个理论的经验成功；然而这仍然是审美估价和经验成功之间的一种相关关系的结果。

我就是出于这些考虑，不同意用审美超脱性理论解释科学家对理论的审美估价。我将提出的有关科学家的审美判断形成过程的细节以及构成本节这些评论基础的内容将在下一章中具体展开。

3. 关于审美判断和经验判断的归约论

我们一直在讨论的观点是，科学家对理论的审美判断是自律于科学家对科学理论的经验判断的。在关于审美判断和经验判断之间关系的一系列可能的观点中，这一观点是一个极端。处于另一个极端的观点是归约论，这一观点主张，在这些形式的判断中一种形式的判断只不过是另一种形式的判断的一种表现或者方面。可以看到归约论观点有两种变型：第一种是把审美判断看成经验判断的一个方面，而第二种则把经验判断归结成审美判断。

归约论的第一种变型等于主张，科学家是否把审美价值归给一个理论完全取决于该理论的经验成功的程度。由这一主张可以得出的结论是，当一个科学家辨识出并且赞许一个理论的经验性质的时候，比如发现它与大量的经验数据相符并且内在一致时，科学家就从这个理论得到了审美愉悦。苏利文（J. W. N. Sullivan）这样为归约论的这个变型做了辩护："因为科学理论主要的目的是表达被发现存在于自然界中的和谐，所以我们会同时看到这些理论必定具有一种审美价值。事实上，一个科学理论成功的程度就是对该理论的审美价值的一种量度，因为一个科学理论成功的程度是对在以前是混沌的东西中引入的和谐的程度的一种量度。"[18]这一看法有某些值得注意的蕴涵。例如，从它可以得出，理论的审美判断客观

　　　　　　　　　　　　　　　| 美与科学革命 |

上可以是有效的或者无效的：对理论的美学估价要么正确地反映理论的经验成功程度并因此是有效的，或者与理论的经验成功程度相矛盾并因此是无效的。相反，对审美判断的流行的解释则把审美判断看成它有效还是无效只与观察者有关。

根据归约论第二种变型的看法，"经验成功"指的是理论据以引起审美愉悦的性质，因此对一个理论的经验成功的估价正是对该理论的审美价值的估价的一种表现形式或者一个方面。[19]这一主张的含义取决于我们是把经验成功规定为一种独立于观察者的性质还是一种与观察者相关的性质。如果我们如惯常所做的把经验成功规定为一种独立于观察者的性质，那么归约论的这一变型等于主张，我们是否把审美价值归给一个理论取决于该理论内在地具有的经验成功的程度——这一主张与前一节讨论过的没有什么不同。如果我们把经验成功规定为一种与观察者相关的性质，那么一个理论对某个观察者可能是经验上成功的而对另一个观察者可能是经验上不成功的，因此归约论的这一变型等于主张，一个理论具有经验成功只是由于它符合某个观察者的审美偏好。

在艺术理论中持表现主义的那些人或许支持把经验判断归结为审美判断。根据表现主义理论，一件艺术作品刻画对象的准确性程度是决定该作品具有的审美价值大小的因素之一。这一观点是与形式主义相对立的，形式主义理论认为，一件作品的审美价值只与该作品内在的或形式的性质有关。一个在艺术理论中信奉表现主义的人会说，科学家发现他们的理论的那种眼力原本是审美的：科学家虽然可能希望他们的理论是真的或者是经验上适宜的，但是一个理论的真理性或者适宜性从根本上应该被看作一种审美成就。[20]

归约论的这两种变型排除了把审美判断和经验判断作为理论的经验成功的信息来源互相补充。根据第一种变型的观点，当一个理论激活一种特定的审美判断时，它的那些性质已经显现在对理论的经验估价过程中。按第二种变型的看法，经验判断是审美判断的一个方面，那么所有的对理论的经验成功的估价都是通过审美判断完成的。在这两种情况下，我们不能够指望审美判断会增进我们辨别理论的高度的经验适宜性的能力。

归约论的这两种变型都面对由下述事实带来的相反的经验证据：科学家似乎情愿对理论做出与对他们的经验判断相矛盾的审美判断。这样的例子在本书中随处都可以见到，这里可以给出一个例子。薛定锷（Erwin Schrödinger）对拉马克（Jean-Baptiste Lamarck）的进化理论给予了高度的审美评价，但是他并不由此认为，这个理论近乎正确。他写道，这个理论是"美丽的、让人雀跃的、令人鼓舞的和激动人心的"，但是他又写道，"令人沮丧的是，拉马克主义是站不住脚的。它所依据的基本假定，即获得性可以遗传，是错误的"。[21]在评论霍伊尔（Fred Hoyle）和其他人的稳态宇宙学理论的时候，夏默（Denis Sciama）表明了他的不把审美判断和经验判断联系在一起的态度："这是一个非常美丽、现在却与观察严重冲突的理论。"[22]甚至爱因斯坦有时似乎也承认理论的美并不能保证理论的真：在19世纪20年代他认为爱丁顿（Arthur S. Eddington）的场论是"美丽的但在物理上是无意义的"，并且认为他自己尝试的对引力理论和电磁理论的统一是"非常美丽的，却是可怀疑的"。[23]这些科学家表现出愿意在审美估价方面给一个理论打高分却在经验估价方面给该理论打低分。这表明，科学家的审美判断和经验判断并不像归约论坚持认为的那样互为表现形式或不同方面。

在本章的论述中，我已力图表明，对科学家的审美判断和经验判断的一个适当的解释既不能由这些判断是完全相互无关的观点提供，也不能由这些判断是可以相互归约的观点提供。审美判断和经验判断是以更加复杂的方式相互关联的，为说明它们之间的关系我们需要一种更加复杂的模型，而不能局限于要么是自律论，要么是归约论。

第四章注释：

1 我以前对这个关于科学家的审美判断的模型的研究，见麦卡里斯特（McAllister 1991a）。

2 见沙夫茨伯里勋爵（Shaftesbury 1711），1：251页；比较哈奇森（Hutcheson 1725），25页。

3 沙夫茨伯里勋爵（Shaftesbury 1711），2：126页。斯托尔尼兹（Stolnitz 1961a, 1961b）强调审美超脱性概念对沙夫茨伯里勋爵（Shaftesbury）思想以及对现代美学兴起的中心作用；阿雷吉（Arregui）和阿诺（Arnau 1994）回顾了斯托尔尼兹（Stolnitz）的解释引起的持续的辩论。

4 沙夫茨伯里勋爵（Shaftesbury 1711），2：127页。

5 哈奇森（Hutcheson 1725），37页。关于哈奇森的审美超脱性观点，见凯维（Kivy 1976），73～75页。

6 沙夫茨伯里勋爵（Shaftesbury 1711），1：296页。

7 哈奇森（Hutcheson 1725），51页。

8 布洛（Bullough 1912），87～118页。

9 同上，88页。

10 同上，89页。

11 同上，91页。

12 布洛（Bullough 1912），117～118页。

13 对布洛（Bullough）的超脱注意理论的批评有迪基（Dickie 1974），91～112页；普赖斯（Price 1977），411～423页，提出。

14 斯托尔尼兹（Stolnitz 1960），34～35页。

15 同上，41～42页，金（King 1992），194～208页，认为数学构造的美是可知觉的，当我们与它们保持心理距离的时候。

16 凯勒（Keller 1983），169页。

17 罗森（Rosen 1975），169页。

18 苏利文（Sullivan 1919），275页；凯维（Kivy 1991），180～185页，深入讨论了苏利文（Sullivan）的观点。

19 孜玛赫（Zemach 1986）主张，科学家应用的所有理论估价标准，包括那些我们习惯上称为经验标准的，事实上都是审美标准。

20 凯维（Kivy 1991），为艺术理论中的表现主义辩护并且把它扩展到科学理论的审美欣赏。

21 薛定锷（Schrödinger 1958），21~22页。

22 引自奥斯本（Osborne 1986），12页；基彭汉（Kippenhahn 1984），153页；认为夏默（Sciama）也有类似的说法："稳态理论具有一种宇宙的建筑师似乎由于某些无法解释的原因忽略了的气势和美。"这些话的意思相同：稳态理论预言不当表明稳态理论未能是宇宙结构的真实体现，它的预言不当完全与它的审美上的优点无关。稳态宇宙学理论由比如霍伊尔（Hoyle 1950），108~113页，提出。

23 爱因斯坦的这些评论引自克拉夫（Kragh 1990），287页。

| 美与科学革命 |

Chapter 5

The Inductive Construction of Aesthetic Preference

· 第五章　审美偏好的归纳结构

1. 规则及其根据

一条规则是指导一个特定方法的应用或者一项策略的实施的指令。例如，"提出大胆的假设然后尽力去反驳这些假设"就是这样一条规则。一条规则的根据指的是对这条规则的辩护，或者是指相信遵循这条规则是适当的一个理由。一条规则是否有根据取决于这样两件事情：适用这条规则的对象所确定的目标与该对象运行的情境。如果遵循一条规则对在某对象的情境中达到该对象的目标有帮助，那么对该对象来说这条规则就是有根据的。

一个既定的规则对某些对象来说是否有根据是有待发现的：的确，在每个场合，与行动有关的问题之一就是要确定对一个既定的目标和情境哪一些规则是有根据的。有两种方法可以发现一个规则是否是有根据的：我称这两种方法为目标分析和归纳程式。[1]

目标分析揭示，有根据的规则是那些可以通过目标-手段推理从关于一个设定的目标的陈述中推出的规则。任何目标的实现都需要满足一些必要的和充分的条件，某些这样的条件可以从关于该目标的陈述中得出。因而，一旦目标设定了，我们就可以通过对该目标的分析弄清楚哪些行动可能促进目标的实现从而确定一个规则是否有根据。能够指导这些行动得到执行的规则就是有根据的规则：它们之所以有根据是因为遵循它们会促进该目标的实现。[2]

对科学可以规定许多不同的目标：这些目标包括解释观察到的资料，确定现象背后的实体和机制，把我们控制环境的能力极大化，等等。一旦我们把一个这样的目标赋予了科学，我们就可以分析在我们实现这个目标的想法中什么东西从逻辑上说是前提性的。这一分析能够揭示哪些策略利于促进该目标的实现，或者能够作为通达目标的手段支持该目标。在这种情况下，要求遵循这些策略的规则是那些由目标分析表明有根据的规则。

美与科学革命

例如，让我们来看一下把用观察术语解释日常经验作为科学的目标那种情况。促进这一目标实现的最有效的方式是实行一种具有相当精确度的并从较低的层次提出现象概括的策略。目标分析表明，在这种情况下，要求遵循这一策略的规则是有根据的。比较起来，探究仅在例外条件下才会出现的结果，提出不可观察的实体，以及致力于理论的统一这样的策略都很少适于实现上面提到的目标：在这种情况下导致这些策略的规则就不是有根据的。

许多哲学家已运用或者已建议运用目标分析辨别哪些规则在科学中有效。笛卡儿就是其中一位。他认为自然哲学的目标就是建构关于外部世界的无可怀疑的知识。通过思考在关于外部世界的无可怀疑的知识的概念中隐含的东西以及诉诸关于上帝、空间和物体的特定的信念，笛卡儿做出结论：对自然哲学家来说，达到这一目标的唯一的途径就是依据几何运动学观念研究物理现象，提出用以解释现象的可供选择的内隐机制，以及必要时利用经验资料去判别哪些机制可行。目标分析表明，就笛卡儿提出自然哲学的目标和他的其他假设而言，导致这些策略的规则是有根据的。在20世纪，波普尔（Karl R. Popper）使用目标分析为否证主义的规则做辩护。按照波普尔的看法，由于在证实和反驳之间存在逻辑上的不对称，科学的目标就不可能是积累得到充分证实的断言，科学的目标只能是排除错误。从分析实现这一目标实际涉及的因素出发，波普尔得出了这样的规则：要竭尽全力提出尽可能大胆的猜测并想方设法不容情地反驳这些猜测。[3]

哲学家不仅使用目标分析确定科学家应该遵循哪些方法，而且使用目标分析解释科学家为什么遵循他们所遵循的方法。事实上，某些作者已提出，科学共同体应该使用目标分析来确定哪些规则应该遵循。这一看法特别受到相信从古到今的所有科学家都遵循同样方法的那些人的欢迎。毕竟，如果每位科学家都有相同的目标并且都从这一目标正确得出哪些方法适于达到这一目标，那么就没有理由期望看到科学实践会换个样子。[4]

现在考虑归纳程式问题。归纳程式以下述方式表明一个规则是有根据的。一旦一个项目的目标确定了，对任何时刻t而言，都会存在这样的一个策略，该策略表明截止该时刻该策略在促进该目标实现方面是最有效的。归纳程式把指导这个策略施行的那个规则看成在时刻t时是有根据的。以这种方式挑选出来的规则，依据它在时刻t时在促进设定的目标实现方面被发现最有效而被看成是有根据的。

我们要想利用归纳程式辨别哪些规则有根据，我们就必须有办法比较在实现我们设定的目标方面不同策略的效力。一旦我们借助归纳程式确定了某一规则有根据，无疑我们将愿意遵循这个规则，而忽略我们或许本该加以检验的其他可供选择的规则。无论一个新规则何时提出，我们都可能愿意把该规则引入的策略的过去表现的纪录与我们现在看作有根据的那个规则引入的策略的过去表现的纪录做比较。我们可能发现，这个新规则比旧规则有更充分的根据。当然，归纳程式不仅可以为那些引入单个策略的规则而且可以为那些引入混合策略或者策略组合的规则提供根据。

对于科学家有许多规则要遵循的那种情况，我们之所以相信这些规则有根据，依据的是归纳程式。考虑一下药物临床实验中使用的某些程序。这些程序包括：使用对照，此时要比较被试的反应与对照组的反应；使用安慰剂，此时对照组要服用一种无活性药物；单盲和双盲，此时被试和研究人员不可以知道服用的是何种药物；随机化，此时被试要随机地分布于不同的处理；以及交叉试验，此时被试要从一个处理转到另一个处理。[5]药物学家认为指导履行这些程序的规则比之引进其他程序的规则有更充分的根据。他们根据什么这样相信？不是目标分析：从关于科学的目标的陈述中不可能得出如此详尽的规则，以至详尽到在药物实验中要求做双盲试验。倒不如说，认定这些规则有根据的信念依据的是归纳程式。药物学家从经验中发现遵循这些规则而不是其他规则能更有助于实现他们的目标。

因为与其他程序比较，像双盲试验这样的程序能带来更大成功，所以依据归纳程式，要求遵循这些程序的规则就被看成是有根据的。

一些作者已经建议科学家应该使用归纳程式去证实他们的规则。其中的一位是雷舍尔（Nicholas Rescher）：他在他曾经倡导过的"方法达尔文主义"之中提出，科学家是把与其他可供选择的方法的竞争中效绩最佳的方法看成是有根据的。[6]其他作者认为，归纳程式事实上已被科学共同体用于为规则提供辩护。例如，劳丹（Larry Laudan）写道：

> 科学理论不仅仅为建立新的方法论理论提供启示，它们同样——在一种难以言喻的意义上——可用来为这些方法论提供辩护。例如，牛顿物理学的成功被看成是对牛顿的推理方法的支持；赖尔的地质学理论被引用来作为接受方法论的渐变论的依据；气体和布朗运动的运动理论被看成证明了认识论实在论的合理性。这是一种非常普遍的现象，这里列举的只是几个有关的例子。[7]

劳丹认为，在每个这样的史例中，特定理论的成功都被看成给科学家继续采用产生了这些理论的方法提供了根据。换句话说，如果一个方法过去表现的纪录良好，那么如归纳程式表明的那样，这个方法就可以被看成是有根据的。

除了在科学中运用以外，在实际生活中也经常运用归纳程式确定哪些政策有根据。例如，财政部门使用归纳的信用确认系统决定把钱借给谁。用这个系统辨别在一个既往信用状况已知的样本人群中哪些性质——比如年龄、薪金、资产价值等等——是与高信用度联系在一起的。在这种情况下，有根据的规则就是这样的规则：它指示把资金提供给那些表明具有与高信用度联系最紧密的性质的申请者。

同样，作为确定规则根据的方法，让我们对目标分析和归纳程式做一下比较。用目标分析发现的根据与用归纳程式发现的根据之间存在区别，当我们考虑它们怎样受环境中的变化的影响时，这种区别就清晰地表现出来了。通过目标分析去发现一个规则是否有根据，包含从关于一个项目的目标的陈述中推理出该规则。只要这个推理过程逻辑上有效，这个推理过程就会明白确立该规则有根据。因此，除非给科学规定的目标修改了或者发现对该目标的较前的分析有误，科学家完全没有理由放弃一个已经由目标分析确认有根据的规则。需要特别指出的是，偶然事件不能够为中止或者废除已经由目标分析揭示有根据的规则提供依据。例如，如果波普尔对科学的目标的分析是正确的，否证主义就会是科学家循之有据的唯一方法，而不管环境未来是否变化。

由归纳程式揭示的根据则并不具有同样的不变性。由归纳程式得到根据的一个规则在推进一个确定的目标方面无论多么长久地比其他规则更有效力，人们也不能够排除在变化了的环境下该规则或许会表明效力降低。作为一个例证，考虑一下在药物试验中遵循的那些程序。在推进药物学家的目标方面，双盲处理和随机化处理比其他程序更有效力的原因在于人类的特性。例如，双盲处理源于这样的事实：在药物试验中被试和试验人员的反应会随他们对所服药物的了解发生变化。但是我们却不能排除，如果人的特性以某些特别的方式改变了，那么其他程序在推进药物学家的目标方面就可能比双盲处理和随机化处理更有效力。那么通过归纳程式，我们就会认为引进那些其他程序的规则是有根据的。同样地，在地质学中，渐变论方法无论多么长久地带来成功，我们也不能排除，在变化了的环境下与渐变论相反的方法可能表明更为成功。那么依据归纳程式我们将把与渐变论不同的方法看成是有根据的。

总之，偶然事件都能够让我们不得不撤销我们通过归纳程式归给规则的根据，而通过目标分析归给规则的根据却是确定不变的。这一差异是我们熟知的在先天的建立的断言和归纳地建立的断言之间所存在的不对称关系的一种表现。

同时，通过归纳程式归给规则的根据可能很不充分。由归纳程式支持的一个规则，其根据的充分程度取决于该规则在推进为一个项目设定的目标实现方面达到的有效程度。如果一个规则总是带来成功，归纳程式就会表明它的根据是充分的。如果一个规则只是偶尔带来成功，它的根据就可能是不充分的——不过，该根据可能远不是可忽略不计的，因为眼下如果没有效果更好的策略，那么就存在我们不得不遵循一个只有低成功概率的策略的理由。相反，所有的由目标分析揭示的根据都是强有力的。毕竟，如果为了达到某个项目的目标必须采取的某种行动对该目标的意图来说是应有之义，那么要求采取这一行动的规则就是有充分根据的。

但是，归纳程式作为揭示规则的根据的一种方法有某些长处。由于有了归纳程式，我们能够辨识出一个规则是有根据的，纵然我们不能够从关于某个项目的目标的陈述中用目标–手段推得这个规则有根据。如果我们能够由目标分析得出某规则有根据，那么从对目标的分析中我们必定知道该规则对实现该目标能够起到的作用：与此不同，归纳程式则使我们能够为我们原本就不能依据基本原理预言其成功的那些规则找到根据。

2. 经验标准的根据之所在

在上一节中，我把目标分析和归纳程式作为揭示规则的根据的工具做了描述。现在我把讨论限制于两个方面：首先，我想集中讨论运用目标分析和归纳程式揭示由科学理论的估价标准组成的规则的根据；其次，我想确定目标分析和归纳程式在实际科学活动中的地位。因而我的意图是使用目标分析和归纳程式把致使科学家最终突出他们实际采用的理论估价标准的推理过程模型化。[8]

首先要说的是一种逻辑上的看法。从逻辑上说，仅仅依靠归纳程式不可能确定哪些理论估价标准是有根据的。理由如下：为了借助归纳程式确定一个特定的标准有根据，我们必须考察某些好的（依据我们现在所能有的有关什么是好的理论的看法）理论，目的是要明确它们还具有什么样的其他性质。如果我们见到某些理论是好的并且它们展示了某种特别的性质P，并且我们发现在这两者之间存在相关关系，我们就可以得出结论：把"在其他方面相同的情况下，选择有性质P的理论而不选择没有性质P的理论"作为标准是有根据的。那么，这个程序的第一步就要求我们辨别出好的理论，或者说辨别出在某种程度上能够满足我们为理论估价设定的目标的理论。要想辨别出与我们的目标处在这样一种关系之中的理论，就需要一种理论估价标准，而这一标准应该是我们依据目标分析可以得出它是有根据的。因此，要想发现那些有根据的理论估价标准，我们就必须首先从把目标分析应用于为科学所设定的目标开始：只有在这以后才可以把归纳程式应用于辨别随后的那些标准是否有根据。

因此我们可以预料，现代科学共同体会针对他们为自己规定的目标提出由目标分析表明有根据的某些理论估价标准。我认为，满足这种情况的理论估价标准就是我在第一章中称为科学家的经验标准的那些标准。如同逻辑经验主义理论估价模型所确认的那样，我同样认定，现代科学共同体把提出具有最大可能程度的经验适宜性或真理性的理论作为科学的目标。为了能够识别出有助于完成这一目标的理论，科学共同体必须找出一些与理论具有高度经验适宜性相联系的标志性特征。通过这样的途径可以找出这些特性，即分析一个理论的哪类结果有高度的经验适宜性并且一个理论必须具有哪些其他特性才能达到这一结果。这样的分析会告诉我们，一个理论要想具有高度的经验适宜性，它必须具有如下一些性质：与现存的经验数据和现行的得到充分确证的理论相容，有新的预言，有解释能力，有经验内容以及内在的一致性。对具有这些性质的理论做偏好选择的理论估价标准就是我在第一章中列举的那些经验标准。

为确认这些理论估价标准有根据，不需要对理论的绩效做归纳。我们之所以要求理论要表现出内在一致性或者与现存的经验数据相容并不是因为我们在许多先前的具有高度经验适宜性的理论中已经探察到这些性质并预料这一相关关系在后来的理论中也成立。倒不如说，这是因为，我们发现在阐明一个理论具有高度的经验适宜性意味着什么的时候，我们自己要指涉这些性质。的确，试图在一方面是高度的经验适宜性和另一方面是内在一致性或与现存的经验数据相容之间揭示相关关系是没有意义的：如果不使用后一方面的概念我们甚至说明不了"经验适宜性"的意义。依据这些考虑可以做出这样的结论：科学家获取经验标准的根据的方式不是通过归纳程式而是通过目标分析。

3. 审美归纳

一旦一个科学共同体通过目标分析提出了依照他们给科学规定的目标看有根据的一组理论估价标准，该共同体就会试图考虑是否能够通过归纳程式去发现依照这一目标看有根据的更进一步的标准。毕竟，该共同体不能确信，它对该目标所做的分析会如此洞彻以至能够尽知促进该目标实现的每一个规则。例如说，如果一个理论满足依据目标分析提出的标准并且表明有某些更进一步的性质P，并且在该理论的这两者之间存在强烈的相关关系，那么科学共同体会由于知道这一点而获益：发现这样一种相关关系会使得科学共同体能够提出一种另外附加的理论估价标准，"选择表明有性质P的理论"，作为一种额外的诊断工具以对满足利用目标分析提出的标准的理论做辨别。

我已经提出，借助目标分析，现代科学共同体能够找出理论的利于达成高度的经验适宜性的特性，这些是理论的经验特性。现代科学共同体也使用归纳程式来确定是否存在其他与经验特性相关的理论特性吗？我认为，他们是这样做的，并且我认为审美性质也包括在他们为寻找这些相关关系而加以考察的理论性质中。

考虑一下我们在第三章中揭示的科学家对理论的审美估价的最引人注

目的两个特点。首先，科学共同体对理论的任何审美性质的偏好程度都是随时间改变而改变的。理论中每种在一段时间里一直被看成有吸引力的审美特性在另一段时间里却被看作是不讨人喜欢或审美上是中性的。其次，科学家对某个审美特性的偏好程度似乎是与具有该特性的理论的经验绩效相对应。如果具有某一审美特性P的理论取得了显著的经验成功，那么共同体就会倾向于增强对性质P的偏好并倾向于预期以后的表明有性质P的理论同样会成功。相反，如果后来有不具性质P但比具性质P的理论在经验上更成功的理论出现，那么共同体对以后理论应该具有性质P的那种偏好就会降低。在生理学和神经生理学中出现的模型演替过程可以作为表明这些对应情况的一个例证。

这些特征表明，在对理论做出审美估价的时候，科学家通过归纳程式搜寻的是理论的与高度的经验成功相关联的那些特性，而不是未曾以科学家的理论估价的经验标准估价过的特性。让我们更形式地表达这一看法。

如同在第二章中描述的，我们想象科学家的或者共同体的一个审美规范由无数多的标准组成。每一个标准述及理论的一个性质并出示在理论估价中附加给该性质的一个权重值。在任何现实的科学家或共同体的规范中，大多数性质的权重值都会是零，这表明没有附加任何审美价值。

对科学共同体通过何种机制形成他们用于理论估价的审美规范，我提出如下模型。一个科学共同体在一定时期通过把正比于表现某性质的那些流行的和新近的理论当时显示的经验适宜性程度的权重附加给该性质来完成它对审美规范的编撰。当然，一个理论的经验适宜性程度是通过应用共同体的理论估价的经验标准去判定的。我称这一程序为审美归纳。[9]

接下来，我将说明审美归纳的作用方式。科学共同体对一个特定科学分支的最近的历史做回顾。它发现某些理论——显然这是些形象化的而不是抽象的理论——在经验上非常成功，而其他的理论——这是些依从力学类比的理论——经验上几乎不成功。通过力学类比得到的形象性和抽象性都是理论的审美性质。由于形象化理论取得经验成功的缘故，在该共同体以后采用的理论估价的审美规范之中形象性特性将取得更大的权重。比较起来，可借助力学类比加以处理的那种性质在理论估价的审美规范中只会取得更低的权重，则是由于新近的一些表现这种性质的理论只取得很小的经验成功。

审美归纳是归纳程式的一个实例，因为它就是通过参照过去好的理论具有的性质去确定哪些以后的理论应该可以预期是好的理论。一个特定理论在某一时期取得的显著的经验成功会对确定哪些理论随后会更为共同体接受提供支持。对归纳程式的这一实例而言，特别之处在于无论是对过去的理论（它们的经验绩效已记录在案）还是对以后的理论（它们的经验绩效是未知的），要考察的性质都是理论的审美性质。

科学家期望具有过去经验上成功的理论所具有的审美性质的理论同样会取得经验上的成功，虽然这种期望似乎从未明确地表达出来。的确，在大多数情况下，科学家对理论的审美偏好都是在不自觉中获得并运用的。但是这些事实并不与我的下述看法相抵触，即科学家的审美偏好是通过归纳程式形成的：无论是在科学之中还是在科学之外，我们经常不自觉地运用归纳程式。

通过想象美学归纳的运行过程，我们可以推断共同体对理论的一组审美偏好如何会依据具体环境发展变化。一个取得很大经验成功的理论通过使共同体最终把更大的权重附加给该理论的审美性质而导致该共同体对审美规范做一定程度的修正。因此，在以后出现的理论中，美学规范会偏好那些显示现今成功的理论所具有的美学性质的理论。换句话说，理论由于取得了经验上的成功，他们就可以推动共同体在以后的理论中选择具有与他们类似性质的理论。于是一个后来的理论会取得审美规范的认可，仅仅是由于它也具有现今理论所具有的与高度的经验适宜性相关联的审美性质。相反，如果一个新的理论表现出的审美性质不同于现今在审美规范中已经确立的那些审美性质，该理论就不会得到美学规范的认可。

然而，由于对共同体已经接受的理论不利的经验证据的发现，随着时间的延伸，共同体赋予该理论的经验适宜性的等级最终会降低（这段话只是对这样一个普遍原理的一个特定的表达：任何具有经验内容的理论总有一天会被发现是错误的）。如果赋予某个理论T的经验适宜性等级降低了，归纳程式产生的结果就是，在审美规范中附加给它的审美性质的权重也会降低。如果过一段时间具有相同审美性质的新理论出现了，这些新理论不再会得到如果它们早些出现本来会得到的更大的偏好，因为那时候它们的审美性质曾享有更大的权重。相反，如果一段时间以后具有新的审美性质的理论出现，他们遭遇的来自共同体的审美规范的抵制要比它们更早些出现时遭遇的抵制少。

经验适宜性的大小影响审美性质权重的程度在一个规范内可以通过各种方式加以选择。例如，共同体可以决定更为侧重在刚刚过去的时间里而不是在过去的几十年里理论表现的经验绩效，或者更为侧重理论在活跃的研究领域里而不是在现今已陷于停滞的研究领域里取得的经验成功。做这样一些选择可以增强或削弱一个特定理论的经验成功对该规范中的审美性质权重的影响。

我认为，科学家最终是根据一个理论达到的或者与这个理论共有审美性质的一些理论达到的经验成功的程度赋予该理论以审美价值的。我的这一主张并不完全是一种审美的功能主义的说法。根据功能主义的看法，决定一个对象在多大程度上可以被看成是美的主要因素是它对目的的恰当程度。例如，奥加尔特（William Hogarth）在下文中表达了这一看法：

> 部分对整体的适合性，即整体中的每个物体的形成，无论是经艺术塑造
> 还是由自然成就，都适合于整体设计，（……）最令人叫绝的结果是导致整体
> 美。这种由部分对整体的适合性导致的整体美明显易见，甚至作为知觉美的主

　　　　　　　　　　　　　　美与科学革命 |

要感官的视知觉本身也明显受到它的影响，以至于人的心智会因为这种形式上的价值，把它尊奉为美的，尽管依据所有其他方面的考虑它并不是美的；人的眼睛会越来越对它缺乏美视而不见，并且甚至开始对它感到愉悦，特别是在经过了一段时间的熟悉以后。[10]

我赞同功能主义的如下信念：是否适合于目的是决定审美价值的一个重要因素。然而，审美归纳并不就是依据每一个科学理论表现出来的对目的的适合程度来把美的特性赋予该科学理论。相反，美学归纳会让科学家把几乎未表现出对目的的适当性的 —— 即经验成功的 —— 理论看成是美的，如果这个理论也具有取得显著经验成功的理论所具有的审美性质的话。

我认为，科学家是把审美价值赋予理论的与经验成功相联系的那些性质的。我的这一看法与对审美判断形成过程的进化解释有某种密切联系。依据进化论所做的某些描述，一些鸟类和哺乳动物物种的个体对配偶的选择要部分依赖于在自然选择过程所获得的审美偏好。从生物学上讲，这些审美偏好有利于物种生存，因为这些审美偏好会促使生物个体去选择带有与良好的繁殖能力有关的特征的生物个体，比如有明亮的羽毛的个体作为配偶。[11]类似地，社会学认为，人类具有的赋予某些对象以审美价值的倾向也来自自然选择。[12]这样一种倾向可能会益于生存的一个途径就是让人类对对象的某些特征产生愉悦反应，而这些特征人类已在习得过程中把它们与功利价值联系起来了。科学中的审美归纳或许可以被看成是这种倾向的形成过程的一个实例。一如通常的情况，社会学的解释必定有自己的限度，因为人们承认，如果不广泛涉及文化因素，人类行为就不能够得到充分的解释。

按照我提出的模型，一个理论赢得多大程度的全面优势取决于共同体依据经验的和审美的标准对它做估价的结果。因而，一个理论的已知的优点，部分发现自该理论当前的经济效绩：这是应用经验标准去估价的那个部分。其余部分得自于该理论和具有同样审美性质的理论在过去积累起来的经验绩效的记录，这个经验绩效的记录的取得是离不开归纳程式的运用的。现在让我们更仔细地考察一下科学家对理论的审美估价和经验估价之间的关系。

4. 审美规范的保守性

在下文中，P表示理论的一种可能的审美性质，比如一种对称性形式或者一种类别处理形式。E_P是共同体赋予具有性质P的一组理论的经验适宜性等级。E_P的值的大小随时间变化而变化，因为新的经验数据的取得以及新的具有性质P的理论的提出都会影响赋予具有性质P的那组理论的经验适宜性等级。最后，正如在第二章中所讲到的，W_P表示在共同体的理论估价的审美规范中赋予性质P的权重。W_P的值随同E_P的值的变化而变化。共同体借以确定权重（权重即时地表征着该共同体的审美规范）的审美归纳过程就是依据该时刻的E_P的值来计算W_P的值，以及该规范所指涉的所有其他性质的权重。

因为E_P是共同体赋予所有带有性质P的那组理论的经验适宜性的等级，所以得到共同体接受的任何后来的带有性质P的理论的经验绩效一般说来对E_P的值只能有很小的影响。例如，如果该组带有性质P的理论有差的检验记录，并且因此E_P的值是低的，那么一个新的带有性质P的理论的成功预言只会少量提高E_P的值。同样地，如果该种带有性质P的理论的经验记录良好，并且因此E_P的值是高的，那么最新的一个这样的应该得到接受的理论的经验失败将只会轻微降低E_P的值。因为W_P的值是由E_P的值而不是由最新的带有性质P的理论的经验绩效决定的，这就是说，审美规范对该组带有性质P的理论的经验绩效的变化的响应表现为一种阻尼现象。

审美规范并不总是与最新的理论的经验绩效相符合这一事实可以被看

作如下事实的一种特例：在一种变化的环境中，一个进化系统未必能够调整自己的所有特性以使它们能够在通行的环境下总是处于最佳状态。在任何时候，一个进化系统多半会表现出返祖的特征或者对现在而言是次优的特征，这些特征对以前的环境或许曾经是最优的。例如，人类文化恒久地包含着这样两种成分，一种成分我们现在依据功利可以为它们确立根据，而另一种成分我们只能到传统和继承中为它们寻找根据。

由于审美规范并不即时反映理论的变化着的经验绩效，依据审美标准进行的理论估价往往会落后于依据经验标准进行的理论估价。更准确地说，我要表达的意思如下：想象一下把科学理论映射到"审美空间"，这是一个多维空间，在该空间中每一点表示理论可能具有的特定的一组审美性质。在审美空间里，一个理论由一个点表示，而该点对应该理论具有的审美性质的组合。如果适当定义坐标轴，代表两个具有相似审美性质的理论的点会相互毗连。现在想象一下在一个科学分支中一个共同体接受的理论序列在这个空间中得到表示的情况。表示该共同体的现时接受的理论的点会依据该共同体顺次接受的理论的审美性质从一个位置跳到另一个位置。如果科学家在理论选择中没有审美偏好，那么该点的运动就不会显示出有系统性模式；但是共同体持有的任何美学偏好都会影响占据审美空间的特定区域的坐标的可能分布，并由此影响坐标在空间中的轨迹。

于是，审美规范把最大的权重赋予那些先前为共同体接受的经验上成功的理论所具有的审美性质。这一点保证了在任何时候审美规范都倾向于选择在审美空间中与该共同体先前接受的理论相邻接的理论。例如，如果一个共同体的经验标准支持从理论T_1转换到另一个审美性质不同的理论T_2，审美规范就会偏好于选择与理论T_1相邻接的那些理论。更一般地说，如果一个共同体的经验标准支持向特定方向变动的理论演替，那么该共同体的审美规范会趋向于抵抗那种遍布变动。换句话说，与一个共同体对理论做出的经验判断比较该共同体做出的审美判断一般说来是保守的。结果，一个拥有长期经验成功记录的理论多半会被看作审美上是令人愉悦的，因为该理论的审美性质会在该共同体的审美规范中获得大的权重；一个审美上革新的理论在它提出以后的一段时间里多半会被作为知觉起来令人生厌的东西看待，因为该理论的审美性质不符合现有规范但又尚未做到使该规范变得对自己有利。

赫胥黎（Thomas Henry Huxley）就有这样一句格言："科学的伟大悲剧——一个美丽的假说被一个丑恶的事实杀害——如此经常不断地在哲学家的眼皮底下上演。"[13]一个假说的美来自它的审美性质和共同体的审美规范之间的协调一致。我们可以把赫胥黎的"事实"看成是一个低层次的理论。如果一个事实只是最近才被发现，那么描述这个事实的理论就可能具有科学共同体不熟悉的审美性质，并且因此这些审美性质在共同体的审美规范中目前仍然只能具有低的权重。这就是为什么一个事实看起来是丑恶的原因。不过，经验标准可能支持接受这个丑恶的事实而不是支持那个美丽的假说。赫胥黎可以从下述理论得到安慰：通过持续不断地使用审美归纳，科学共同体会逐步把这个事实看成是美丽的。

如果说只有很少的作者注意到科学理论估价中审美标准的作用，那么注意到与经验判断比审美判断在时间上存在滞后的作者人数就更微乎其微了。伯恩斯坦（Jeremy Bernstein）写道："在科学中如同在艺术中一样，充分适当的审美判断通常只是在回顾中才能达到。一种完全新颖的艺术形式或者科学观念初看起来几乎肯定是丑恶的。无论是在科学中还是在艺术中显而易见美丽的东西通常都是对熟悉的东西所做的扩展。只不过有的时候随着时间的推移一个完全新颖的观念开始看上去是美丽的了。"[14]我提出的审美归纳的模型提供了一种机制可以解释伯恩斯坦观察到的现象，可以解释一个审美上新颖的、经验上成功的理论怎样会在观察者的眼中从丑小鸭变成了美丽的天鹅。类似地，彭罗斯写道："也许人们的审美判断会发生改变（……）。不管怎样，这种判断在相当程度上是习得的鉴赏能力。由于这种情况的存在，人们就只能直到对某个东西有所熟悉才能真正欣赏它的美——人们必须真正对它思考一番。"[15]当然，为了达到把一个新的理论看成是美的，只是对它做仔细推敲是不够的：对科学共同体来说，必须改变自己的审美规范以使它能够回应这个新理论的经验成功以及使它能够与新理论的审美性质协调一致。

审美判断相对于经验判断的时间滞后不仅表现在科学家对理论的选择之中而且表现在我们对理论的表现形式的选择之中，可以举文本形式的例子：依照罗素（Bertrand Russell）的看法，读者更倾向于认定对正统观念的陈述而不是对新观念的陈述是优美的，因为每个时代视为优美的文字风格最适于表达该时代的正统信念：

> 一般说来，旧的观念已经取得了悦人的文字外衣，而新的观念看上去依然表述笨拙。因而喜好优美的文字形式的审美偏好多半是与保守性联系在一起的。（……）由于柏拉图主义已经存在许多世纪了，因而有教养的人所使用的语言现在甚至能够表达柏拉图的最艰深的观念而不显晦涩；当时在柏拉图自己的年代情况却不是这样。（……）由于这种情况，那些固执优雅文字形式的人就不能不落在——经常是远远地落在——他们时代的最先进的思想的后面。反过来，保守的人相对于创新者在审美上则处于更有利地位，因为随着观念变得陈旧，它们的形式却变得越来越优美。[16]

当然，罗素所指出的在理论估价中运用的审美归纳与形成文字风格进化的类似归纳的机制之间存在的雷同，并不能抹杀在科学理论与它们的表现形式之间存在的区别。

5. 流行风尚与科学的风格

审美归纳固有的特点使人联想到科学家的理论估价规范将会成为流行

风尚的牺牲品，并且在一个科学分支中为科学家前后接受的理论的替续将会以审美风格为标志。说理论活动以风格为标志就是主张理论活动的分期能够依据每个时期的理论共有的，而其他时期的理论没有的或者偶有的审美性质来划分。

假定一个新近提出的具有特定审美性质的理论T取得了巨大的经验成功。由于审美归纳，在共同体的审美规范中理论T的审美性质的权重会增加。在适当的时候，共同体就会要接纳更进一步的理论以解释领域与理论T不同的现象。审美规范会驱使共同体去接受带有与理论T相同审美性质的理论。假定已经找到一些这样的理论并且对它们的经验效能做了检验。如果这些理论中没有一个是经验成功的，理论T的审美性质在规范中的权重就不会增加。但是，如果这些理论取得了经验成功，这一成功就会进一步增加赋予理论T的审美性质的权重。这种循环可能重复进行，而每次都会增加权重。这样，一旦某一个成功的理论T的审美性质取得了初始的有利权重，共同体就会开始追求不断增加这一权重。这些审美性质就开始成为风尚而流行起来。

具有时尚所规定的那些审美性质的理论与具有其他审美性质的理论相比较，一旦被发现经验上不那么成功，时尚就会消退。观察到低劣的经验效能，人们自然会降低这些迄今为止一直流行的审美性质在审美规范内的权重。

如果某些审美性质在一定时期里得到流行，它们对在那个时期里被提出或者得到接受的理论的影响就要高于对其他时期里被提出或者得到接受的理论的影响。由于这种情况，为一个共同体依次接受的理论，排列起来会显示有阶段性，在每一阶段中都有一组特定的审美性质起主导作用。如果从艺术史寻求启示，把这样的一组组审美性质与种种风格联系起来是很自然的。[17]在一门科学的历史中，每种风格都成为一组前后相继被提出或者得到接受的理论的标志。

为把理论选择中风格的存在形象化，让我们再一次转到审美空间，由于在审美空间中一定的理论由它具有的特定的一组审美性质对应的点来表示，从而一个共同体对理论做的一系列选择就表示为从一个位置到另一个位置的一系列跳跃。在理论以某个特定风格为标志的某一个时期里，共同体在审美空间中坐落的那些点被局限在一个特定的区域内，是流行时尚规定的那些审美性质决定了这个特定区域在审美空间中的位置。当这一时尚消散以后，共同体坐落的点就不再聚集。共同体下一次或许会采用带有完全不同审美性质的理论，它在审美空间中坐落的点则位于一个远隔的区域中了。如果这个新理论是经验上成功的，围绕这个新理论表现出来的审美性质，一个新的时尚或许会形成。

　　科学理论活动显示有风格存在这一看法以前已经有人提出。例如，科恩（I. Bemard Cohen）已经表明，自17世纪末以来，物理科学中依次出现的理论都显示出一种牛顿的风格：这些理论彼此相似，除了其他方面以外，这些理论都力求把物理系统作为由具有超距能力的径向力的作用造就的东西来分析。[18]克龙比（Alistair C. Crombie）已经指出了科学工作的若干其他种风格的基本内容。[19]不过迄今为止，在有关科学中的风格问题的讨论中缺乏的是能够解释风格的形成、风格的延续以及风格的消退的模型。审美归纳可以充当这样一个模型。

6. 科学风格的一个范例：机械论

　　有关理论活动的风格的一个具启发性的范例是机械论，机械论是19世纪下半叶的物理学理论活动的典型特征。机械论认定，力学领域以外的现象——比如光的、热的，或者电磁的现象——都应该由物理学理论表示成像运动、碰撞和张力这样的力学现象的效应。这种理论活动风格的形成、持续和消退完全可以通过审美归纳得到解释：机械论由于力学性理论的不断积累的经验记录而终成时尚，但是当机械论被看到在阻碍物理学家接受经验上成功的理论时，机械论就持续不下去了。

寻求用力学解释力学领域以外的现象的做法当然是由牛顿开创的，例如他把光描述成粒子的传播。在18世纪，弹性体和流体的力学模型得到发展。到该世纪末，热也最终被看成是粒子运动的效应。在这些领域里，力学理论建立起了给人留下深刻印象的经验记录。

到了19世纪中期，由于有这样的经验记录，试图用力学解释来说明一切现象的做法被提高为物理学理论活动的一个明确目标。汤姆生（William Thomson）[他后来的名字叫开尔文勋爵（Lord Kelvin）]于1884年在巴尔的摩所做的一系列讲演中最有力地阐述了这一目标：

> 我的目的是要表明如何去构造一个力学模型，它要满足我们正在考虑的物理现象所要求的各种条件，而不管我们在考虑的可能是什么物理现象。当我们考虑固体中的弹性现象时，我要给出这个现象的一个模型。而当我们有光的振动现象要考虑的时候，我就要给出一个能描述展现在该现象中的作用的模型。（……）对于我似乎可以说，检验"我们究竟理解了还是没有理解物理学的一个特定主题"的试金石是"我们能够为它构造一个力学模型吗？"[20]

在这个纲领的引导下，把电磁现象理论化就涉及设计种种对棒条、转轮、砝码和弹簧的配置，而这种配置要能够再现分子和电磁以太的行为。例如，1862年，麦克斯韦提出了一个用到轮转和涡旋的以太模型，它能够解释磁场中光的传播和光的行为的若干方面。同样地，为了使以太既能有足够的弹性以便传输光这个横波但又不能有过高的黏滞性以至阻碍物体运动，汤姆生倾注了巨大的努力去阐明以太为此必须具有的微观结构。玻尔兹曼（Ludwig Boltzmann）同样热心于为现象寻找力学模型。而且，正如研究玻尔兹曼的埃伦费斯特（Paul Ehrenfest）所描述的，玻尔兹曼似乎从这样的模型中得到了审美满足：

玻尔兹曼让自己的想象驰骋在尚处于一片混乱之中的相互纠缠着的运动、力和反作用之上，直到能够实际把握这些运动、力和反作用。显然他从这中间得到了强烈的审美愉悦。这一点可以从他所做的有关力学、气体理论，特别是有关电磁理论的讲演的许多要点中觉察到。在讲演中和在讨论班上，玻尔兹曼从不满足于对力学模型仅仅做单纯纲要的或者解析的描述。对模型的结构及其运动，他总要追索到最后的细节。例如，如果用若干条线索来解说一定的运动学关系，那么概念的安排必定会被设计成不让这些线索变得纠缠不清。[21]

然而，随着已知的电磁现象的范围的扩大，物理学家发现用来说明这些电磁现象的力学模型变得越来越复杂。汤姆生和玻尔兹曼建立的某些模型的复杂性达到了怪诞的程度，并且由为现象提供力学解释的要求施加给理论活动的负担越来越令人窒息。[22]一些物理学家开始构造这样的理论，他们把电磁参数看作原初实体不再要求力学形式的解释。例如，麦克斯韦最终放弃了为以太寻找力学模型，而只限于为电磁现象提供数学描述；同样地，洛伦兹（H. A. Lorentz）在1892年提出了一个关于电子的理论，它无须依赖把电磁场看成力学系统。爱因斯坦当时还是一个学生，后来对那一时期做了回顾："人们当时习惯了把这些场作为独立的东西看待而不再觉得自己必须为这些场的力学本性做出说明；由此人们在几乎不知不觉中渐渐放弃把力学作为物理学的基础，因为它对事实的适应性最终表明毫无希望。"[23]

机械论从盛到衰的发展历程既见证了风格对理论活动的影响，又见证了科学家如何看重经验考虑。只要依据机械论得出的理论依然取得经验成功，理论活动的机械论风格就会越来越根深蒂固；但是，一旦机械论看来开始阻碍理论取得经验成功，大多数物理学家就会放弃它。

第五章注释：

1 劳丹（Laudan 1984），23～41页，以前对科学中的规则的正当性做过讨论，我自己的解释与他的部分一致。

2 奥恩（Aune 1977），112～197页，考察了目标–手段推理理论，也被称为实际的推理和思考。

3 波普尔（Popper 1972），191～205页，明确地从对科学目的的考虑中推引出科学的规则。

4 那些相信科学家几个世纪以来一直在使用同样的方法的人包括舍夫勒（Scheffler l967），9～10页。

5 关于药物临床试验的程序，其有效性以及历史，请参考波科克（Pocock 1983）。

6 雷舍尔（Rescher 1977），140～166页。

7 劳丹（Laudan 1981），16页。

8 牛顿–史密斯（Newton-Smith 1981），224～225页；通过用与我的类似的方法提出，我们对某些理论估价标准的有效性的信念是以归纳程式为基础的；沃特金斯（Watkins 1984），166～224页；提出了从他赋予科学的"优化目标"的目标分析中得出的一组标准。

9 我首先提出一种归纳机制以解释科学家用于理论估价的审美规范的起源，见麦卡里斯特（McAllister 1989），36～41页。

10 奥加尔特（Hogarth 1753），32页。

11 克罗宁（Cronin 1991），183～204页，描述了进化生物学关于审美标准在性选择中的作用的某些观点。

12 对审美判断的社会生物学解释的入门，见拉姆斯登（Lumsden 1991）。

13 赫胥黎（Huxley 1894），244页。

14 伯恩斯坦（Bernstein 1979），3页。

15 彭罗斯（Penrose 1974），267页。

16 罗素（Russell 1940），457页。

17 韦塞利（Wessely 1991）和哈金（Hacking 1992），考察

了在谈到关于科学中的风格时涉及的某些问题。

18 科恩（Cohen 1980），52～154页。

19 克龙比（Crombie 1994）。

20 汤姆生（Thomson 1884），111页；类似的阐述见206页。

21 引自克莱因（Klein 1972），72页；关于玻尔兹曼（Boltzmann）的理论化风格的深入讨论，见达格斯替诺（D'Agostino 1990）。

22 汤姆生和玻尔兹曼的模型建立被克莱因（Klein 1972），73页；描述为巴洛克风格。迪昂（Duhem 1906），69～104页；批评机械主义施加给理论化以沉重的负担。

23 爱因斯坦（Einstein 1949），25页。

Chapter 6

The Relation of Beauty to Truth

· 第六章　美与真的关系

在一次大部分听众是学生的讲演中我听狄拉克说，学物理的学生不应该过多思虑物理方程的意义，而只需关心物理方程的美。当时在场的教员一想到我们所有的学生将纷纷效仿狄拉克就觉得透不过气来。

——史蒂文·温伯格：《面向最终的物理定律》

1. 美作为真的属性

现代科学最引人注目的特征之一就是许多科学家都相信他们的审美感觉能够引导他们达到真理。在本章中，我们将考察这个信念的一些说法。我们将考虑这个信念怎样和科学家的其他方法论信条协调一致，并且我们将依据我们前面做出的发现探究一下这个信念在多大程度上是有根据的。

许多20世纪的科学家似乎相信一个美的科学理论必定与真理相去不远。海森堡回忆，他曾在1926年向爱因斯坦提出过这样的论题："如果自然引导我们达到了具有伟大简单性和美的数学形式 —— 这里的形式我指的是由假说、公理等等组成的协调一致的系统 ——（……）我们就不得不认为这些数学形式是'真的'，不得不认为它们揭示了自然的真正特性。"[1] 通过对广义相对论的研究，彭罗斯形成的印象是，在理论具有一定的审美性质和这些理论与真理相去不远之间存在一种相关关系：

> 看上去吸引人的东西怎么会比看起来丑陋的东西更可能是真的，事实上
> 这的确让人难以捉摸。（……）在我自己工作的许多场合我已经注意到，比如
> 说，可能存在对一个问题的答案可以做出两种猜测的情况，那么对第一种猜测
> 我会认为如果它是真的该多好；而对第二种猜测我就不大会计较结果怎样，
> 即使它是真的。事实上，结果常常是更吸引人的那种可能性就是那个具真
> 实性的可能性。[2]

狄拉克认定，存在审美上的根据支持我们相信广义相对论基本是真的，而无须考虑它与特定的试验数据的符合程度："人们对这个理论的坚定信念来自它具有的伟大的美，人们的这种信念完全与它在细节上的成功无关。（……）这个理论让人不可抗拒地相信，它的基本原则完全和它与观测相符合无关，它的基本原则必定是正确的。"[3]其他似乎相信美的理论必定是真的或者与真相去不远的物理学家有闵可夫斯基和韦尔（Hermann Weyl）。[4]据说审美因素在令某些科学家相信沃森（James D. Watson）和克里克（Francis Crick）的DNA结构理论正确方面发挥了作用：沃森写道，富兰克林（Rosalind Franklin）"接受这一事实：这个结构太漂亮了，以致不能不是真的"。[5]

一些更早的作家表现出不大相信审美标准是真的理论的可靠检验工具，他们发现认为美应该与真相伴更恰当。例如，洛奇（Oliver Lodge）似乎觉得汤姆生的关于原子的涡旋理论审美上如此悦人以致认为它只有是真的才恰当。关于这个理论，他写道："还没有证明它是真的，但是它不是非常美吗？这是一个人们或许几乎敢说它命定该是真的理论。"[6]洛奇接受，一个理论可以是非常美的却不是真的，这一点使他与狄拉克以及上述提到的其他科学家拉开了距离。

美与真相伴这一看法有时表达成格言Pulchritudo splendor veritatis（"美是真理的光焰"）。这一看法有一个久远和光辉的系谱来源。它表达的信条是，在一个实体的可知觉特征和它的实际品质之间必然存在着一致性。这一信条为古希腊的思想观念广泛接受：它体现在kalos kagathos（美德）这个术语中。这一术语的意义可以表达成"从外观到行动都显示善"。[7]这个信条还有一个道德上的说法，即英俊或者标致是与个人的道德优越或者精神高贵相伴的，这一看法在《荷马史诗》中可以明确见到。

如果美的理论果真必定是真的或者与真理相距不远，那么理论的美就可以被当作这个理论与真理相距不远的证据，并且审美标准就可以被用于揭示真的理论。上述提到的许多科学家都认为，可用于辨认真的理论的审美标准的确存在。例如，上面引述的海森堡对爱因斯坦说的话接下去如下："你也许反对我凭借谈论简单性和美引出对真理的审美标准，我要坦率地承认我为大自然呈现给我们的数学方案的简单性和美深深吸引，你必定也已经感觉到了这一点。"[8]

认为存在可用于辨别真理的审美标准的看法，不同于我们在第四章中讨论过的归约主义的关于科学家的审美判断和经验判断的看法。因为归约主义把审美判断和经验判断看成互为不同方面，它排除了审美判断可以不依赖经验判断就对理论的经验适当性做出估价。相反地，依据我们此时此处正在考察的看法，科学家的审美判断不依赖经验判断，它却能够用于辨别真理并因此可以作为提供有关理论的经验功效信息的一个另外来源。在什么样的情况下这个提供有关理论的经验功效信息的另外来源对科学家可能有用是我们下面将考虑的问题。

2. 审美判断和真理与谬误的辨识

为判断理论具有的经验适宜性程度，大多数科学家满足于使用像理论的内在一致性以及理论与现有经验数据的一致性这样的经验标准。例如，

　　　　　　　　　　　| 美与科学革命 |

如果两个相互竞争的理论能够分别给出不同的预言同时有可靠的经验数据明确地与一个理论的预言相符合而与另一个理论的预言相矛盾，那么大多数科学家在大多数情况下都会欣然得出结论，认为前一个理论在经验上优越于后一个理论。

但是正如科学家们意识到的，在有些情况下理论估价的经验标准不能揭示一个理论具有的经验适宜性的真实程度。这些情况可以划分为虚假的否定和虚假的肯定两类。在第一类情况下，经验数据看上去在质疑一个真实的理论，而在第二类情况下，经验数据看上去在确证一个虚假的理论。

我们首先看一下虚假否定这种情况。许多高层次的科学理论由于适用范围非常广泛，因此仅凭这些理论本身不能得出明确的可以与经验数据相比较的预言。为了能够从这样的理论得出明确的预言，就必须把它与一组辅助性假说相结合，这样一组假说的作用是就所研究的系统的特性和边界条件做出假定。但意图在于检验一个高层次理论的任何试验，事实上都是在检验该理论和这些辅助性假说的取舍。由对这一取舍做经验检验得出的不利的结论表明的是这一取舍的经验上的不恰当，但这并没有揭示是该理论本身不正确还是只是这些辅助性假说不正确。这正是所谓的迪昂–奎因论题（Duhem-Quine thesis）的一个实例。[9]这里如果实际上只是这些辅助性假说不正确，那么这种情况就是虚假否定。

由于对这样一个理论做别的经验估价同样要用到辅助性假设，因此估价的结果同样会是不确定的，看来在这种情形下，一个理论应该完全被接受还是应该完全被否弃就只能由非经验性估价来决定了。因此，一些科学家已经提出应该依据审美标准来判定一个既定的高层次理论是否由于有了不利于它的经验估价就应该遭到否弃。在下面的引文中，狄拉克考虑的是，如果对广义相对论所做的一个实验检验竟然真的得出了对广义相对论不利的判决，那么正确的反应该是什么样的：

假定该理论与观测之间出现了不一致并且这种不一致已经得到了充分证实和确认。（……）那么人们应该认为该理论是错误的吗？（……）我要说对最后这个问题应该断然回答不。（……）任何一位欣赏把自然的运动方式和一般数学原理联系起来的那种根本和谐的人都必定会认为任何具有爱因斯坦理论所具有的那种美和优雅的理论实质上不能不是正确的。如果在应用该理论时竟然出现了理论与观测的不一致，那么这种不一致必定是由某种与这一应用相联系的、过去未曾充分加以考虑的次要特性引起的，而不是由于该理论的一般原理不正确。[10]

如果审美判断能够揭示一个理论真或者接近真，那么审美判断就可以用来解决对理论做经验估价时得到的虚假否定做甄别的问题。

现在让我们转到关于虚假的肯定问题。由于存在从虚假前提推出某种真结论的有效论证，所以从任何虚假的科学理论出发都可能做出与经验发现相一致的预言。因而，很可能，尽管某些理论已经通过了对它所做的所有经验检验，但这些理论仍然与成真相去甚远。如果没有更多可施加的有鉴别力的经验检验，这样的理论就可能只有通过诉诸非经验标准加以鉴别。哪一些非经验标准能够揭示一个经验上成功的理论的虚假性？狄拉克认为美学标准具有这种效力：在审美方面不悦人的那些理论很可能与真相去遥远，即使它们有一系列经验成功记录。

狄拉克的看法更清晰地表达在他对量子电动力学所做的评论中，量子电动力学是古典电动力学的量子理论。到19世纪40年代末，量子电动力学已经成为历来经验上最成功的科学理论之一。对诸如兰姆移位（氢的一条谱线的裂距）和电子磁矩这样的参数，量子电动力学预言的值，都在试验精度的范围内与测量结果一致，该精度达到了百万分之几。然而，在得出这些预言的过程中，量子电动力学赋予质量和电荷这样的一些物理量以无限大值，而这些值在计算得以结束之前又必须以有限值替换。这种替换这些值的步骤叫作有限重整化，由费恩曼、施温格（Julian Schwinger）等人提出。但正如甚至那些钟爱量子电动力学的人都承认的，有限重整化违背了标准的数学规则并且对它的辩护也只能依照具体情况来做出。[11]

因为这种对有限重整化的依赖，量子电动力学在许多物理学家看来都是审美上不悦人的。许多物理学家拒绝依据这样的基础承认量子电动力学是接近真的物理理论，狄拉克就是其中之一。狄拉克并不否认量子电动力学很好地说明了经验数据；但是他把它的粗陋看作证据，表明它并没有达到现象的真理。例如，他这样写道："兰姆、施温格、费恩曼等人最近的工作是非常成功的，（……）得到的却是一个丑陋的和不完整的理论，因而不能被看作令人满意地解决了关于电子的问题。"[12]1950年在另外一个场合，当戴森（Freeman J. Dyson）询问狄拉克对量子电动力学最新进展的看法时，狄拉克告诉他："如果这些新观念看上去不是如此丑陋，我原本会认为它正确。"[13]

量子电动力学并不是唯一一个狄拉克以审美为根据相信与真理相距遥远的经验上成功的理论。他以审美为根据，否定了海森堡的非线性旋量理论："我对你的工作的否定主要在于，我认为你的基本（非线性场）方程不具有作为物理学基本方程应具有的足够的数学美。"[14]如果审美判断能够揭示一个理论与真理相去甚远，那么科学家就可以不再因受理论的经验估价产生的虚假肯定的愚弄而认可一个不当的理论。

经验上成功并不表明一个理论真或者与真相去不远，这个问题自从科学这门学科诞生以来就被认识到了。中世纪的自然哲学家试图通过对论题和假说加以区分来解决这个问题。依据他们的定义，一个假说是用以拯救一个确定领域里的现象的一组命题，假说无须是真的；一个论题则是一个定理，它是在遵循亚里士多德形式逻辑学的基础上科学地建立起来的，或者它是在既有命题的基础上证明出来的并因此无可怀疑是真的。作为假说的一个主张的可接受性能够依据经验标准加以断定，但是论题则必须通过某些更严格的非经验的检验。按照经院哲学的看法，这些非经验的检验包括检查它们与亚里士多德的著作和权威著作的一致性。虽然狄拉克设想的用以检查在理论的经验估价中出现的虚假肯定的具体标准不同于中世纪的自然哲学家的标准，但看到跨越若干世纪人们对同一问题提出同样形式的两种解决方法，这本身是很有趣的。

3. 爱因斯坦对理论估价的看法

为了阐明审美标准可以揭示理论与真理的亲缘性这一信念的可信性，至此我采用的一直是狄拉克的说法。另外一位对理论的审美性质给予极大注意的物理学家是爱因斯坦。事实上，爱因斯坦留给他的许多同时代人的最主要的印象就是他对理论美的敏感性。他的儿子汉斯·A.爱因斯坦（Hans Albert Einstein）也是一位物理学家，他曾经这样评论自己的父亲："他的性格，与其说是我们通常认为的科学家的性格，还不如说更像是一个艺术家的性格。例如，（他认为）对一个好的理论或者一项好的工作的最高赞赏不是它是正确的，或者它是精确的，而是它是美的。"[15]而且爱因斯坦似乎认为，对一个理论的审美判断可以否决对该理论不利的经验判断，如果狄拉克的下述说法可信的话："爱因斯坦可能觉得，跟取得与观察一致比较起来，在一种真正根本的意义上，建在数学根基之上的美才是更重要的。"[16]

爱因斯坦在他的自传的注释中系统地表述了他对理论估价的看法。[17]在他看来，一个科学理论是一个相互关联的概念结构，科学家提出这一概念结构以尝试解释经验数据。因而，一个科学理论展示两类关系：构成该理论的概念之间存在的关系，以及这些概念和大量数据之间的关系。针对一个理论可以从这两个方面进行估价。因此就存在两个层次的理论估价，爱因斯坦称它们为内部层次和外部层次。前一个层次的估价判断依据的是理论内在的概念结构，而后一个层次的估价判断依据的是该理论与经验数据之间的关系。[18]

爱因斯坦用下面这句话对外部层次的要求做了总结："理论必须不与经验事实相矛盾。"[19]然而，他认为要与数据保持一致这一标准有两个缺点：其一，一个理论和经验数据之间的任何矛盾都可以通过建立特设性假设加以排除，但是这些特设性假设会降低该理论完整的科学价值。[20]其二，在现代物理学中，从一个理论的基本原理得出预言的推理线索已经变得十分冗长和曲折，所以"通过事实来对证理论的蕴含变得更为困难，路径也更趋漫长"。[21]出于这些原因，物理学家不应该过于强调对高层次理论的经验检验的结果——这是爱因斯坦特别注重遵循的一个规则。[22]

内部层次上的理论估价关注的"并非是与观测资料的关系"。[23]倒不如说，这一层次上的判断除了有关理论描述的明确性以外，就是有关理论的"自然性"或逻辑简单性。依据爱因斯坦的观点，一个理论的逻辑简单性的程度是由它所含有的任意选择的公理的数目决定的。爱因斯坦引用牛顿力学来说明这一概念。在牛顿自己的表述中，牛顿的理论包含明确表述为公理的引力的平方反比定律和作为隐含公理的欧几里得几何学公理。[24]在牛顿的表述中，选择与距离的平方反比函数关系作为引力定律是任意的：做这种选择不是由于有其他公理这样要求我们。然而，正如爱因斯坦指出的那样，存在对牛顿理论的另外的描述方式，在这种表述方式中这一选择不是任意的。拉普拉斯方程对位势的最低次球对称解是距离的一个一次反比函数。这一势函数的微分产生的力的规律是距离的二次反比函数。选择与距离成平方反比关系的函数作为引力定律则是欧几里得几何学公理对我们的要求。在上面这一种表述中，理论在更大程度上具有爱因斯坦所谓的逻辑简单性。

爱因斯坦在自己的自传的注释中给出的对理论估价的阐述中并未提到审美标准。然而，有充足的理由断言，爱因斯坦设想的用于内部层次的理论估价的标准是审美的。首先，可以论证，理论在内部层次上据以估价的爱因斯坦称之为自然性的那种性质是审美性质。其次，假定内部标准是审美标准会有助于解释爱因斯坦何以把如此的重要性赋予理论中的美。例如，爱因斯坦相信，与外部层次的理论估价比较，内部层次的理论估价应该更为重要。有了这一假定，我们就可以解释爱因斯坦对量子理论的态度，正如我们将在第十一章中看到的，爱因斯坦依据审美标准否定了量子理论，尽管这一理论经验上是成功的。

4. 理论的性质和现象的性质

审美标准具有揭示理论对真理的亲缘性的效力这一信念是否能够得到辩护？我们该探讨这一问题了。在本节中，我们考察一些不成功的辩护企图；在下一节中，我们考察一种更有希望的辩护途径。

对审美标准能够揭示理论对真理的亲缘性这一主张进行辩护可以采取下述途径。审美标准估价理论是依据这些理论是否具有某些审美性质，而现象同样具有审美性质。如果理论具有适当的审美性质，就是说，如果理论具有与该理论企图描述的现象相同的审美性质，那么理论很可能与真相去不远。因此，只要我们的某一领域理论估价的审美标准表现出了对该领域的现象显示出来的审美性质有选择偏好，我们就能够指望由这些审美标准告诉我们哪些理论与真相去不远。例如，如果某一领域的现象有特定的对称性质，而如果描述这些现象的理论表现出同样的对称性质，那么这些理论就更有可能是真的。因此，只要我们的审美标准被调谐到对这些对称性质有选择偏好，那么这些审美标准在这一领域中的运用就等于对真的接近程度做检验。[25]

这一论证表现出来的说服力来源于对两类性质之间的混淆：科学理论的性质和现象的性质。像科学理论这样的一个抽象实体的性质和像自然现象这样的一个具体实体的性质不可能是同样的性质，尽管他们都叫作性质。例如，一个理论表现出来的对称性质与一个现象的对称性质决不会属

　　　　　　　　　　　　　　| 美与科学革命 |

相同性质。由于这一点，选择具有其对象具有的审美性质的理论这一做法甚至在原则上就不能够采纳。的确，在许多情况下，这一做法令人费解。例如，一个点质量的引力场具有球对称性，但是，要求一个引力理论具有球对称性是什么意思呢？

代替上述这种做法，我们可以考虑通过下述论证为审美标准能够揭示理论对真的亲缘性的主张做辩护，我们要论证的是，如果一个理论正确地描述了（而不是复现了）既定现象的审美性质，这个理论很可能与真相去不远。这一认证路线是更具说服力的。论及某个既定领域里的某些现象的真的理论有可能是精确的并且能够对这些现象做出完整的解释。因而，如果某些现象具有一个特定的审美性质，这一事实会为一个真的理论所描述。然而，这样一个论证不能够说明理论的审美性质怎样可以用来指示理论与真的接近程度。理论可以正确地描述现象的审美性质而无须明确显示与这些现象关联在一起的那些审美性质。比如，一个关于雪花的真的理论，无疑会描述这样一个事实：雪花具有六边形对称性，该理论为描述这一事实却无须显示什么特别的审美性质。所以，确定哪一个是最正确地描述了既定现象的审美性质的理论与确定哪一个是关于这些现象的经验上最适宜的理论比较，前者只是后者的一个方面，并且前者并不比后者更容易。

许多物理学家相信审美标准具有揭示理论对真的亲缘性的效力。在这些物理学家当中，许多人似乎是由于相信麦克斯韦方程而对此深信不疑。如我们在第三章中见到的，比如，交换麦克斯韦方程中电场和磁场的强度，方程的内容几乎不变。正是由于这一事实，麦克斯韦方程有着引人注目的对称性。许多物理学家相信，缺乏麦克斯韦方程的种种对称性的理论不能够成功地解释电磁现象。他们的论证似乎是，电磁现象显示出了特定的对称性，打算解释这些电磁现象的理论必须显示出同样的对称性。但是这一论证是无效的。为了说明关于电磁现象的经验数据，涉及对称性，理论应该做的，就是正确地描述电磁现象表现出来的对称性。麦克斯韦方程具有的特定的对称性是这些方程的一种额外的性质，为解释经验数据，这些方程无须具有这种性质。换句话说，就我们能够看到的电磁现象和关于电磁现象的一个经验上适宜的理论显示出相似的对称性而言，这种一致性应该被看作偶然的。

目前我们考察过的对审美标准能够揭示理论对真的亲缘性的主张的辩护还存在更严重的缺陷：判定一个理论接近真的根据是该理论能够正确地复现或者描述现象的审美性质，可以在这一观念中存在某种逻辑循环。由于在许多情况下，我们相信现象显示出了特定的审美性质，该信念却完全是以我们正试图去估价其与真的接近程度的理论为根据的。我们可以通过观察来辨认雪花显示的六边形对称性；我们相信电磁现象显示出特定的对称性的唯一的依据却是，麦克斯韦方程告诉我们它们具有这样的对称性。因而，援引我们所相信的电磁现象有这些对称性来支持麦克斯韦方程与真接近的主张是不合逻辑的。在所有这样的情况下，现象有特定的审美性质的信念是在既定的理论中间做选择的结果而不是做这种选择的根据。

我相信，科学家之所以赏识这些方面，其缘由要到科学家的实践中去寻找，这时完全无须顾及他们就理论的审美性质和现象的审美性质之间的这种一致可能有的主张。对具有某些对称性形式的理论的偏好可能深植于共同体之中，但是如果具有这些对称性的理论不再能够取得经验成功，或者一个具有不同的对称性质的理论表现出更高的经验功效，那么这一偏好会马上遭到废弃。事实上，对一种特定形式的对称性的偏好仅仅是一个共同体对以前表现出最大经验成功的理论具有的对称性质的回顾性强调。

5. 审美归纳可能成功

正如我们已经看到的，认为我们可以通过关注一个科学理论的审美性质和现象的审美性质之间的对应关系来辨别该科学理论的真理性的主张是不可能站得住脚的。不过，情况可能仍然是，存在能够指示理论的经验适宜性的可信赖的审美标准，并且坚持使用审美归纳可以揭示这样的标准是否存在并且哪些是这样的标准。

归纳推理——从描述个别性事件的前提得出陈述普遍性规则的结论的推理——正如休谟（David Hume）在18世纪指出的，缺乏演绎推理的有效性。[26]但是，正如像布雷思韦特（Richard B. Braithwaite）和梅勒（D. H. Mellor）这些20世纪作家论证的，对归纳程式的实施策略可以做一种实效性辩护。[27]这种辩护采取如下形式：世界要么表现为有规律性，要么表现为没有规律性。如果世界不表现为有规律性，那么就没有什么对偶然性事实的概括是真的，那么也就不存在可以对这样的事实做出真概括的策略。在这种情况下，遵循归纳程式的策略既无益也无害。如果情况相反，世界的确表现为有规律性，那么对偶然性事实就存在某些真概括。归纳程式就至少与得到这些概括的其他程序一样有可信性。这是因为，归纳程式是试图以概括的形式描述事件可能表现出来的所有模式的策略，因此，事件的任何真正的规律性当然会在概括中捕捉到。因此，无论世界表现出何种程度的规律性，遵循归纳程式策略都得到了辩护。

非常明显，这一论证适合于为在形成科学理论的过程之中使用归纳程式提供辩护。但是它也为在形成指导行动的规则中使用归纳程式提供了辩护。如果一个规则在促进目标的实现方面有经久的效力，那么必定在该规则要求采取的行动和该目标的实现之间存在相关关系。因此，有效的规则应该把它的效力归因于世界所表现出来的规律性。这样看来，寻求有效的规则与寻求经验上适宜的科学理论一样，就是在寻求世界之中的规律性。我们不能肯定，世界会按照有效的规则要求存在的那些规律性去表现。如果世界不表现出这样的规律性，那么就不存在什么制定规则的程序能够给出有效的规则。在这种情况下，遵循归纳程式的策略就既无益又无害。但是，如果世界的确表现出了某些规则要求其有效的规律性，那么归纳程式就至少可以和别的程序一样去发现这些规则。因此，通过归纳程式形成规则是可以得到辩护的，这不必理会世界表现出何种程度的规律性。

尤其需要指出的是，这一论证表明：把审美归纳作为制定用于理论选择的审美标准的程序是正确的。在理论具有特定的审美性质和它们具有高度的经验适宜性之间也许存在也许不存在相关关系。如果不存在这样的相关关系，那么就不会有什么方法在制定理论估价标准方面能有所作为。但是如果有某种这样的相关关系存在，那么归纳程式至少可能像其他制定标准的程序一样去发现这些关系。

这一论断没有解决的问题是：理论的那种与高度的经验适宜性相关的审美性质实际上是否存在。如果这样的审美性质不存在，那么审美归纳就将继续抓住那些似乎是暂时地表现出与经验适宜性相关的审美性质，只是在这一相关关系不再持续时才放弃它。在审美空间中，代表共同体的当前理论的点会无约束地漫游而不是汇聚于一个特定的位置上。在这种情况下，绝不可能为下述信念找到辩护：某些审美标准具有揭示理论与真的亲缘性的效能。如果情况相反，存在与高度的经验适宜性相关的审美性质，那么可以推断，具有这种性质的理论迟早会被一个科学共同体提出来。由于这样的理论必定会取得经验成功，审美归纳会确保这些性质在审美规范中的权重增大，并且因此，共同体的偏好会倾向于显示出这些性质的理论。随着这样的理论更多地被采用，这些标准也会显示出经验上的成功，从而保证了这些性质的权重继续增大。在审美空间中，代表共同体当前理论的点会汇聚于由审美性质的这一结合限定的位置上。在这种情况下，我们会发现，某些审美标准具有揭示理论与真的亲缘性的效能的信念是能够辩护的。

依然不清楚的是，在我们居住的世界里，可以觉察到的是这两种事态的哪一种。与狄拉克、爱因斯坦和其他一些人的看法相反，我几乎没有看到有什么证据表明，理论中的与高度的经验适宜性相关的审美性质已经在哪个科学分支中找到。如果它们已经找到，那么依据特定的审美标准选择理论带来的经验上的好处与现在比应该是极其显而易见的。另一方面，我们可以确信，审美归纳至少可以和其他程序一样去识别可能存在的这样的审美性质，并且我们不能够排除，在寻找某些这样的性质方面审美归纳有一天会取得成功。

6. 形而上学世界观的经验确证

在第三章中，我为把科学理论具有的对某种形而上学世界观的虔诚看成该科学理论具有的一种审美性质提供了依据。通过把形而上学虔诚看成是一种审美性质，我认为，我为审美标准形成过程构造的模型同样适用于形而上学标准。在本节中，我将详细阐述这一模型对我们理解形而上学世界观的意义。

人们通常都认为，形而上学世界观提出的主张涉及的都是处在可观察现象领域以外的事态，因而不能够被经验资料确证或反驳。"形而上学"这一术语的词源表达了这一信念。如果这一信念是正确的，那么无论我们对世界做出何种发现以及无论何种科学理论达到了最大的经验成功都不会影响我们在形而上学世界观之间做取舍。但是，情况不是这样。正如我们在第三章中看到的，形而上学世界观产生了规定应该选择哪类科学理论的标准。这些标准起的作用是，它决定着由持有某一形而上学世界观的人对相互竞争的理论做出的选择。通过估价依据这些标准而选择出来的理论的经验效绩，我们可以判断这些标准在多大程度上适于帮助我们得到经验上成功的理论。例如，通过跟踪满足原子论标准的那些理论的经验成功的程度，我们能够判断原子论的标准是否适于帮助我们得到经验上成功的理论。通过这种方式，正如沃特金斯（John Watkins）建议的，[28] 一个形而上学世界观可以取得经验确证。

这样，我们就可以对形而上学标准提出一个类似于我们在前一节中讨论过的对一般的审美标准提出的问题：存在一种较其他更紧密地与科学理论的高度经验适宜性相关的形而上学虔诚吗？如果存在，那么就会存在一种"科学的形而上学"（scientific metaphysic）。这是一种具有独特的、强烈经验确认的形而上学世界观。我对这个问题的回答与我对一般的审美标准提出的问题做出的回答是相对应的。我怀疑，能够通过比如关注科学理论的形而上学性质与现象的形而上学性质之间的对应关系找到一种科学的形而上学。但是就我们的借助审美归纳去辨别科学的形而上学而言，不存在什么障碍。这涉及依据具有这些性质的理论表现出来的经验成功的程度给理论的形而上学性质以相应的权重。如果科学家依据审美归纳对理论做出的选择集中在具有特定形而上学虔诚的理论上，那么显然，科学的形而上学存在。

我相信，对科学的形而上学是否存在问题的探索贯穿整个科学史。例如，这一探索就发生在我们在第三章中考察过的形而上学观点的演替过程中。形而上学曾把像活力、神秘的质以及超距作用能力这样的性质加给无生命的对象。在科学共同体从占星术理论、炼金术理论和巫术理论到笛卡儿的微粒论力学并最终到牛顿的万有引力理论的发展过程中，科学家们探讨了这样的形而上学观点是否能够得到辩护的问题。

我相信，正如我们尚不清楚与理论的高度经验适宜性相关的一种一般的审美性质组合是否存在一样，我们同样尚不清楚理论的一种表现出这样一种相关关系的形而上学虔诚是否存在。不过，审美归纳在识别一种科学的形而上学方面至少与其他程序一样成功，并且我们不能够排除有一天审美归纳会成功找到科学的形而上学。

第六章注释：

1 海森堡（Heisenberg 1971），68页。

2 彭罗斯（Penrose 1974），267页。

3 狄拉克（Dirac 1980a），44页；对狄拉克的美与真相伴的信念的以前的讨论，见克拉夫（Kragh 1990），275～292页；麦卡里斯特（McAllister 1990）和霍维斯与克拉夫（Hovis and Kragh 1993）。狄拉克对理论的判断中审美考虑的影响程度的深入的评论，见梅拉（Mehra 1972），特别是59页；美是真的向导的可能性，进一步见戴维斯（Davies 1992），175～177页。

4 关于闵可夫斯基（Minkowski）的关于美与真相伴的信念，见加里森（Galison 1979）；关于韦尔（Weyl）的看法，见克拉夫（Kragh 1990），287页；可是，托涅蒂（Tonietti 1985），8页；报道，有一次韦尔声称："我的确总是要把真与美统一起来，但是当我不得不选择这个或那个时，我通常选择美。"

5 沃森（Watson 1968），124页。

6 洛奇（Lodge 1883），329页。

7 关于kalos kagathos概念，见多弗（Dover 1974），41～45页。

8 海森堡（Heisenberg 1971），68～69页。

9 迪昂（Duhem 1906），180～190页；奎因（Quine 1953），37～42页。

10 狄拉克（Dirac 1980a），43～44页；同样地，泰勒（Taylor 1966），38页；写道："（广义相对论的）理论大厦的优雅的美被看作相信它为真的最充分理由。"巴洛（Barrow 1988），345～352页；考察了科学家从理论的审美性质出发接受理论而置显然的实验结果于不顾的更多情况。

11 关于量子电动力学的历史，见谢韦伯（Schweber 1994）；关于有限重整化的发展，见阿拉马基（Aramaki

1987）。

12 狄拉克（Dirac 1951），291页。

13 引自克拉夫（Kragh 1990），184页。桑穆加达桑（Shanmugadhasan 1987），53页；特别是克拉夫（Kragh 1990），183~185页；提供了狄拉克审美上嫌恶量子电动力学的进一步的证据。

14 引自布朗和雷兴贝格（Brown and Rechenberg 1987），148页；这段文字包含在狄拉克1967年3月的一封信中。

15 引自惠特罗（Whitrow 1967），19页；邦迪（Bondi）同意："只要他觉得方程是丑陋的，他会立刻失去对它的兴趣（……）。他完全确信，在理论物理学中美在寻找重要结果方面是一个指导原则。"（同上，82页）爱因斯坦给予理论的审美性质以重要性的进一步证据，见佩斯（Pais 1982）。

16 狄拉克（Dirac 1982），83页。

17 爱因斯坦（Einstein 1949）。

18 对爱因斯坦关于理论估价的两个层次的深入讨论，见巴克（Barker 1981），138~142页；和米勒（Miller 1981），123~131页。

19 爱因斯坦（Einstein 1949），22页。

20 同上，21~23页。

21 同上，27页。

22 霍尔顿（Holton 1973），252~253页，讲述了爱因斯坦对考夫曼（Kaufmann）的经验发现不予理会，该发现似乎否定了狭义相对论；罗森塔尔-施奈德（Rosenthal-Schneider 1980），523页；讲到了爱因斯坦对广义相对论的有效性的自信，他不关心爱丁顿（Eddington）长途跋涉去做的日食实验的结果。

23 爱因斯坦（1949），27页。

24 爱因斯坦给出这个例子，爱因斯坦（1949），29~33页。

25 如果理论的对称性性质反映了现象的对称性性质，那么理论很可能是真的，在提出这一主张的人中间有杨（Yang 1961），52~53页。

26 休谟（Hume 1739）。

27 布雷思韦特（Braithwaite 1953），255~292页；梅勒（Mellor 1988）。

28 沃特金斯（Watkins 1958）。

Chapter 7
A Study of Simplicity
· 第七章　简单性研究

在科学思考中，我们采用那种能够解释所有考虑到的事实并能使我们预言同类新事实的最简单的理论。在这一标准中，最难把握的就是"最简单的"这一措辞。这实在像我们在诗歌或者美术批评中发现隐含的那种审美规范。一般人认为像$\partial x/\partial t = K(\partial^2 x/\partial y^2)$这样的科学定律不及"它渗出来了"这样的说法简单。这里，这一定律是这一现象的数学陈述。物理学家对此则持相反看法。

—— J.B.S.霍尔丹：《科学和作为艺术形式的神学》

1. 关于科学家的简单性判断的争论

研究理论选择问题的大多数哲学都承认，面对依照别的根据同样有价值的两个理论，科学家会选择在某种意义上其要求更简单的理论。例如，大家都知道物理学家选择采用简单的陈述而不是复杂的陈述作为自然定律。然而，关于科学家诉诸的简单性考虑的本性问题，哲学家中间却没有一致看法。一部分作家认为，理论提出的要求的简单性是该理论未来经验成功的标志，并且简单性考虑因此应该被看成理论选择的经验标准。另一部分作家主张，理论的简单性与该理论的经验效绩并无关联——一些人论证说，这种看法的真实性是自明的，既然简单性是一种相对于观察者的

　　　　　　　　　　　| 美与科学革命 |

性质，那么不同的观察者会发现理论表现出不同程度的简单性。在这部分人中间，有些人更进一步坚持，理论的简单性是一种审美性质，因而科学家求助于简单性考虑就是诉诸审美标准。在本章中，我试图通过对科学家在理论选择中诉诸的简单性考虑提出一种新解释来解决这一争论。[1]

那些希望把科学家的简单性考虑看作理论选择的经验标准的人必须能够证实，理论的简单性性质与理论的经验成功有相关关系。[2]得到最多辩护的这类主张是，在同样很好符合已知经验数据的两个理论之间，较简单的那个理论经验上更优越。对这一主张有三种流行的论证：我称这三种论证分别为，从现象的简单性出发的论证，从信息性出发的论证，以及从似然性出发的论证。

从现象的简单性出发的论证采取下述形式：因为现象是简单的，那么关于已知现象的一个理论很可能是在经验上适宜的，如果这个理论也是简单的。这一论证有两个主要缺陷：其一，由于对简单性的判断是相对的而不是绝对的，那么主张现象是简单的，就和与此有关的自然是齐一的主张一样，表达的内容是不明确的。人们只好提出，与某种其他实体相比，现象是简单的，但是人们很难看出什么样的实体能够在这一比较中起到有价值的作用。其二，我们相信一个既定的现象某种程度上是简单的唯一的根据是我们关于该现象的理论。所以，援引现象是简单的这一信念来支持一个既定的理论是经验上适宜的主张是不合逻辑的。[3]

从信息性出发的论证有两个前提：第一个前提是说，在两个理论中，较简单的那个信息更丰富；第二个前提是说，在两个理论中，信息较丰富的经验上更优越。由此就可以直接得出，在两个理论中，较简单的一个是经验上更优越的。对第一个前提的典型的辩护是由巴克（Stephen F. Barker）给出的："如果一个系统比另一个系统简单，（……）那么较简单的那个系统'告诉我们更多的东西'，它有'更多的内容'，因为它排除了更多的可能的模型，因为它要冒更大的与经验证据冲突的风险。一个冒着风险仍然能够留存下来的系统应该受到更大的信赖，它比那种虽然留存下来但是只告诉我们较少东西并因此承担较小风险的系统获取了更大的可信性。"[4]第二个前提得到了例如索伯（Elliott Sober）的维护："我们的知识对我们环境中的个体的性质给出的信息越丰富，为了解任意一个个体的性质我们需要弄清楚的有关它的特殊细节就越少。"[5]依据这种从信息性出发的论证，较简单的理论由于其本身比更复杂的理论包含更丰富的信息，因此，较简单的理论是更上乘的预言工具。

从似然性出发的论证依据的是下述主张：在两个同样很好符合经验数据的理论中，较简单的理论有更高的成真概率。这一主张一般通过诉诸对理论证实的贝叶斯解释得到辩护。这一解释得名于18世纪的概率理论家托马斯·贝叶斯（Thomas Bayes）。这一解释认为，给出与较复杂理论相同预言的较简单的理论从它们共有的有利证据中取得更有力的支持。[6]按照这一看法，较简单的理论在更值得信赖的意义上和经验上要优于较复杂的理论。一个较简单的理论比更复杂的理论更多得到共同有利证据的支持的主张在科学实践中曾间或被提出过：比如威廉斯（George C. Williams）在进化生物学中论证说，基因选择和器官适应理论比组群选择和生物适应理论得到了数据资料更有力的支持，因为它更简单。[7]

如果这些论证有效，那么使用简单性程度标准，连同比如与现有的经验资料相符标准作为理论选择的经验标准就是合理的。

与这些论证相对立的观点认为，理论的简单性并不与理论的经验绩效相关。牛顿-史密斯（Newton-Smith）持有这种观点，他写道："没有理由把更大的相对简单性（……）看作理论具有更大似真性的标志。"[8]布赫达尔（Gerd Buchdahl）也持有这一观点，在科学家使用的超经验标准中，他开列了"简单性和经济性准则"连同"一般的形而上学概念"。[9]他们通常依据下述看法对这一观点做辩护：简单性是一种相对于观察者的性质，所以估价理论的简单性并不能估量出理论的诸如经验成功程度或者与

　　　　　　　　　　　　　　　| 美与科学革命 |

真的接近程度等客观品质。对这一看法有两条共同的论证途径。

第一条论证途径利用的是"两个理论中那个更简单的理论"这一说法的不明确性。假定我们需要一个理论来解释一组经验数据；假定有若干个理论可以利用，而这些理论是通过不同的多项式函数或者 $y=a+bx+cx^2+\cdots\cdots$ 形式的函数来解释；并且假定这些理论都很好地符合这些经验数据并且在所有其他方面都同样有价值，我们决定选择提出了最简单的多项式函数的那个理论。正如哈里（Rom Harré）指出的，在这种情况下有许多不同的简单性标准我们可以使用。[10]它们包括：

（1）变量数目标准。这一标准规定一个多项式的简单性与它的独立变量的数目成反比——因此只有一个自变量x的多项式就要比有两个自变量x和z的多项式简单；

（2）指数次数标准。根据这一标准，一个多项式的简单性与在该多项式中出现的最高指数的次数成反比——因此其最高的指数项是 x^2 的一个多项式要比包含 x^3 项的多项式简单；

（3）整数指数标准。这一标准规定一个只含有整数指数的多项式要比包含某些非整数指数的多项式简单。按照这一标准，牛顿的万有引力定律 $F=Gm_1m_2/r^2$ 要比包含的距离的指数稍稍不同于"2"的其他可能的形式，比如 $F=Gm_1m_2/r^{2.01}$ 这种形式简单。许多物理学家提出过后面这种形式，其中最著名的是拉普拉斯。[11]

所有这些简单性标准本质上都有同样的价值，因为一个多项式在这些方面的某一方面是简单的本质上并不比它在另外一方面是简单的更值得称赞，也就是说，如果不是武断行事，要确定比如说在 $ax+bz$，ax^6，$ax^{2/3}$ 之中哪一种最简单是不可能的。因此，选择最简单的多项式式的规则不能够解决这种情形下的理论选择。在更一般的理论选择的情形下，相互竞争的理论不只是在多项式的形式方面有不同，而且可供选择的简单性的类别的数目也大大增加。既然所有这些类别的简单性本质上有同样的价值，那么有关一种理论比另一种理论更简单的判断就都是武断的。因而这一论证的结论是，简单性考虑不适用于从众多的相互竞争的理论中间选择最接近真的那个理论。[12]

第二种证明简单性的途径与依赖观察者的性质有关联，该性质取决于认为一个理论是简单的实际上表达的是什么意思。哈里主张，这一说法表达的常常不过是该理论是说话者所熟悉的："在许多情况下，当一个理论被判定是简单的时候，人们不是被吸引去注意在它的构造中使用了最少的概念或者它的结构具有简单性，而是去注意这一事实：该理论依据的模型要么为该理论的作者要么更好地为大家所完全熟悉。"[13]比如，古典物理学家可能把气体分子运动论看作简单的，因为他们熟悉牛顿力学。一个共同体对一个特定模型的熟悉程度很显然是与观察者联系在一起的。如果对一个理论的简单性程度的估价的确取决于对理论所依据的模型的熟悉程度，那么在理论选择中就不能依据简单性考虑挑选出最接近真的理论。

最后，根据某些作者的看法，一个理论的简单性性质是它的一种审美性质。[14]例如，爱因斯坦似乎相信，用埃尔卡纳（Yehuda Elkana）的话说，在理论选择中，"简单性等价于美"。[15]一旦我们看到，简单性性质能够给出构成我们辨别理论的审美性质的标准的那种对适宜性的感觉能力，这一观点就会取得合理性。

2. 简单性和现象的统一化

简单性概念是与统一化能力的概念紧密联系在一起的。在下述范围内科学理论可以被称作是简单的：他们把先前被看成截然不同的现象统一在一起。理论所具备的统一各现象领域的能力经常被看作一种纯粹的经验能力。以此为基础，一些人可能希望，通过联系统一化能力我们能够提出一种避免提及审美的简单性概念。[16]例如，麦克斯韦对光学和电磁学的统一常常被看作一个纯粹的经验成就。依据这一前提，人们可以得出结论：在

　　　　　　　　　　　　| 美与科学革命 |

辨识麦克斯韦理论的简单性性质的时候并不涉及审美判断。唉，这一信念是站不住脚的：统一化能力这一概念跟简单性概念一样也表现出不确定性和审美方面。有多种方式可以宣称各个类别的现象达成了统一。因为这一点，科学家选择具有最大统一能力的理论的办法就是不确定的，与科学家在若干种多项式中选择最简单的多项式的办法并不确定一模一样，而且在这些不同的统一形式中，每种统一形式都可以附加审美价值。这样，如果一个科学家有特定的审美偏好，那么他或她对实行了不同的统一方案的理论所做出的选择就要部分地由审美考虑决定。

现象的统一能够以不同的方式进行，这一看法得到了物理学史的证实。牛顿的统一物理学的纲领牵涉到把所有物理现象分析成有心力的表现，这种力的大小随距离变化而变化。这些有心力都要通过因果律去描述，仿照万有引力定律。人们期望通过重复和结合地运用这些定律，通过统一天体力学和地上动力学以及固体和流体的科学去解决所有物理问题。然而同时，莱布尼茨提出要以不同的方式统一物理科学：他要以主宰所有现象的诸如连续性原理、力的守恒原理以及运动的相对性原理等抽象的和根本的原理为基础。在牛顿的纲领中，物理世界的统一是源于这样一个事实：同一形式的因果规律适用于世界上的所有事件。而在莱布尼茨的纲领中，物理世界的统一是源于这样的事实：少数普遍原理适用于作为一个整体的宇宙。

正如牛顿和莱布尼茨认识到的，这些统一化形式是可选择的：在牛顿的纲领中建立物理世界的统一的考虑是与莱布尼茨的纲领不相干的，反之亦然。所以，尽管可以说无论是牛顿的理论还是莱布尼茨的理论都有强大的统一能力并且因而都有十足的简单性，然而却不能够依据某一个标准宣称在这个方面一个优于另一个。这种情况同样由两种纲领后来的发展显示出来。在18世纪和19世纪，牛顿的纲领得到了更广泛的传播：博斯科维奇（Roger Boscovich）和理性力学的法国学派借助因果律在统一现象方面取得了巨大的成功。布尔哈夫（Herman Boerhaave），这个生活在莱顿市的牛顿学说的倡导者，把牛顿理论体现的简单性形式看作是它已经揭示了关于现象的真理的标志：他在他提出的格言中提及的正是牛顿理论的简单性：Simplex veri sigillum（"简单性是真理的象征"）。[17]但是更近一段时间以来，牛顿的方式已经不太流行；20世纪物理学家寻求物理现象的统一主要不是借助积累因果律而是借助提出重大的守恒和对称原理，这些原理使人回想起莱布尼茨的那些原理。断言由这两种方式中的任一种方式产生的理论有更大的统一能力是没有客观根据的。

此外，这些方式中的每一种方式都有独特的审美性质，这些审美性质可能导致物理学家舍弃一个而选择另一个。一方面，正如哈奇森（Francis Hutcheson）提到的，在牛顿的引力定律中不难看出审美价值。许多物理学家都有一种审美偏好——喜欢通过援引因果律去统一现象的理论，亥姆霍兹就是一个例子。[18]另一方面，审美考虑在莱布尼茨的原理思想中起到了重要作用，并且许多当代物理学家发现把物理科学看成依据的是少数的守恒和对称原理更令人愉悦。[19]因此，诉诸统一能力概念既不能确证理论的简单性是理论的一个纯粹经验性质，也不能确证简单性概念没有审美的方面。

3. 简单性的程度和形式

从而，关于科学家采用的简单性标准，有三种观点在流行：作为理论的经验适宜性的诊断工具，作为与观察者有关的理论估价标准，以及作为审美标准。到现在为止，大多数哲学家都把第一种观点看作是与后两种观点相排斥的，反之亦然，例如，索伯为简单性标准提出的模型是把简单性标准作为诊断理论的经验适宜性的工具，他认为他的简单性标准的模型是："为不完美的直觉提供解释的模型，因为在假说选择中用到了审美方面的简单性。"[20]这些观点是相互排斥的看法，依据的大概是科学家使用的简单性标准只有一种假定。因为人们可以这样论证，如果理论的简单性程度是该理论未来经验成功的标志的话，就不需要把对理论的简单性判断看作与经验估价不同的东西；如果对一个理论的简单性的估价与观察者相关，就不需要把估价的结果看作是对理论的经验价值揭示。在众多的科学哲学家中间，几乎只有赖辛巴赫（Hans Reichenbach）认为，科学家既使用经验标准也使用简单性的审美标准，他设想，审美标准仅用于确定两个逻辑上等价的理论哪一个更具适当的形式。[21]

哲学家持有的这些观点是不相容的看法，馈入了他们对科学家的理论估价行为的重构之中。例如，希尔曼（Donald J. Hillman）认为科学共同体分成两个阵营：一个是把简单性看成只是一种经验标准，而另一个则把简单性应用于纯粹的审美判断："很可能，［一些科学家］会把较简单的理论看作更充分地得到了经验证据的支持，尽管两个理论都同样与支持它们的经验证据相符。（……）然而，其他研究者认为，界定简单性概念是吃力不讨好的事情。按照他们的看法，简单性过于严重依赖审美的和实用的考虑，因而不适于做明确的分析。"[22]

与这种看法相反，我现在要证明，可以把简单性考虑是理论的经验适宜性的诊断工具这一观点和简单性考虑是审美因素的观点结合成一个内涵更加丰富的概念，从而回答说一个理论是简单的是什么意思。

假定一个理论的简单性完全可以通过规定某些参数值加以描述，那么为了对一个既定理论的简单性提供详尽描述，必须确定几个参数？仅仅说明该理论的简单性程度是不够的。考虑一下以下事实：一个物理理论可以像狄拉克希望的那样，因赋予系数和指数以简单值而表现出数字方面的简单性；一个物理理论可以像信奉牛顿学说的物理学家希望的那样，因对广大范围的现象引用同样的解释性定律而表现出解释方面的简单性；一个物理理论可以如马赫期望的那样，因只要求数目很少的不同的物质实体而表现出本体论上的简约性[23]；一个物理理论又可以像爱因斯坦希望的那样，因只以数目很少的独立公设为据而表现出逻辑上的简单性。[24]

让我们将当理论可以是简单的每一种情形都看作简单性的一种形式。理论可以展示多种多样形式的简单性。在我刚刚列举的四种简单性形式中，甚至可以再区别出子形式。例如，数字的简单性就有截然不同的形式，正像我们较早在考察"最简单的多项式"这一表达式的含糊性时见到的。同样地，刘易斯（David Lewis）就对两类本体论的简约性做了区分。他写道：一个理论是质上简约的，如果它只假定了很少数目的根本不同的实体类别，如果一个理论能够把它假定的那些类别的实体情形数目极小化，那么，这个理论就是量上简约的。[25]按照我的说法，这里的每种情况都是简单性的一种形式。

一个理论展示一种形式的简单性的程度与它展示另外一种形式的简单性的程度无关。一个理论可以由于具有只包含基数的方程而达到一种程度的简单性，因把既定范围的现象归约到一个普遍的解释方案而达到第二种程度的简单性，因规定了很少数目的物质实体而达到另外一种程度的简单性，以及因以寥寥几个公设为据而展示别样程度的简单性。当然我们应该说，一个理论达到的这些结果都是该理论的简单性的组成部分。因此，对一个理论的简单性的完整描述必须是详细说明该理论展示的每种在该理论中可以见到的简单性形式的程度。

到现在为止，我们一直在讨论如何完整地描述一个理论事实上所展示出来的简单性。现在让我们进一步讨论如何确定参数数目，为了说明我们希望看到的理论展示的简单性，我们必须选定一些参数。当然，当我们要以简单性为据陈述对理论的选择时，这是我们要面对的问题。

对我们希望看到的理论展示的简单性做的说明，它所包括的内容无须像对一个既定理论实际展示的简单性做完整描述那样广泛。在后一种情况下，我们必须说明理论展示其可能具有的每种形式的简单性的程度；在前一种情况下，我们只需要说明对有限数目的简单性形式，即针对我们赋予了特别价值的那些简单性形式，理论对其每种形式应该展示的程度。事实上，依据理论的简单性性质对理论表达选择偏好的科学家，典型情况下只会提到一种形式的简单性。例如，马赫就只看重本体论上的简约。

虽然如此，对科学家希望理论显示出来的简单性的可能有的最简短说明也必须确定两个参数：他或她希望在理论中看到的简单性形式，以及理论对那种简单性形式应该显示的程度。和以前一样，这两个参数是相互独立的；表达理论应该显示本体论上的简约的这一希望并不必定与希望看到理论以特定程度显示这种形式的简单性联系在一起。在理论选择的大多数情况下，科学家所从事的不是去确定一个孤立的理论如何充分满足他们的标准，而是去确定在若干个理论中间哪一个理论表现最佳。虽然如此，即使后一个任务也既需要本体论上的简约的标准也需要简单性程度的标准。以简单性标准为依据要在以不同程度显示不同形式的简单性的理论之间做选择的科学家就既要确定一种予以特权地位的简单性形式又要确定理论对该形式应该显示的程度。

有一种有关简单性程度的标准要比别的标准更流行。大多数科学家在大多数情况下都会选择显示出更大程度简单性而不是较小程度简单性的理论。但是相反的选择也不是没有。例如，在那些在理论估价中重视本体论简约的科学家中间，某些人选择较小程度显示这种形式的简单性的理论。今天，这种选择在粒子物理学中见得最多。如果基本原理和经验数据既与一种特别假定的粒子的存在相容又与其不存在相容，一些物理学家就会选择断言该粒子存在的理论。狄拉克曾经表示，他选择宣称磁单极子存在的理论，他说，只要它与根本的物理原理和已知数据相容。"如果大自然竟不利用这种粒子，人们倒会感到惊讶。"[26]同样地，一些物理学家选择了断言存在快子（tachyon），即能够以超光速传播的粒子的理论。[27]这一最小限度简单性标准或许继承自本体论的全满（ontological plenitude）原理，这是一个久远流传的形而上学原则，由柏拉图提出并由莱布尼茨发展。根据这一原则,现实实体的分布填满可能存在的空间。[28]既存在对较简单理论的偏好而又能够存在对不甚简单理论的偏好这一事实表明,对简单性程度采取的标准直接或间接地为理论选择中投向简单性考虑的所有诉求提供基础。

科学家无论对简单性程度采取什么样的标准,该标准在理论选择中一般都不会给出一个意义明确的说法,除非科学家同时采用了一种针对简单性形式制定的标准。现在假定,同意较大程度的简单性比更小程度的简单性可取的一组科学家,面对的是若干相互竞争的理论。如果这一组科学家对可供选择的简单性形式没有选择偏好,那么他们大家选择较大程度的简单性则不能促使他们在理论中间做出选择。一般说来,可以把每个可得的理论都看成是最简单的,因为总存在某种形式的简单性,该理论会比它的竞争对手更大程度地展示这种形式的简单性。正如拉卡托斯(Imre Lakatos)指出的:"总是能够对任何两个理论T_1和T_2界定简单性以使理论T_1的简单性大于理论T_2的简单性。"[29]

除了其他方面以外,这一分析还可以对奥卡姆剃刀做阐发。一些科学家和哲学家似乎相信,在理论建立和理论估价中运用奥卡姆剃刀是天然合理的:事实上,奥卡姆剃刀只是对简单性形式的一种特定偏好的陈述。其经典表述 Frustra fit per plura, quod potest fieri per pauciora("花更大力气去做来可以花更小力气去做的事情是愚蠢的")容许两种解释:一种说的是,本体论上的简约,相当于说 Entia non sunt multiplicanda praeter necessitatem("除非必需,不要增加实体");另一种说的是,在提出解释性原理时要有节制。所以,如果要求奥卡姆剃刀明确适用,那么它就必须首先伴随对这些形式的简单性——本体论上的简约或者解释方面的经济——之中应该最大化的那种形式的简单性的说明。但是甚至那时,如此得到说明的简单性形式也只是许多已存在并且可以赋值的简单性形式中间的一种形式。如果对本体论简约或者解释方面的经

| 美与科学革命 |

济的追求不能表现出比其他形式的简单性选拔出更好的理论，奥卡姆剃刀就不能要求在简单性原理之中占据特殊地位。

在理论选择的许多情况下，首先需要挑选一种形式的简单性以便能够就简单性程度对理论排序。设想一下依据简单性在哥白尼（Nicholas Copernicus）的太阳系理论与开普勒（Johannes Kepler）的太阳系理论之间做选择。哥白尼的太阳系理论把行星轨道描述成圆周的组合，开普勒的理论则把行星轨道描述成椭圆。如果依据以下事实可以把哥白尼理论看成是更简单的：具体描述一个椭圆需要两个参数（两个轴的长度），而具体描述一个圆周只需要一个参数（半径的长度）。如果依据另一事实则可以把开普勒理论看成是更简单的：为了以既定的精确度描述一个行星的轨道需要的椭圆的数目少于哥白尼理论要求的圆周的数目。在这种情况下，与一般情况一样，只有在规定了要赋予选择偏好的简单性形式的情况下，在两个理论中选择较简单理论的规则才能给出明确的结果。

关于科学家依据简单性选择理论有许多以纪实材料为据的记述。在每个这样的事件中，事件的参与者们要么就应该关注的简单性形式存在默契，要么就哪种简单性形式最根本进行过明确的讨论。如霍尔顿（Gerald Holton）讲到的："爱因斯坦和普朗克在1914年曾就这样的问题有过激烈的争论：最简单的物理学是把加速运动当作基本运动（如爱因斯坦最终相信的）还是把非加速运动当作基本运动（如普朗克坚持认为的）。"[30]只要这一看法上的分歧得不到解决，即使争论的双方都遵循同一规则：选择他们认为较简单的理论，他们也不可能采纳同一个理论。惯性参照系等价原理最终使物理学家相信把加速运动当作基本运动的理论要比相反的做法更简单。

同样，如果不在简单性形式之间做出选择，人们就不能依据简单性标准在牛顿的引力理论和爱因斯坦的引力理论之间做出选择。狄拉克讲到了这个问题的困难之处："一个基本的运动定律是引力定律，依照牛顿，这一定律是由一个非常简单的方程表达的，但是依照爱因斯坦，这一定律的方程需要展开一种精细的技术才能够写出。（……）从更高的数学观点看，人们有理由选择这样的看法：爱因斯坦的引力定律实际上要比牛顿的引力定律简单。"[31]

对质量概念的处理做进一步考虑，可以断定爱因斯坦的引力理论从概念上说要比牛顿的理论更简单。牛顿的理论规定了两个都叫作"质量"的量：引力质量和惯性质量。引力质量出现在定律 $F=Gm_1m_2/r^2$ 之中；而惯性质量出现在定律 $F=ma$ 之中。试验表明，一个物体的引力质量等于它的惯性质量。牛顿理论没有办法解释这一相等关系，因此把这一相等看成是偶然的；在爱因斯坦的理论中引力质量和惯性质量的相等则源于深层考虑。由于这一特点，持有理论遗留的未加解释的巧合应该尽可能少的简单性标准的物理学家会发现爱因斯坦的理论要比牛顿的理论更简单。

当我们尝试依据简单性在哲学理论之间做裁定的时候，简单性判断对简单性形式的标准的依赖同样是明显的。考虑一下科学实在论与工具主义之间的争论。科学实在论认为得到充分确证的科学理论所使用的理论术语指称现实实体，而工具主义则把这些术语看作只是计算中的有用概念，在现实世界并无所指。人们可以论证，由于工具主义只要求相信极少的实体的事实，所以工具主义有更大的本体论方面的简约性。另一方面，科学实在论可以宣称有更大的解释方面的经济性，因为它允许把完全不同的可观察现象解释成一个很小数目的隐藏原因的结果。如果我们不在本体论方面的简约性和解释方面的经济性之间做出选择，我们就不能够依据简单性在科学实在论和工具主义之间做出选择。[32]

在人们寻求依据简单性为对象排序的所有场合，都既需要简单性形式的标准也需要简单性程度的标准。例如，与低等脊椎动物的颅骨相比，高等脊椎动物的颅骨是由较少数分离的骨头组成的，依据这一点，可以把高等脊椎动物的颅骨看成是更简单的。另一方面，在高等脊椎动物中，这些

| 美与科学革命 |

骨头表现出了诸如窝沟、脊突和隆突这样的构造，而在低等脊椎动物中这些骨头却没有什么特点；在这一点上，可以把高等脊椎动物的颅骨看作较复杂的。一个要根据颅骨的简单性为脊椎动物排序的进化生物学家首先就必须说明在这些简单性形式中由哪一种形式的简单性为这种排序提供基础。[33]

最后，也许要注意到，首先必须对一种形式的性质加以说明才能够对这种性质的程度做出判断，但简单性并非唯一可选择的形式性质；另一种性质是类似性。在与简单性的比较中，要考虑到这样一个事实："类似于"是一个二元谓词，而"是简单的"则是一个一元谓词。与斑马类似于马相比，虎更类似于斑马吗？答案取决于从哪个方面去估价类似。如果我们估价的是看其是否有斑纹，那么上述说法是真的；如果我们估价的是看其是否具有马的形态学特征，那么上述说法就是错的。可以说，类似性估价所关注的方面组成了类似性形式的一个标准；一旦规定了一种特定形式的类似性，就可以对类似性的程度做估价了。这一类考虑促成了表现型分类法的衰落，表现型分类法是根据生物全面具有的形态学方面的类似性把生物分成类群的生物分类学学派。它的后继者，遗传分类学，不是就生物的全面的类似性而是就它们共同具有的个别特征状况来对生物做比较；确定两个既定生物应该据以比较的特征状况促使人们为进行该比较制定类似性形式标准。

4. 理论选择中的简单性的量化界定

近些年来，人们提出了若干种用于科学理论估价的量化算法。根据这些算法的倡导者的看法，这些算法能够计算一组经验数据对相互竞争的理论提供的支持程度并由此识别哪个理论具有最高程度的经验适宜性。如果这些宣称恰如其分，这样的算法就能够以经验为据对理论提供客观估价。

在这些算法中，简单性考虑占据了一个突出的位置，许多算法具体表现为这样的规则：在所有相互竞争的理论中，应该被选择的那个理论是适合确定要求的最简单的理论。因此他们必须说明一个理论的简单性可以怎么量化。让我们看一下在已经提出的两个算法中这一点是怎样做到的。

根据信息理论中的某些结果［这些结果主要由柯尔莫哥罗夫（Andrej N. Kolmogorov）得出］，任何讯息的复杂性都可以表现为由一种特定语言提供的对该讯息的可能描述的最短长度，即该讯息的最小描述。[34]例如，像电话号码这样的数字串的复杂性就是容得该数字串重构的最短说明的长度。一个随机数字串的最小描述就是该数字串本身，但是显示有模式的一个串的最小描述则可以大为缩短。这样，就可以根据由一种特定语言提供的对讯息的描述的最小长度来为讯息排序。让我们称这样的一种排序为对既定讯息的柯尔莫哥罗夫排序。

这些概念可以适用于科学理论。我们可以把每一个理论与一个最小描述联系起来，一个最小描述是为给出对该理论的陈述所必需的最短说明。这一描述的长度可以成为对该理论复杂性的一种测度。除去它对语言选择的依赖以外，一个理论的最小描述的长度将是客观的，它并不依赖观察者的判断。于是，可以对一组理论建立柯尔莫哥罗夫排序。一旦做到了这一点，那个在满足确定要求的所有已有的理论中选择最简单的理论的规则就将有客观内容，不再包含任何主观决定，并且了解作为这种排序的依据的原理的所有观察者都会得到同一个可取的理论。

另一个用于理论估价的量化算法是由撒加德（Paul Thagard）提出。这一算法由一个计算机程序组成，该程序从各种各样的参数出发为理论的价值建立了一个量化的测度。这些参数之一就是定义如下的对一个理论T的简单性的测度（除了两种例外情况）：[35]

理论T的简单性＝1－（理论T的共存假设的数目）／（由理论T解释的事实的数目）

两种例外情况会出现，如果一个理论的共存假设远多于它能够解释的事实（在这种情况下该理论的简单性规定为零）以及如果一个理论没有解释任何事实（该理论的简单性是未确定的）。撒加德把理论T的共存假设界定为完成该理论的解释必须结合进理论T的那些辅助假设。从这一公式计算得到的对简单性的测度，与由柯尔莫哥罗夫定义给出的测度一样，能够用于利用简单性给既定的理论排序。这一排序也将是客观的，因为它的建立并不依赖像科学家的审美趣味那样的东西。

　　诸如柯尔莫哥罗夫和撒加德那样的对简单性的量化定义，其存在告诉我们什么？也许可以这么认为，这样的定义表明，与我在上一节中得出的结论相反，可以根据简单性对理论做出选择而无须给任何特定形式的简单性以特权。毕竟，这些定义似乎都产生了一个唯一的和客观的对理论的排序，在这种排序中任何给定的理论都会找到它的位置，而不必顾及其他可选择的形式。但是情况并非如此：像柯尔莫哥罗夫和撒加德那样的对简单性的定义的存在并没有去除给特定形式的简单性以特权的必要性。一旦一个科学家决定像柯尔莫哥罗夫提出的那样定义一个理论的简单性程度，他或她的确不需要用简单性形式的标准去辨别一个理论比另一个理论更简单。但是，除柯尔莫哥罗夫的定义以外的科学家本来可以选择的关于理论的简单性的量化定义还有很多。例如，科学家本可以把简单性程度定义为一个理论作为出发点的离散物质的数目或者它包含的公理的数目。这些定义也都会依据简单性给出一个排序。依据什么标准，科学家应该采用柯尔莫哥罗夫对简单性的定义而不是在这些可选择的定义中挑选一个？所有这些对简单性程度的定义都分别对应着一种简单性形式。因此，在这样的定义之间做选择要依赖一种针对简单性形式的标准。

　　这表明，理论简单性的量化定义的可用性并没有减少科学家在简单性形式之间以及在简单性程度之间做选择的必要。撒加德和其他科学哲学家采取的量化步骤，尽管似乎表现有客观性，但并不表明，在以简单性为据的理论估价中审美判断不再起什么作用。

5. 简单性、美和真

正如我在本章第三节中所做分析指出的，在有关理论简单性的一般谈话中事实上隐存着两个简单性标准：关于程度的和关于形式的。因此，确定科学家的"简单性标准"是否是一个堪称理论的经验适宜性的诊断工具的标准、是否是一个与观察者相关的标准，或者是否是一个审美标准的问题（在文学中经常被讨论）并没有得到正确的表达。现在我们看到，这一问题更正确地说是这样一个问题：在两个标准中要分别确定每一个标准是否是经验的、与观察者相关的，或者是审美的。不仅如此，我们还将面临阐明我们的发现（我们发现科学家的实际做法是同时诉诸两个标准）对简单性考虑具有何种含义的任务。

让我们首先讨论简单性程度的标准和简单性形式的标准是审美性质的标准的可能性。与索伯等人的看法不同，我认为没有疑问的是，当科学家审视理论的时候，理论的简单性性质给予科学家某种审美愉悦。问题是，导致这一审美愉悦产生的动因在科学家对简单性形式和简单性程度的知觉中是怎样分配的？很难有把握地回答这个问题，但是我相信，科学家是由于注意到一个理论至少在一定程度上展示了他或她偏好的简单性形式而从该理论中得到审美愉悦的。

一些科学家说过的有代表性的话提示了这种观点。例如，在以下这段话里，温伯格比较了牛顿的引力理论和爱因斯坦的引力理论各自的长处：

> 爱因斯坦的广义相对论是由一组二阶微分方程刻画的；牛顿的引力理论也是如此。从这个观点看，它们是同样优美的；事实上，牛顿的理论有更少的方程，因此我觉得在这种意义上牛顿的理论更优美。但是爱因斯坦的广义相对论有更大的必然性品质。在爱因斯坦的理论中，在远距离和低速度情况下你无法回避一个平方反比定律。（……）但就牛顿理论而言，却非常容易如你所愿得

到你喜欢的任何种类的逆幂，因此爱因斯坦的理论更优美，因为它更让人感受到严格性、必然性。[36]

依照温伯格的说明，这两个理论都比其竞争对手更大程度地表现出一种特定形式的简单性：牛顿的理论在方程方面比爱因斯坦的理论显示出更大的简约性，而爱因斯坦的理论在前提假定方面要比牛顿的理论更简约。在第三节中，我们提到过狄拉克关于这两个理论的简单性性质的类似评论。但是温伯格的估价超过了狄拉克的估价，因为温伯格的估价明确地把对显示特定简单性形式的理论的偏好说成是审美偏好。一个科学家由于对这些简单性形式之一持有偏好从而确保了他或她把相应的理论看成是更优美的。我把这一点看作是对简单性形式标准是理论选择的审美标准这一结论的支持。

在此基础上，我把简单性形式看作在第三章中确立的意义上的一类审美性质，并且我把像本体论方面的简约这样的特定形式的简单性看作理论可能显示的一种审美性质。只是由于审美判断是与观察者相关的，那么依据简单性形式的标准对理论做出的判断就必定同样被看成是与观察者相关的。

现在让我们考虑是否要么应该把简单性程度标准要么应该把简单性形式标准看成能够诊断理论的经验适宜性。正如我们在第五章提到的，我们可以从两个途径出发去认定一个特定标准完全可以促进对有高度经验适宜性的理论的选择。一个途径是目标分析：对经验适宜性概念的逻辑分析能够揭示，理论的某些性质有助于这些理论具有高度的经验适宜性。第二个途径是归纳程式：一旦我们有了一个选择好的理论的标准，我们就能够通过归纳识别出其他那些其存在是与好的理论联系在一起的性质。

我相信，目标分析有助于阐明简单性程度标准。第一节中援引的某些论证使我断定如下：在因以不同程度展示一种形式的简单性而不同，但在所有其他方面有同样价值的两个理论中，这个以较大程度展示这种形式的简单性的理论经验上要优越于另外那个理论。我把这一发现归因于目标分析，因为它得自于对经验适宜性概念的分析以及对怎么能够在理论中辨别这一性质的分析。由于这一结果，我倾向于认为简单性程度的标准可以用于诊断理论的经验适宜性，并因此是理论选择的经验标准。

目标分析确立了一种与简单性形式标准相当的结果吗？按照我的看法，目标分析并未让我们有理由认为系统地选择一种特定形式的简单性是识别有较高程度经验适宜性的理论的有效策略。这是因为对经验适宜性概念的逻辑分析并不能够确立任何如下形式的结论："在选择具有S_1的理论与选择具有S_2的理论这两种选择策略中，前一种策略在得到有高度经验适宜性的理论方面更为有效。"这里S_1与S_2是两种简单性形式，类似数字上的简单性、解释方面的简单性和本体论方面的简约性等等。

人们还可以通过运用归纳程序这种途径来表明采用某种形式的简单性选择理论这一做法的经验价值。人们可以回顾一下科学史，确定一下依据某种形式的简单性选择出来的理论是否往往作为一个偶发的事实，表现出更高程度的经验适宜性。如果这样一个结果对一种特定形式的简单性成立，人们就会对依据那种简单性形式选择理论的策略做出归纳辩护。于是这也就证明人们关注，比方说，本体论方面的简约而不是其他形式的简单性是有道理的。

利用归纳程序去证实这一结果是科学编史中的一个经验任务。一方面，人们能够很容易想到目睹的证据表明，比如说，依据本体论简约性选择出来的理论过去往往比依据解释的简单性采纳的理论有更大的经验适宜性。这似乎会为把简单性形式标准看作经验标准提供证据。另一方面，历史记述似乎表明在特定形式的简单性和经验成功之间并没有必需的那种令人信服的联系。如果不曾有这样的联系出现，那么就不能把依据理论的简单性形式对理论的估价看作是经验的。

最后，这些发现对科学家既涉及对简单性形式的估价又涉及对简单性程度的估价的简单性考虑有什么意义呢？如果我在第三节中的分析是正确的，那么如下说法就会成立：对任何两个有不同经验适宜性的理论来说，那个具有较大经验适宜性的理论可以以较大程度显示简单性形式。如果在理论选择的每种情况下我们都偏好那个经验上优越的理论以较高程度显示的那种简单性形式，我们的经验关切就会得到最好的满足。因为在每种情况下，我们当时都会更愿意选择经验上优越的理论。如果在理论选择的每种情况下这种形式的简单性都一成不变地出现，那么毫无疑问我们最终就会知道这是哪种形式的简单性，因为在理论以较高程度具有这种形式的简单性和它显出较大的经验适宜性之间的相关关系会越来越明显。在这种情况下，科学家可以使用审美归纳把他们的审美偏好调谐到正确的简单性形式上，并且他们因此能够提高判断理论的经验适宜性的能力。

另一方面，正如我们已经看到的，很可能审美归纳将永不会揭示在理论高度具有一种特定形式的简单性和该理论显出比它的竞争对手更大的经验适宜性之间的持久的相关关系。在这种情况下，依然正确的是，对任何两个经验适宜性不同的理论，都会存在一种简单性形式，具有较大经验适宜性的那个理论显示这个简单性形式的程度要高于另外那个理论。但是，让这个说法成立的那个简单性形式却要随情况的变更而变更，并且如果我们不是已经对那两个理论的经验适宜性程度有认识，我们将不知道对哪一种形式这个说法成立。因此，当相互竞争的理论在其简单性程度和简单性形式都不同的时候，我们将不能使用简单性形式的标准去揭示哪个理论具有最大的经验适宜性。当然，这样的一个标准依然可能在确定我们的理论偏好方面发挥作用，但是我们将不能以它能够揭示理论的经验适宜性为理由为它提供辩护。

第七章注释：

1 本章是由麦卡里斯特（McAllister 1991）扩充而来。

2 萨蒙（Salmon 1961），275～276页；讨论了在理论的简单性和它的似真性或者经验适宜性之间可能存在的联系的类别。

3 索伯（Sober 1988），37～69页，讨论了关于现象是简单的主张与简单性方法论原理的主张之间的关系。

4 巴克（Barker 1957），181～182页；巴克对理论偏好方面的简单性的价值的解释得到了波普尔的赞同，见波普尔（Popper 1959），140～142页。

5 索伯（Sober 1975），3页。

6 对简单性的贝叶斯解释，见凯梅尼（Kemeny 1953）和罗森克兰茨（Rosenkrantz 1976）。

7 威廉斯（Williams 1966），123～124页。

8 牛顿-史密斯（Newton-Smith 1981），231页；邦奇（Bunge 1963），96～98页；和哈里（Harré 1972），45页；他们同样否定理论的简单性和似真性之间相关关系的存在。

9 布赫达尔（Buchdahl 1970），206页。

10 哈里（Harré 1960），138～139页。

11 拉普拉斯（Laplace 1813），2：10～11页。

12 有许多可能的简单性类别，但其中并没有人们可以依据客观标准在理论估价中求助的，普里斯特（Priest 1976），436～437页；同样对这个论点简要做了探究。

13 哈里（Harré 1960），143页；最熟悉的结构将被看成最简单的结构，这一看法同样由普里斯特（Priest 1976），437页提出。

14 在认为科学家的简单性标准是审美标准的哲学家中有哈里（Harré 1960），147页；沃尔施（Walsh 1979），和雷舍尔（Rescher 1990）中的几位撰稿人。

15 埃尔卡纳（Elkana 1982），222页；在科学家中，季里吉斯（Tsilikis 1959）和威尔逊（Wilson 1978），11页；也认为理论的简单性是理论美的一个方面。拉穆什（Lamouche 1955），81～132页，和德克斯（Derkse 1993）提出了科学家把简单性考虑作为审美考虑对待的更多例子。

16 比如，弗里德曼（Friedman 1974）和基彻尔（Kitcher 1989），430～447页；提出，理论的简单性是与它们的统合和解释能力联系在一起的。

17 林得布姆（Lindeboom 1968），268～270页和插图25。

18 关于亥姆霍兹（Helmholtz）在理论估价中对审美标准的使用，见哈特菲尔德（Hatfield 1993），553～558页。

19 审美考虑在莱布尼茨（Leibniz）的自然哲学中的作用，见布拉特（Boullart 1983）和布雷格（Breger 1989, 1994）。

20 索伯（Sober 1975），172页；对类似的主张，见索伯（Sober 1984），238页注160福伊尔（Feuer 1957），115～117页；也否认对理论的简单性的估价可以具有审美方面而不仅是具有了导向理论未来可能的经验成功的线索。

21 赖辛巴赫（Reichenbach 1938），373～375页。

22 希尔曼（Hillman 1962），225～226页。

23 马赫（Mach 1883）586页；马赫对理论的简单性的偏好来自他对科学的全面看法："科学（……）可以被看成最小化问题，它由对事实的最完善的可能陈述组成，通过的是思维的最小可能的花费。"雷（Ray 1987），1～50页，进一步讨论了马赫的简单性标准。

24 在评论在测得的由引力引起的光线的偏离值与从广义相对论计算得到的该效应的值之间存在的达到百分之十的差异时，爱因斯坦强调与该理论的任何经验上的缺陷比较结构上的简单性更重要："对专家来说，这事情不是特别重要的，因为该理论的主要意义不在于证实微小的效应，而在于理论物理学整体的理论基础的大大的简化。"引自霍尔顿（Holton 1978），254页；赫西（Hesse 1974），239～255页；和埃尔卡纳（Elkana 1982），提供对爱因斯坦诉诸简单性标准的进一步讨论。关于这个问题也可以见威廉森（Williamson 1977）。

25 刘易斯（Lewis 1973），87页。

26 引自克拉夫（Kragh 1990），214页。

27 关于假定快子存在的趋向，见克拉夫（Kragh 1990），272页；克拉夫提供了更多关于在理论估价中使用最小化简单性标准的例子，同上，270～274页。

28 洛夫乔伊（Lovejoy 1936），全满原则的历史。

29 拉卡托斯（Lakatos 1971），131页，注106。

30 霍尔顿（Holton 1978），299页，注8。

31 狄拉克（Dirac 1939），123页；狄拉克指出，持有爱因斯坦的理论比牛顿的理论更简单的观点"涉及赋予简单性以更精细的意义"。

32 雷舍尔（Rescher 1987），53~54页；注意到在实在论-工具论的争论中简单性标准的不确定性。

33 对生物实体的就简单性的序列的进一步讨论，见莱文斯和莱望廷（Levins and Lewontin 1985），16~18页。

34 对柯尔莫哥罗夫（Kolmogorov）复杂性理论和它在科学理论估价中的应用的评述，见李和威塔尼（Li and Vitányi 1992）。

35 撒加德（Thagard 1988），90页。

36 温伯格（Weinberg 1987），107~108页；也见温伯格（Weinberg 1993），106~108页。

Chapter 8
Revolution as Aesthetic Rupture

· 第八章　革命作为审美剧变

某些方法频频给出极其漂亮的结果，引得许多人认为科学的发展最终就在于系统地和不懈地运用这些方法。但是突然这些方法开始显出不灵验的迹象，于是所有的努力集中于发现新的反其道而行的方法。于是在老方法的支持者和新方法的拥护者之间冲突不断发生。老方法的反对者认为老方法的着眼点陈腐过时，而老方法的支持者反过来则蔑视革新者，认为他们是纯正古典科学的误入歧途的叛逆。

——路德维希·玻尔兹曼：《理论物理学方法的新近发展》

1. 科学革命的发生

我一直在构建的关于科学活动的模型是说，科学家在理论选择中使用的那组标准是随着时间而变化的。到现在为止，我设想的这一变化只是逐渐进化的：我提出，科学家的经验标准实质不变地贯穿科学的整个历史，并且我论证，审美归纳对审美标准的修正是逐渐的和连续的。

但是，宣称科学家的理论估价标准表现为只是逐渐进化的与大量的科学史的事实相冲突。真实情况是，在科学家否弃一个理论然后选择另一个理论的大多数场合，那个被否弃的理论和那个取代它的理论有着共同的基本特征。可是，在另外的那些场合，科学家采纳的却是与被取代的理论根本不同的理论。这种情况在20世纪初出现，其间，量子理论取代了关于亚微观现象的古典理论。我们称这些场合为科学革命。[1]在革命中遭否弃的理论以及取代它的那个理论看来在共同体依据当时的理论选择标准采纳它们时都曾被看作所能得到的最好的理论。这意味着，在革命中，科学家的理论选择标准必定经历了根本的和急剧的变化。由于这个原因，我一直在构建的那个科学活动模型就不能认为是完全的。在本章中，我将表明，如何做一个简单扩展就能使该模型既可以说明逐渐演变又可以说明科学革命。

我认为，革命这一现象的出现对所有科学活动模型提出了四项要求。如果不满足这四项要求，一个科学活动模型就不能适当说明革命，因此就是不能令人满意的。需要满足的要求如下：

（1）科学活动模型必须认识到，科学既经历革命又经历理论估价标准持续不变的时期。仅有对革命或者对理论估价标准持续不变的时期的说明不能说已有了一个完整的可接受的关于科学活动的模型。

（2）一个科学活动模型，如果只能够分别提供对革命以及对标准持续不变的时期的说明，那这样的模型是不够的：这些解释必须是因果地联系在一起的。我们想要知道一种发展模式怎样接续另一种发展模式，特别是哪些因素引发和终止革命。

（3）科学活动模型必须认识到，科学革命在共同体的理论标准方面造成了一种根本转换。例如，在伴随量子理论兴起的那个革命中，共同体从坚持认为理论应该是形象化的和决定论的转变为接受抽象的和非决定论的理论。

（4）但是我们又一定不要把革命看得过于天翻地覆，以至没有什么科学活动成分能不变地留存下来。我们不会说一门学科经历了一场革命，除非该学科革命后的形式仍然能够辨认出是它的革命前的形式的延续。

让我们考察现在已有的一个科学活动模型在多大程度上满足这些

要求。至少自19世纪30年代以来就已经有对科学革命的说明提出来，其间，巴什拉（Gaston Bachelard）把科学说成是在经历认识论剧变（ruptures épistémologiques），弗莱克（Ludwik Fleck）论及科学前后采纳不同的思维风格（Denkstile）。[2]但是今天最有影响的对科学革命的说明是库恩提出的。他提出把历史分隔为一段段常规科学时期，每一段常规科学时期都以一个范式为代表并以一场革命为终结。

库恩的科学活动模型完全满足第一个要求：的确，坚持主张科学活动既含有连续性的时期又含有革命时期是库恩模型的最具原创性的特征之一。第二个要求则未得到充分满足。库恩的模型不能明确说出革命是由哪些因素引发和终止的。的确，拉卡托斯批评库恩，认为他只是援引暴徒心理学来解释革命。[3]但是库恩的模型的最严重的缺陷是，它不能满足第三个和第四个要求。这一缺陷如何表现要看强调库恩著作的哪一方面。

在其著作的某些广为人知的段落中，库恩声称不存在为不同范式中的科学家共有的理论估价标准。两个前后相继的范式能够提供的概念来源是如此不同以至于两个范式的成员是"生活在不同的世界中"。[4]依照这一解释，库恩的模型就自然而然地把科学家看成不同时期工作在不同的风格类型中；可是这就把科学的历史分隔成了无任何共同点的一个个时期，因此库恩的模型不能满足第四个要求。库恩的另一段话显得温和一些。他说，有为所有范式的成员共有的五个"用于理论选择的根据充足的理由"：精确性标准、一致性标准、简单性标准、适用领域宽度标准和成效性标准。[5]用库恩的话说"至关重要的是，要引导科学家重视理论的这些特性"，[6]但对科学家来说，只有凭借这些标准在所有范式中都得到了辩护这一假定，历史参照无须区分时期才有意义。如果库恩不能为理论选择的标准确定某种反映范式特性的更进一步的范畴类别，那么深刻的转换怎么能够在科学活动中发生就依然是不明确的。按照这种解释，库恩的模型不再满足第三个规定。

　　　　　　　　　　　　　　　　　　　　| 美与科学革命 |

我认为，库恩模型的这一缺点源自这样一个假定：科学家遵循的所有规则——非常特别的是，所有的理论估价标准——都完全可以看作属于一个组类。例如，库恩没有在他列举的理论估价的五个评估标准之间做区分。在他的温和的论著中，库恩声称这些评估标准都能渡越革命得到留存；而在他的激进的论著中，库恩则声称革命会完全颠覆它们。在这两种情况下，每个规则都展示完全相同的行为。我认为，一个更有希望的途径应该是把一组规则看成负责根本性的变化，说明革命的发生；而让另一组规则具备跨越范式的有效性，以确保科学活动能够经历革命维持连续性。

我一直在建构的科学活动模型完全遵循这一途径。从一开始我们识别出了两组理论估价标准，它们有不同的来源并表现出不同的作用。一组是经验标准，它们是通过目标分析表达，表现为几乎完全不随时间变化。另一组就是审美标准，它源于归纳程式并随同过去的科学理论的可察觉的绩效的变化而变化。现在我们将发现科学家的审美标准的进化怎样会在一定的境况下导致革命的发生。

2. 审美信仰的舍弃

正如我们在第五章见到的，审美归纳使科学家的审美标准一定是保守的：在理论选择的情况下，科学家给予最高估价并提出采纳的理论是具有由先前采纳的经验上最成功的理论表现出来的审美性质的理论。让我们考虑一下这种保守性在每个时期对科学家的选择可得到的经验上最成功理论的能力有何种影响。

在一种特定的事态下，共同体的审美规范不会妨碍共同体采纳经验上表现良好的可得的理论。这一事态会得到持续，只要可得的新理论能够继续显示在过去的理论中表现出的在特定的审美性质和经验成功之间存在的相关关系。让我们考察为什么这种情况会确保共同体的审美规范与它的关于应该采纳哪个理论的经验标准相一致。和以前一样，E_p代表共同体给予具有审美性质P的那组理论的经验适宜性程度，W_P代表在共同体的审美规范中给予P的权重。如果共同体已习惯于见到具有性质P的理论展示的巨大经验成功，那么E_P的值以及通过审美归纳得到的W_P的值都会是高的。现在，如果得到的新理论要么是经验上成功的并显现性质P，要么是经验上不成功的并且不显现性质P，那么E_P的值和W_P的值都会保持不变。这就是说，由审美规范给出的对理论选择的建议也将保持不变。这样如果共同体采用的后来获得经验成功的理论一直显现特定的审美性质，那么就将出现倾向于高度估价这些审美性质的审美规范。

在我们设想的这种事态中，共同体内出现的每一个经验上成功的新理论其审美性质都只在一个很小的程度上不同于先前成功的理论。只要这种情况成立，审美规范就能够足够快地进化，以跟上由经验上成功的理论序列展示出来的审美性质进化的步伐。于是，在每个时期共同体可得的经验上最成功的理论的审美性质都会赢得审美规范的支持。

在这种事态中，理论选择是不会出现争议的：至少不会出现由于科学家要对某些理论的审美诉求与其他理论的观察到的成功做权衡而引起的争议。科学的这一阶段相当于库恩所谓的常规科学时期，他同样把这一时期看成是以理论选择方面的意见一致为特征的时期。[7] 依照这一解释，库恩所谓的范式就相当于这一时期中对理论选择起作用的审美规范。正如我们在第五章中见到的，如果在很长时间里都出现具有类似审美性质的经验成功的理论，审美规范就可能深深扎根并在库恩认为由范式主宰的共同体中保持支配地位。对库恩来说，常规科学要解决的主要是按照范式规定的方式去求解的"难题"（puzzle）。[8] 按照我的看法，难题是运用与施行中的审美规范相符的理论去解决的问题。按照这种看法，与库恩的看法一致，难题的这种求解可能会很困难，但它们的可接受性一般来说不会有什么争议：这种求解的本质在于它们是完全与理论选择规范的规定相一致的。

只要得到的新理论能够继续显示在过去的理论中表现出的在特定的审美性质和经验成功之间存在的相关关系，科学活动就会继续呈现这种平稳发展的特征。如果新理论并不显示这些相关关系，那么审美规范关于应该采纳的理论的建议就会偏离经验标准的建议。让我们再次设想，如果共同体已习惯于见到具有性质P的理论展示经验成功并因此赋予E_p和W_p以高值。科学家得到的具有性质P的理论的经验效绩的恶化只能经过一定的时间延迟之后才能在E_p和W_p中反映出来。因为这一点，审美规范给出的建议的变化将落后于得到的理论的经验效能的变化。审美规范将继续表现对被共同体以前的最好理论显示的却未被它当前的最好理论显示的审美性质的偏好；共同体的审美规范对理论选择的建议将偏离经验标准的建议。

科学家或许会以如下方式体察到这一发展过程：只要共同体依然能够利用为该共同体理论选择的审美规范和经验标准认可的理论解决在研究中遇到的问题，就不会有真正令他们棘手的选择出现。可是，有时候共同体会遇到更困难的，似乎不能以依审美标准和经验标准看来可接受的办法求解的问题，也就是说，提出的充分满足审美规范的解决办法证明其经验成功却不及某些不符合审美规范的解决办法。这些问题相当于库恩称之为反常（anomaly）的那些问题。[9] 起初，科学家可以忽略在这两组理论选择标准之间出现的这一冲突，但是最终总需要从根本上解决这一冲突。每位科学家都可以依据自己的想法通过认定一组标准高于另一组标准并采纳前一组标准推荐的理论来解决这个冲突。但是没有什么东西能够保证该共同体的所有成员都会选择同样一组标准作为优势标准。两种选择都是可行的，每种选择都会有青睐它的科学家。

有一组科学家，我将称之为保守派，会认定审美规范要胜过经验标准。这种选择具有的保守派科学家会看成主要优点的方面是：它确保该派科学家采纳的理论具有他们已经习惯地在业已取得经验成功的理论中见到的那些审美性质。反过来，由于这种选择就是在理论选择中削弱经验考虑，一般来说，它会导致科学家采纳经验成功不及某些其他可得理论的理论。然而，保守派的成员可能利用我们在第六章中考察过的论证来为这种明显的缺陷辩护：他们可能提出，具有他们看成美的性质的理论必定要比缺乏美的理论更接近真理，即使后者能更好地与现有的经验数据保持一致。

另一组科学家，我将称之为改革派，会认定经验标准要胜过审美规范。这是奎因（Willard V. O. Quine）推荐的选择，他说，科学家诉诸理论中的优雅是允许的，"只要在理论选择中只是在实效标准并未指定相反结果的情况下才诉诸它"。[10]由于这一选择等于放松对理论选择的超经验约束，于是这就允许改革派采纳比他们的保守派同事采纳经验上更成功的理论。可是，按照已确立的审美规范，这些理论会被看成不及保守派的那些理论令人愉悦。简言之，像《1066之类》（*1066 and All That*）所描述的英国内战时期的骑士党党员（Cavalier）和圆颅党党员（Roundhead）一样，保守派采纳的理论错误但有浪漫情味（Wrong but Wromantic），而改革派采纳的理论正确但令人生厌（Right but Repulsive）。[11]

依据已确定的审美规范看，改革派采纳的理论是不令人愉悦的，保守派的科学家必然会引用这一事实作为表明他们的改革派同事正走上错误道路的证据。某些改革派成员可能发现这一事实也令他们烦恼，毕竟，他们对其学科的审美规范也有很坚定的信仰。为排除这一烦恼，改革派的成员可能表示不再理会理论的所有审美性质。为了为这一做法辩护，他们可能辩护说，共同体先前的审美信仰只是在妨碍取得经验成功。改革派可以宣称，既然已放松了理论选择的审美约束，那么共同体就有充足的余地在相互竞争的理论中做经验上最富成效的选择。

我认为，这告诉了我们应该怎样去解释科学革命：科学革命是对共同体过去在理论选择中习惯运用的审美约束的否弃。我把改革派否弃已确立

美与科学革命

的审美规范，决定不受审美信仰约束去选择理论并完全追求经验成功看成革命行动。正如一谈到革命，我们就能料想到的，革命就是某些共同体成员不再承认先前被整个共同体接受的信仰。[12]

我曾描述过，在量子理论产生时期，在物理学共同体中形成了两个派别。我们将在第十一章中见到，在这一革命中保守派（该派包括普朗克和爱因斯坦）认定，由古典物理学建立起来的审美规范应该高于理论选择中一般性的经验考虑。这一想法使得他们不能接受关于亚原子现象的具最佳经验效绩的理论：量子理论。爱因斯坦为这一约束辩护，他说这样一个审美上无动人之处的理论必然与真理相去甚远，不管它现在的经验效绩是怎样的。以玻尔（Niels Bohr）为首的改革派则让审美规范服从经验标准。在回答爱因斯坦以审美为据对量子理论的批评时，玻尔不愿依旧顺从审美偏好，而接受了理论选择方面的一种实证论观念。

保守派和改革派在共同体中可以暂时共存。可是，他们各自必然继续采纳不同的理论：改革派会继续依据经验标准选择理论，而保守派会坚持选择具有熟悉的审美性质的理论。在两个派别采用的理论之间，经验效绩方面的差距因此会继续增大。人们可以想象，一旦这个差距达到非常大的程度，保守派的成员最终会把改革派的理论看成更可取的，尽管它们的审美性质令人生厌。保守派会逐步放宽自己对理论选择的审美规范的信仰标准。当整个共同体本身就改革派的理论选择策略达成一致时，共同体的分裂就会被克服，革命就结束了。

在共同体的两组理论估价标准中，革命的结果就是去除其中一组：随着革命的进展，共同体失去了它对审美规范的信仰。这就意味着，不符合旧的审美规范的理论相当突然地将不再遭到反对。对新审美形式的抵抗突然瓦解的情况在艺术中同样能够发生。当已经确立的审美规范失去它对艺术共同体的控制时，某些具有创新性的艺术作品就可能突然变得比以前更可接受。在科学中和艺术中发生的这种类似现象可以说明，物理学家惠勒

（John A. Wheeler）怎么能够有意味地把斯坦因（Gertrude Stein）对现代艺术做的评论延伸到今天的物理学。斯坦因如下地描述了对一件创新的艺术作品的理解的变化："它看上去令人感到陌生，它看上去很奇怪，它看上去非常怪异，然后突然地它看上去完全不再令人感到陌生并且你不能理解是什么使得它先前看上去令人感到陌生。"[13]惠勒相信，科学家对创新理论的看法以同样的方式变化。很容易解释这一变化：它来自共同体否定了不利于那个理论的审美规范。

面对革命的结果，某些重视经验的科学家可能认为，共同体放弃它的审美信仰不可逆转地改变了科学的进程。他们可能希望，共同体将永不再把审美约束应用于理论选择并且从此以后共同体的理论选择将完全以取得最好的可能的经验效绩为目的。他们可能设想，科学或许第一次变成摆脱超经验考虑去寻求经验成功。我认为，这些科学家终究会失望。一旦革命结束，就又回到由审美归纳影响科学家的偏好。科学家将再次开始辨别理论的某些审美性质与高度的经验成功之间的相关关系。他们将逐渐相信，如果理论显示这些审美性质，这些理论保证会在经验上成功。在审美规范中这些性质将被赋予权重，共同体将开始依据该审美规范进行理论选择。当然，总有一天，在这一规范推荐与经验标准之间会出现分歧，这种情况一直会持续到一个新的理论选择危机及最终一个后续的科学革命发生。

3. 革命中的连续与断裂

让我们来考察我提出的关于革命的模型如何满足我在第一节中提出的要求。首先，毫无疑问，这一模型承认，科学既经历革命又经历理论估价标准保持不变的时期。在后一些时期，共同体的理论选择由一种特定的审美类型支配；在革命时期，共同体的审美规范则被推翻。其次，该模型能够解释一种发展模式怎样跟从另外一种发展模式，当共同体用于理论选择的审美约束开始严重妨碍取得经验成功的时候，革命就爆发了。最后，第三项要求和第四项要求规定，科学活动的模型应该把下面这一点考虑进去：革命是理论选择中的深刻剧变，然而剧变中依然会有某些科学活动保持不变。我们现在将看到，这里给出的模型也充分满足这些要求。

我的模型的典型特征是，它认为革命仅仅是共同体的理论选择所依据的那个标准的一个子集之中的变化。尽管在革命中，一个审美规范最终将取代另一个审美规范，经验标准却不做改变地保留下来。因此，一方面，这一模型把革命刻画成一场深刻的转变，因为它改变了共同体的理论化类型；另一方面，仍然有某些标准为科学家在革命前和革命后所共有。

在这一点上，我们可以比较库恩的革命模型和我的革命模型。我们已经看到，库恩在某些场合提出，所有的科学家都共有五个理论选择标准，而在另外的场合他则提出，在对相互竞争的理论做选择时不存在不依赖范式的标准。因此，不管关于科学家能够跨越革命造成的分隔就理论选择的理由进行多么充分的交流，库恩和我都会有不同看法。库恩主张他们要么充分理解相互的理由，要么发现相互的理由完全是不可理解的。我主张他们会把相互的审美偏好看成相异的，却会认可彼此对理论的经验性质（比如内在的一致性或者与经验数据的一致性）的认识和关切。在这些主张中哪个更紧密地与科学实践中的事实相符合呢？

玻尔和爱因斯坦之间关于量子理论的争论是跨越革命造成的分隔就一个理论的优劣问题展开讨论的一个实例。[14]在这场争论中，爱因斯坦是保守派的成员，他维护已经确立的审美信仰；而玻尔是改革派的成员，他否弃所有的审美信仰。这场争论最引人瞩目之处在于，玻尔和爱因斯坦对彼此的理论选择的理由都显示出了部分不理解。当他们讨论这样一个问题的时候，他们表现出了互不理解，即是否存在一个理论必须具备的形而上学的和其他审美性质，如果这个理论要想成为可接受的话。玻尔不理解爱因斯坦坚持如下看法的根本原因：任何非决定论的理论都是不能令人满意的，而爱因斯坦也不理解玻尔怎么能够对像量子论这样无吸引人之处的一个理论表示满意。与此相对照的是，他们完全理解彼此对经验标准的诉求。例如，他们对什么是理论与大量经验数据相符以及什么是理论的内在一致持同样看法。比如，他们就量子理论是否内在一致展开的大段讨论就表明他们对事实的根据有不同意见，但是相互没有交流过去的经历。我认为，这些史实表明，限制不同范式成员交流的并不是由于存在无处不在的不可比较性，而是由于不同时期占据支配地位的审美规范不同从而造成共同东西产生部分缺失。

4. 理解以往的科学

从我给出的科学革命模型出发可以就科学的历史编纂问题得出有趣的结论。如果库恩关于科学革命的更激进的主张是正确的，科学的历史编纂的困难程度就要比许多实际从事科学编史的人能够想象的大得多。如果情况真的是革命导致理论选择标准的彻底改变，那么在一个既定范式中构成选择一个理论而不是另一个理论的理由的一个因素在另一个范式中就不再起同样的作用。这意味着甚至科学家为辩护他们的理论选择所做出的最充分的论证也不会令一个研究革命后史实的历史学家信服，因此这位历史学家不能理解大多数以往的理论选择史实的意义。

依据我给出的科学活动模型，科学的历史编纂就不那么困难。确定无疑的是，我们对我们以前各时期中科学家的理论选择的理解总是不充分的。毕竟，我们并不与他们共有这些时期特有的并据以决定理论选择的审美规范，也就是说，在这些时期用来作为理论选择依据的审美前提不再能说服我们。例如，我们不信服用以反对开普勒太阳系理论的审美论据，因为我们并不接受16世纪把天体运动看作圆周运动组合的信仰；我们不认为爱因斯坦对量子理论的反对是有根据的，因为我们不再坚持物理理论应该是决定论的。可是，经验标准差不多完全不变地延续下来。结果，组成一个既定时期里理论选择的经验前提的东西在随后的时间里仍然会保持它的

　　　　　　　　　　　　| 美与科学革命 |

效力。因此，在科学家引证以作为理论选择的根据中，至少有部分根据是后来的历史学家能够理解的。因而对历史学家来说，我的模型对以往的理论选择的描述要比库恩模型做的描述更可理解。

历史学家对科学的经验支持我的模型。让我们以16世纪行星天文学中的理论选择的根据问题为例。毫无疑问，自那时以来至少有一次革命在这个学科中发生，因而我们会发现这里我们自己在与理论选择中的标准的变化做斗争。用来支持16世纪行星天文学理论的某些引证由于无法反驳给我们留下深刻印象，其他理由却不这样。一方面，正如哈奇森（Keith Hutchison）考证过的，天文学家赋予理论的价值通常部分取决于他们提出的天的结构和政治制度之间的类似程度。[15]例如，哥白尼争辩说，他的太阳中心论的一个优点在于他的理论把太阳系类比成一个宫廷：

> 处在每个行星中间的是静止的（……）太阳。因为在这个最美丽的庙堂里，谁能把这一盏灯安放到另一个或许比这还好的位置上？从这个位置，太阳能够同时照亮所有行星。至于某些人称太阳为宇宙的灯笼，其他人称太阳为宇宙的灵魂，还有人称太阳为宇宙的统治者都并非不恰当。（……）这样，确实就像坐在高贵的宝座之上，太阳统治着围绕它转动的行星大家庭。此外，地球也没有失去月亮的陪伴。相反，正如亚里士多德所说，月亮与地球有着最紧密的亲属关系。[16]

当下的天文学家认为依据天的构造和政治制度之间的类似程度为理论估价辩护具有正当性。我想，这是因为自哥白尼时代以来，天文学家的理论选择的审美规范已经发生了变化。但是16世纪的天文学家又用像内在一致性和与经验数据相符这样的逻辑和经验性质估价理论，今天，这些性质依然被看成理论的力量之所在。例如，斯沃德洛（Noel M. Swerdlow）和诺伊格鲍尔（Otto Neugebauer）在对哥白尼理论进行重建时把理论的说服力归因于哥白尼本来也会主张是其理论优点的逻辑和经验性质。[17]这是因为，无论是在16世纪还是在今天，这些逻辑和经验性质的基本原理已经确立。如这个例子表明的，科学的历史编纂支持我的想法：科学革命由审美规范的变化而不是由理论选择标准的大规模更替组成。

5. 诱发和抑制革命的因素

库恩的革命模型和我的的革命模型都对诱发和抑制科学革命的因素提出了自己的主张，就这些主张做比较同样是有益的。[18]

依照库恩的看法，科学家依据理论的经验和审美性质来选择理论，但是这些性质在常规科学时期以及在革命时期的作用不同。库恩认为，审美因素在常规科学的理论选择中并不起决定性的作用。他说，在构成常规科学的解难题活动中，促使科学家采纳新理论的通常的刺激就是该理论表明经验上优于与其竞争的理论。与此相对照，革命时期典型情况则是经验考虑将着重支持当前的范式而反对范式转换。库恩说，毕竟，一个成熟的范式在问题求解方面会展开一个新范式不能匹配的踪迹记录。[19]

库恩以别样的论证确定了经常诱发范式转换的那些因素："这些就是论证，很少能够完全表达清楚，这些论证诉诸个人对恰当性方面或者对审美方面的感觉——新理论被说成'优雅的''更适当的'，或者是比旧理论'更简单的'。"[20]库恩认为，要不是由于有这样的论证，一个新的范式或许永远不会得到采纳，"有时候审美考虑的重要性可能是决定性的。尽管这些考虑经常只吸引少数科学家关注新理论，但是新理论的最终胜利或许依靠的正是这些少数科学家。如果这些科学家不是由于高度的个人原因很快采纳了新理论，那么范式的新候选或许永远不会充分发展到吸引整个科学共同体归顺。"[21]

也就是说，在一场革命危机中，经验和审美考虑完全处于对立的方面。经验根据有助于维护已确立的范式，但有可能被审美考虑压倒：

一定有某种东西至少使少数科学家感到新想法是对路的，有时候这种东西只是能引发新想法产生的一些个人的不能清晰表达的审美考虑。当人们转而接受了这些考虑时，时常是大多数可清晰表述的技术性论证指出的已经是另外的路径。无论是哥白尼的天文学理论，还是德布罗意的物质理论，在最初引进的时候都没有多少其他重要的诉求方面的根据。[22]

这样一来，库恩对经验因素和审美因素在诱发和抑制革命方面的作用的期望和我的期望正相反。我的模型预言，在具有熟悉的审美形式的理论和具有全新审美性质的理论之间做选择时，科学家的审美偏好会有利于前者。如果那个具有新的审美性质的理论曾经被接受，那就是因为它的经验效绩足够好，压倒了它具有的最初科学家觉得审美上令人生厌的地方。因此，我把革命的理论的审美性质看成是往往会抑制革命发生的因素，而把它们的经验效绩——如果足够好的话——看成是往往会诱发革命的因素。

这些预言可以用历史事实来检验。为此目的，我们必须找出一个理论，它的采纳标志着某一科学分支中的革命。然后我们必须确定，那个理论以及被它替代的原有理论的经验性质和审美性质在诱导或者抑制范式转换方面起到了什么作用。如果发现范式转换受到了经验考虑的抑制并受到审美因素的诱发，那么库恩的革命模型就得到确证。如果事实表明情况正好相反，我的模型就得到确证。

我将在第十章和第十一章中进行这一检验。至于现在的任务，我只就为什么库恩竟然把审美因素看成诱导革命的因素做出猜测。库恩看来是把科学家的审美偏好看成高度特异的：他谈到了"个人对（……）审美方面的感觉"，谈到了审美考虑是接受一个范式的"高度个人化的理由"，谈到了审美考虑是"主观的""个人的"甚至"神秘的"。[23]如果审美偏好如此特异，那么大概无论何时科学家都会发现许多不同种类的理论审美上都是吸引人的，但它们之中只有少数会在范式中得到表现。因而，审美偏好会让科学家从已确立的理论转向具有新的审美性质的理论。

事实上，虽然共同体的审美规范随时间改变，但科学家的审美偏好在一段时间里并不会有很大分歧：对理论应该具有什么审美性质，科学家的意见是广泛一致的。这是因为，科学家的审美偏好并非源于一时的兴致，而是形成于全共同体对以往理论的经验效绩的归纳。当然，如果审美偏好确实以这种方式形成，那么它们更可能强化科学家对已确立的理论的忠诚而不是诱发革命。

6. 与道德革命和政治革命的类似性

17世纪中叶以来，已经有人指出科学革命和社会革命之间的类似之处。[24]到目前为止，由于得不到科学革命的确定模型，损害了对这些相似之处的认识。我提出的模型可以使更深刻的相似之处得到认识。

科学中的审美规范与社会中的道德准则是以同样方式发展的。道德准则指示出社会中先前已表明富有成效的行为模式；道德准则是进化的，但是它们的进化要比新的行为模式的出现缓慢得多。在社会稳定发展的时代，道德准则的演化也许非常快，以更加适应流行行为，这一演化速度在变革时代却让人们感到是一种压缩。有些人会得到利益，他们的追求所要求的行为是与通行的道德准则冲突的。保守的人出自对道德准则的忠诚会避免这样的行为，但其他人会为了得到更多利益而乐意违犯这些道德准则。这样的人会声称他们只是在丢弃已过时的习惯，但是保守的人可能把他们看成不道德的或者无政府的。尽管保守的人不赞成，但新的行为模式的益处可能使其他人松懈对道德准则的忠顺。一旦这些新的行为模式得到牢固的确立，支持这些行为的新的道德就会得到发展。

在我的科学活动模型和马克思主义所倡导的历史唯物主义社会发展模型之间甚至存在更深刻的类似。根据马克思主义理论，社会生产能力对社会组织方式具有重大影响。生产能力的发展造成组织的改变。如果一个社会在一个充分长的时间内依靠一些特定的生产能力，那么它就有机会发展一种能够充分和高效利用生产力的组织方式。但最终，新的生产能力会发展起来。尽管大多数组织方式有足够的弹性以适应某些进步，但一段时间以后，生产能力会高度发展，以至于不可能再在已经确立的组织方式之内充分利用这些生产能力。这个冲突要通过一场革命来解决，革命中那种原有的反生产力的组织方式会被推翻，由一个能更好适应新的生产能力的组织方式替代。因而，生产能力一步一步地发展，最初是造就社会组织方式，然后是巩固组织方式，然后开始受到组织方式的阻碍，接着是最终推翻和替代该组织方式。[25]

在科学中，生产能力的类似物是理论的经验能力。科学共同体采纳的一系列有亲缘关系的理论是与由审美规范组成的上层建筑相适应的。只要已确立的理论继续取得经验成功，反映这些理论的审美性质的审美规范就会愈加牢固地确立自己的地位。可是最终，共同体可能发现，新的理论虽表现好的经验效绩却不符合已确立的审美规范。由于这一审美规范不支持采纳这些新的理论，那么这一审美规范现在就在阻碍该共同体的经验上的进步。依经验看值得采纳的东西与依审美标准看可以接纳的东西之间存在的这种紧张关系会损害并最终摧毁原已确立的审美规范。

第八章注释:

1 科恩（Cohen 1985），40~47页，389~404页，纵览了科学经历革命的史实。

2 巴什拉（Bachelard 1934），特别是50~55页；弗莱克（Fleck 1935），特别是125~145页；关于科学革命的模型的历史，见科恩（Cohen 1985）。

3 拉卡托斯（Lakatos 1970），178页。

4 库恩（Kuhn 1962），111~135页。

5 库恩（Kuhn 1970），261页；库恩（Kuhn 1977），321~322页；也见库恩（Kuhn 1962），144~155页。

6 库恩（Kuhn 1970），261页。

7 关于库恩对常规科学的刻画，见库恩（Kuhn 1962），23~34页。

8 库恩（Kuhn 1962），35~42页；讨论了解难题的程序。

9 同上，66~76页。

10 奎因（Quine 1953），79页。

11 塞勒和耶特曼（Sellar and Yeatman 1930），63页。

12 我最先于麦卡里斯特（McAllister 1989），41~47页；提出了科学革命是审美剧变的观点。

13 惠勒（Wheeler 983），185页。

14 在众多对玻尔-爱因斯坦论战做的研究中，有雅默（Jammer 1974），109~158页；洪纳（Honner 1987），108~141页；默多克（Murdoch 1987），155~178页；和凯泽（Kaiser 1994），在最后这个论著中有更多的参考文献。关于玻尔自己的解释，见玻尔（Bohr 1949）。

15 哈奇森（Hutchison 1987），97~109页。

16 哥白尼（Copernicus 1543），22页。

17 斯沃德洛和诺伊格鲍尔（Swerdlow and Neugebauer 1984）。

18 我也与麦卡里斯特（McAllister 1996），比较了我的和库恩（Kuhn）的革命模型。

19 库恩（Kuhn 1962），156～157页。

20 同上，155页。

21 同上，156页。

22 同上，158页。

23 库恩（Kuhn 1962），155～158页；库恩的影响范式选择的审美因素必定是非理性的假定受到马汉（Machan 1977）的抗辩。

24 关于政治的和科学的革命之间的类似的历史评注，见科恩（Cohen 1985），7～14页，473～477页各处；福伊尔（Feuer 1974），252～268页，考察了它们之间的某些不同之处。

25 对马克思主义历史理论的解释，见科恩（Cohen 1978）。

Chapter 9

Induction and Revolution in the Applied Arts

· 第九章　实用艺术中的归纳与革命

1. 审美判断和实用效绩

我已经论证，科学家在理论选择中使用到的那一组标准是根据理论先前的经验效绩，利用对理论的某些性质进行加权的归纳机制得到的一种规范，即审美规范。我称这一规范为审美的，这时我赋予它以"审美的"这一术语的全部标准内涵，比如它属于感觉方面并与像美那样的审美价值相联系。

我们已经知道有两点理由使我们可以把这一理论选择规范看成真正是审美的。首先，当科学家依据这样的性质对理论做判定的时候，他们通常使用像"美的""优雅的"或者"丑的"这样的审美欣赏术语。把对称性、简单性等性质看成审美的有如下益处：首先，使我们可以就字面含义把握这些表现形式。其次，理论所拥有的由该规范赋予价值的某些性质，比如对称性、简单性、对类比的依赖以及形象化等从原型上讲就是审美的。由于具有这样的性质，对象往往给观察者以有一种高度的适当性的印象。这些道理在我于第二章提出的用来辨认理论的审美性质的标准之中有阐述。

然而，读者或许仍然怀疑由对理论的经验效绩实施归纳程式得到的东西是否真的能够被看成审美规范。因为他们相信真正的审美判断应该与对经验效绩或者对效用的考虑无关。在本章中，我的目的是消除这种怀疑。通过调研在建筑学和工业设计中新材料的开发利用是如何导致新审美规范出现的，我将提出，审美规范对功利效绩的反应方式在实用艺术中与在科学中完全一致。[1]我们首先考察铸铁、熟铁和钢对英国和法国的建筑设计的影响。

2. 建筑设计对铁和钢的反应

在英国，17世纪以来铸铁、熟铁就应用于家庭与装饰设施中，比如

　　　　　　　　　　　　　　│ 美与科学革命 │

壁炉背壁和栏杆。自18世纪初，铸铁有时也被用于建筑结构：比如雷恩（Christopher Wren）使用铸铁链来抵消圣保罗大教堂（1675—1710）圆屋顶砌砖向外的推力，使用铸铁柱来支持威斯敏斯特大教堂（1714）中的圣斯蒂芬小教堂里的柱廊，那里当时是下院的所在地。[2]然而，这些特殊部分并没有破坏已确立的设计原则：圣保罗大教堂中的铁链被隐藏不见；圣斯蒂芬小教堂里的圆柱被处理成内部装饰而不是结构元素。铁材料开始影响设计是在18世纪末，这时铁能够使桥梁和工业建筑中的某些需要得到满足。[3]

　　长时间里，用于修建桥梁的传统材料一直是石材。然而，大约在18世纪末，熟悉铸铁的铁器制造商和工程师意识到用铁建造的桥梁的寿命更长。当有计划在什罗普郡（Shropshire）的科尔布鲁克代尔（Coalbrookdale）修建跨越塞文河（River Severn）的大桥时，铁器制造商 J. 威尔金森（John Wilkinson）提出使用铁。什罗普郡就在当时铁器铸造行业最先兴起地区的中心。威尔金森的努力让1779年世界上第一座铸铁桥诞生，由威尔金森和建筑师普里查德（Thomas F. Pritchard）设计，铁器制造商达比（Abraham Darby）承建。[4]市政工程师特尔福德（Thomas Telford）是什罗普郡的勘测员，他在该郡建造了不少于五座铁桥。那一座贝尔德沃斯（Buildwas）横跨塞沃恩河的铁桥（1796）有特别的重要性，因为它在设计方面有引人注目的改良，减少了用铁总量。另一位工程师伦尼（John Rennie）建造了若干座铁桥，其中包括一座建在林肯郡（Lincolnshire）波士顿的跨越威瑟姆河（River Witham）的铁桥（1803）和在伦敦跨越泰晤士河的萨瑟桥（Southwark Bridge 1819），19世纪，若干座更长的铁桥由工程师布鲁内尔（Isambard Kingdom Brunel）建造起来。这些例子表明，铁桥的设计和建造是市政工程师而不是建筑师的工作。

　　推动把铁用在建筑结构方面的另一个实际需要是防火。18世纪，在人们聚集工作的地方，比如在工厂和商店，或者在娱乐的地方，比如在剧场，火是最令人忧虑的东西。传统上，纺织厂有大量木柱和木梁的内部结构。由于纺织厂使用明火照明，并且厂房里的机器使用易燃的润滑剂，因此这些工厂非常容易失火。在18世纪的最后几年，有一些工厂毁于火灾，损失惨重，其中包括1791年的阿尔比恩面粉厂（Albion Flour Mill）。工厂主急切地要找出使他们的建筑不燃的办法。当然，石材是防火的，但是石材太重，不适于建造多层建筑。发展铸铁构架主要就是为了适应这些需要。这些铸铁构架的设计者就像早期铁桥的设计者主要不是建筑师而是工程师，他们经常是同时在纺纱机、织布机以及为这些机器提供动力的蒸汽机中使用铸铁的同一位工程师。工程师斯特拉特（William Strutt）和珍尼纺纱机的发明者阿克赖特（Richard Arkwright）于1792年至1793年在德比郡（Derby）建造了一个六层的棉纺厂，该厂房有铁柱（尽管仍然保留了用灰泥覆盖起来的木梁）并被形容能防火。改进了旋转蒸汽机的工程师博尔顿（Matthew Boulton）和瓦特（James Watt）于1801年在索尔福德（Salford）建造了一个被大量模仿的七层的棉纺厂，它不仅使用了铸铁柱而且还使用了I-截面的铸铁梁来支持各层楼面。[5]

这些早期的铸铁桥和铁构架的工业建筑有非常创新的设计。充分开发此材料的技术性能的愿望推动了这些设计的形成。这些设计的发展得益于工程和建筑之间的明确界分。工程师把他们建筑方面的工作看成主要是解决一些技术问题，他们认为他们熟悉的材料——铁为这些问题提供了最适当的解决办法。[6]不能设想他们会遵循建筑类型和特殊风格，他们自由地把铁用在他们相信能最充分发挥其性能的设计中。然而，在更长的时期里，职业之间的界分妨碍了灵感来自铁的设计向建筑学的扩散。工程师们对铁的使用提醒了建筑师注意铁在满足建筑的需要方面的潜力。但是建筑行业成员的工作是受在铁得到利用之前发展起来并从像石料这样先前存在的材料的技术性能中得出其合理性的审美规范支配的。许多首先开始在

美与科学革命

建筑结构方面使用铁的建筑师意识到，他们在把铁用到最适于充分利用它的设计方面跟不上工程师的步伐。他们觉得可依据的只能是属于"建筑学的"东西，他们继续遵循流行的审美准则。

英国的罗斯金（John Ruskin）和德国的森珀（Gottfried Semper）最清楚明白地道出了建筑师对灵感来自铁的设计的抗拒。1849年，罗斯金虽然承认铁的使用或许会刺激适于铁的特殊性质的设计的发展，但他表示，他希望建筑师会继续只把长久以来确立的材料看作充分适于建筑：

> 直到本世纪初，建筑实践（……）一般都是使用黏土、石头或者木材，这导致对比例和结构法则的感觉（……）都以由这些材料的使用产生的需要为根据。因此，一般会认为，完全或者主要运用金属构架就是违背建筑艺术的最主要原则。理论上讲，似乎没有理由说明为什么不应该既使用木头又使用铁，并且一个新的完全适应金属建筑方法的建筑法则体系发展的时代或许就在近旁。但是我相信，现如今所有的同情和联想的意向都是把建筑的概念局限于非金属建筑，并且没有理由不这样。[7]

最迟到1863年，森珀仍以类似意见反对使用铁的设计。他的推理显示出由对石材的熟悉带来的影响：他写道，铁构件在视觉上是令人生厌的，因为它们狭小的横截面与它们巨大的强度不相称。可以把铁柱和铁梁做得像石材那样厚重，但是森珀认识到，这从功能上看是不合理的。因而，铁的使用要求建筑师"要么牺牲美要么牺牲功能，要把两者结合在一起是不可能的"[8]。据此，森珀宣称，虽然铁是临时建筑的适当材料，石头却是不朽艺术建筑的唯一合适的材料。[9]

这样的看法确保：虽然19世纪中叶的建筑师有时乐意把铁结构结合进他们的设计，但是他们同样认定，这些结构大部分应该隐藏不见，隐匿在以传统材料和风格建造的建筑立面或者覆层的后面。比如，里

图1
巴洛（William H. Barlow）和斯科特（George Gilbert Scott），伦敦（1864），圣潘克拉斯（St. Pancras）火车站。英国建筑图书馆，RIBA，伦敦。

图2
帕克斯顿（Joseph Paxton），伦敦（1951），水晶宫（The Crystal Palace）。欧文（Hugh Owen）或费里尔（C. M. Ferrier）碘化银纸照相制版。英国建筑图书馆，RIBA，伦敦。

克曼（Thomas Rickman）和克拉格（John Cragg）在建造利物浦埃弗顿（Everton）市的圣乔治教堂时使用了铸铁柱和顶桁架（1812—1814）。细瘦的柱给教堂内部带来巨大宽敞的空间，用石头就不可能达到这种效果。然而，外部墙却完全使用石头建造并且是传统的新哥特式设计，建筑结构的特征并不能通过该建筑的显明的外观表现出来。[10]

工程师和建筑师在铸铁结构的看法上的分歧甚至明显地表现在19世纪中叶的火车站上。这两个行业经常在火车站建设上进行合作。伦敦的圣潘克拉斯（St. Pancras）火车站（1864）就是由工程师巴洛（William H. Barlow）设计的铸铁列车棚组成的，该车棚雅致、突出的拱形具有当时达到的最大跨度（图1）。但这从街上完全看不到，它被由斯科特（George Gilbert Scott）设计的利用传统的石材建造的巨大的新哥特式终点建筑物掩蔽起来了。[11]这里，从职业出发的关切的差异是显然的：该工程师对带屋顶的大面积空地的需要做出反应，而该建筑师则提供具传统外观的立面。格洛格（John Gloag）谈到，这一时期在英国，工程师是"结构的建造者"，而建筑师则扮演

| 美与科学革命 |

"风格的添加者"。[12]

19世纪中叶，英国某些建筑师和批评家开始论证，对建筑的结构材料的选择应该通过该建筑的外观反映出来。这样的呼吁起到了某种作用。由帕克斯顿（Joseph Paxton）为1851年大博览会设计的位于伦敦海德公园（Hyde Park）的水晶宫（The Crystal Palace）就是一个由装配上玻璃的铁构架组成的巨大的帐篷形建筑（图2）：它是对由铸铁和熟铁与平板玻璃提供的可能性的一个自敛形骸但又泰然自若的宣示。它的风格是直白的：它外部的处理方式与内部一样，建造方法和结构原则从里到外都是显而易见的。但还不能说铸铁已经渗透到建筑行业的核心部分。帕克斯顿是铁路企业家并且以前是有建造温室经验的园丁而不是建筑师，许多人把他完成的宏大建筑看成工程方面的而不是建筑方面的作品。但至少水晶宫展示了，如果要使铸铁和熟铁的技术性能得到充分利用，需要采用哪些形式。大博览会的许多参观者认为这些新形式显示了真正的建筑美。[13]

帕克斯顿设计水晶宫的意图之一或许是必须让它显示英国的技术威力，他用它补充该建筑应展藏的工程展品。对这样一个建筑，不加掩饰的铁结构被看成是适当的这一事实并没有告诉我们 —— 它或许被反对 —— 主流建筑学是否接受了铁设计。但是对铸铁的这种不加掩饰的和接连而来的运用很快扩散到了普通市政建筑的设计。贝尔德（John Baird）设计的位于格拉斯哥牙买加大街上的加德纳商店（1855—1856），是计划用于房屋交易业务的一个四层建筑。它的有悦人的轻巧外观的立面由一排排细瘦的铸铁柱组成，这些铸铁柱承担着大部分负荷，因此层面的设计就可以合理布局照明并无须考虑承重。[14]建筑师在这样的建筑中采用铸铁结构后来变得既普遍又平常了。

现在，让我们转向法国，那里几十年以后也出现了类似的过程。在法国，19世纪以前铁主要用于细部装饰。和在英国一样，当铸铁最初用于建筑结构时，人们认为它在设计上的视觉效果应该尽可能小。在最早由

图3
拉布鲁斯特（Henri Labrouste），巴黎（1843—
1850），圣热讷维耶沃图书馆（Bibliothèque
Sainte-Geneviève）。奥斯丁（James Austin），
剑桥。

建筑师设计的带铁结构的建筑中有位于巴黎的由拉布鲁斯特（Henri Labrouste）设计的圣热讷维耶沃图书馆（Bibliothèque Sainte-Geneviève 1843—1850）。[15]这个图书馆阅览室的优美拱形圆顶（图3）如果不利用细瘦的铁柱和拱形结构原本就达不到。就此而言，这种新材料决定了阅览室的形式。

虽然从阅览室内部能够看到铁构架，但是该图书馆有一个非常传统的新文艺复兴风格的石材立面，它使该构架完全隐匿不见。拉布鲁斯特对法国国家图书馆的主阅览室大厅（Salle des Imprimés 1860—1867）的设计也是一样的：支撑拱形天花板的非常细瘦和优美的铁柱对该建筑的石外表简直没有任何影响。[16]这些设计标志着法国在逐步接受铸铁结构方面处在与英国以埃弗顿的圣乔治教堂为标志的相同阶段。

到这时，某些批评家开始论证：真实性要求任何建筑材料都应该被自然合理和不加掩饰地使用。19世纪60年代，维奥莱-勒-杜克（Eugène Emmanuel Viollet-le-Duc）把现在许多建筑工程的平庸归咎于这样的事实——建筑采用的形式并不是对使用的材料而言最适当的那些形式：

> 我们建造的是缺少风格的公共建筑，因为我们企图在从某些传统继承下来的形式和与这些传统不再有关的需求之间建立联系。海军建筑师和机械工程师在营造蒸汽船或者机车时并不寻求回到路易十四时代的帆船形式或者马具齐备的公共马车形式。他们无疑虑地遵循他们得到的新准则并建造有他们自己个性的和他们特有风格的作品。[17]

美与科学革命

维奥莱–勒–杜克要求两样东西：首先，建筑应该采用最适合它们材料的风格，而不是模仿适合先前时代的形式；其次，建筑的结构应该不加掩饰地显露，而不要用立面或者覆层隐匿。比如，如果在建筑的构架中使用了铸铁，那么整个建筑采用的风格应该是允许最充分利用铁的技术性能的风格，并且建筑的结构应该外部可见，而不要用石材或者灰泥覆被。

临近19世纪末，维奥莱–勒–杜克对真实性的呼吁被他的行业接受，并且建筑师们开始在建筑中不加掩饰地使用铸铁。为1889年巴黎万国博览会竖立的两个结构给出了铁和钢的使用的特别有影响的范例。

第一个是由建筑师杜特（Ferdinand Dutert）和工程师孔塔曼（Victor Contamin）设计的机械馆（Galerie des Machines）。它是一个跨度超过100米的展览帐篷，后被拆毁（图4）。在这个建筑中，对钢和适于发挥钢的性能的形式的展示没有达到炫耀的地步。该建筑的结构是由一些桁架或者拱门组成，每个桁架或者拱门都有对称的两瓣，它们连接于沿顶棚中心线的点上。每个桁架靠近地面时显著变细，不像石柱一般越向上越细。这个建筑的设计体现了独特的建筑审美原则，这一原则正视钢

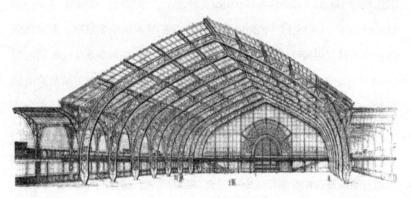

图4

杜特（Ferdinand Dutert）和孔塔曼（Victor Contamin），巴黎（1889），机械馆（Galerie des Machines）。复制于阿尔方（Adolphe Alphand），《1889巴黎万国博览会：宫殿，花园，多样建筑，一般设施》[巴黎：罗斯柴尔德（J. Rothschild, 1892）]，H辑，图版8。英国建筑图书馆，RIBA，伦敦。

的特性，是在只想着更早材料设计的建筑中见不到的。比如，梁和柱不再有分别，因此不再能区分哪个是承重哪个是支撑。沙德利奇（Christian Schadlich）描述了该馆给参观者留下的印象：

> 所有与石建筑联系在一起的审美观念立刻被颠覆了。承接巨大质量的点状支撑面，似乎浮动着的穹隆还有整个建筑的透明，类似于车站大厅的样式，凭借这些，新的审美法则出现了。可以理解，并不是所有参观者都欣然接受这些法则是建筑上的合理工具。这个建筑依靠自己完全通过综合和明显通过创构得到的铁设计的法则获得了生命。[18]

总之，在这个建筑中，建筑结构采用的风格就是由使用的材料自然带来的风格。

为1889年的巴黎万国博览会建造的第二个引人注目的建筑是由埃菲尔（Gustave Eiffel）设计的高300米的铁塔。最初，人们普遍把这个铁塔看成一个丑陋的怪物。甚至在它完工之前，在1887年在设计巴黎歌剧院的建筑师加尼耶（Charles Garnier）鼓动下，包括作家莫泊桑（Guy de Maupassant）和左拉（Emile Zola）在内的艺术家联名抗议，要求在该博览会闭幕之后该铁塔不要保留，因为它太丑陋。如果拿适于比较的近至1884年才建造的华盛顿纪念碑比照，埃菲尔铁塔看上去必定越发惊世骇俗了，前者位于美国华盛顿州哥伦比亚特区，是一个状似古代埃及方尖碑的方形石头尖塔。[19]

初期对埃菲尔铁塔的最常见的辩护就是列举它的实际用途，例如，在通信方面以及在物理学和气象学研究方面的用途。这样的功利辩护就是对批评者的审美理由做退让，好像要论证像埃菲尔铁塔这样的建筑甚至能够就其自身得到估价是太过分了。然而，逐渐地，由于表现铁的特性的形式开始改变建筑审美，埃菲尔铁塔开始同样取得了审美辩护。的确，根据于斯曼（J. K. Huysmans）的看法，在为1889年巴黎万国博览会建造的建筑中，与铁的相比，石头建筑看起来"过时了，其形式由于反复使用尝试遍了""它只能产生老形式的仿效物，尽管可以使这些老形式乔装得更好或者使它们之间联系得更精巧"。[20]到19世纪末，和以前在英国一样，在法国铸铁和钢被允许用来建造市政建筑。

我们可以把在建筑中逐步引入并接受灵感来自铁的设计的过程分为三个阶段：最初阶段，工程师把铁用在处于公认的建筑领域之外的建筑之上，像18世纪后期英国的铁桥和铁构架工业建筑，这些建筑起到了展示铁的技术性能的作用。第二阶段，建筑师受吸引把铁用于自己设计的建筑结构的某个方面。然而，围绕石材确立的建筑规范妨碍赋予新材料以审美价值并迫使建筑师把铁结构隐匿于立面或者覆层的后面。

第三阶段，对真实性的关注推动了对铁的更显著的使用。风格不再应该阻碍铁的利用的看法逐渐占据上风。尽管在初期阶段，使用铁的方式总会服从建筑规范的要求，但人们越来越感觉到，从那以后建筑规范应该反映铁的实用性。批评家古利特（Cornelius Gurlitt）在1899年写道："问题（……）不是怎样去浇铸铁件以使它适合我们的趣味，更重要的是，怎样去塑造我们的趣味以使它与铁件一致？"[21]铁构件逐渐被赋予审美价值。森珀反对使用铁，他的理由是，铁作为结构要素如果联系它的强度，就总显过于细瘦，因此不能给出令人愉悦的视觉印象。可是人们甚至找到了抗辩森珀的理由。建筑师穆特修斯（Hermann Muthesius）在1913年做了这样的说明：

> 人们几乎总是回到这样的主张：就为达到审美效果的目的而言，铁结构总是太细瘦，但这样一种意见预先假定了审美效果只能通过体积达到。然而这种想法包含了一个谬误，由于这个谬误的存在，一个传统理念被提升为绝对理念。这个传统理念得以发展是由于这样一个事实：直到现在人们还在以具有体

积效果的材料，即用石头和木头搞建筑。如果先辈们当初真有细瘦的金属杆听用，那么他们或许会认为那种细瘦如骨的性质才是正常的，才是理想的东西，而有块头会被斥责为不美的。[22]

到这一阶段结束的时候，建筑师不再把与铁相悖的风格强加给铁建筑而是容许铁建筑去发现最适合它们的风格。比如，正是部分由于审美规范的这种进步，埃菲尔铁塔才从怪物变成了偶像。[23]

3. 强化混凝土在建筑中的应用

铸铁作为一种不仅有实用好处而且有审美价值的材料在建筑中确立的几年以后，强化混凝土登场。[24]

当19世纪70年代刚开始得到系统利用时，强化混凝土用于两类建筑：第一类是工业建筑和工人住宅，在这些地方混凝土由于结合了实用好处和低成本而得到赏识。例如，混凝土构架造成的宽敞空间容许多层的工厂合理照明。混凝土的防火性也受到高度评价，在法国，19世纪90年代在纺织品区鲁贝（Roubaix）和图尔宽（Tourcoing）发生的几场损失惨重的火灾之后，伟大的材料先驱埃内比克（Francois Hennebique）建造了几座混凝土纺纱厂。第二类混凝土建筑是豪华大厦和公共纪念碑，这里，混凝土被用作人造石，它降低了确定设计的成本。通常的做法是在混凝土的外表面上增加石材覆层或者仿石的装饰。例如，由兰塞姆（Ernest L. Ransome）设计的斯坦福大学的小利兰·斯坦福博物馆（Leland Stanford Junior Museum 1889—1891），其混凝土外墙以仿石方式加工，以与该建筑的古典柱廊和其他传统特征相辉映。第一类混凝土建筑相当充分地利用了这种材料的技术性能，但是对建筑规范几乎没有影响；第二类混凝土建筑在建筑上有影响但对该材料的特性没有做出有特点的响应。

强化混凝土容许我们去创造用砖、石头或者铁不能实现的形式，这一点一直是显而易见的。混凝土的可塑性使得混凝土可以采取铸型能达到的任何形状，混凝土的同质性使得像墙和顶这样的建筑元素之间的传统区分可以废弃。到19世纪末，由于有了对混凝土的这些特性的了解，出现了针对混凝土的对真实性的关注，这类似于几年以前针对铸铁出现的对真实性的关注。一些建筑师和批评家极力主张，应该让强化混凝土的特性去支配强化混凝土的表现和装饰方式。1901年当批评家福图内（Pascal Forthuny）在评论阿诺（Edouard Arnaud）三年以前在巴黎建造的办公室和公寓大楼时就采取了这样一个立场。由于担心公众不接受混凝土立面，阿诺通过用水泥抹灰覆被给他的建筑加上了传统的外观。福图内为这一决定感到惋惜：

> 强化混凝土是一种新材料，与在它之前的建筑体系没有联系，因此它必须从自身获得其外部表现形式，这些表现形式必须与熟知的采用木材、大理石或者石头的造型方式有明显区别。人们如何在民用建筑中通过以某种方式应用强化混凝土对外形和表面造型进行创新？（……）毫无疑问，阿诺不敢冒险承担这样一个任务（……）。如果他当初能努力依据材料的自身特性搞装饰，从对材料的研究中得到完全个人化的用于自己设计的装饰成分，那么他的立面本来会给人非常大的启发。[25]

对新材料的应用再一次达到了这样的阶段：对真实性的关注要求不加掩饰地使用新材料，并且要求接受从这样的应用中产生的审美准则。

在佩雷（Auguste Perret）的作品中，强化混凝土达到了其审美上的成熟。[26]他的早期作品之一是1903年建于巴黎富兰克林大街25b号的公寓大楼（图5）。这个建筑的混凝土框架的好处是从该公寓的设计中移去了承重墙。但是以陶片覆盖的立面似乎不愿承认混凝土材料支配了该建筑的形式。但是，佩雷很快抛弃了这样的装饰，让建筑从外观表现出混凝土

图5
佩雷（Auguste Perret），巴黎（1903），富兰克林大街25b号，公寓大楼。英国建筑图书馆，RIBA，伦敦。

图6
佩雷（Auguste Perret），勒瑞希（Le Raincy）（1922），圣母院教堂（Notre Dame）。英国建筑图书馆，RIBA，伦敦。

构架。例如，巴黎维克托尔大街上的海军部研究实验室（Admiralty Research Laboratories 1928）是朴素的墙上无装饰的矩形建筑，其结构成分明白袒露。建筑史上更有影响力的是佩雷设计的几座教堂。在这些教堂中，最典型的是巴黎附近位于勒瑞希（Le Raincy）的圣母院教堂（Notre Dame 1922），教堂中大块的宽阔玻璃镶嵌在看得见的混凝土柱和做成穹形的厚板之间（图6）。直到建成后，还有一些建筑批评家反对佩雷的设计，坚持认为混凝土用于修建教堂不够高贵并且混凝土应该用装饰层覆盖。虽然如此，到这时强化混凝土一般已经由于实用上的好处和审美上的优点得到了建筑上的承认。从那以后，人们可以谈论强化混凝土的审美了。[27]

其他建筑材料，比如铝和平板玻璃，在审美上得到接纳之前，经历了和铸铁与强化混凝土一样的阶段。实际上，今天用到的每一种重要的建筑材料，在建筑趣味开始接纳最适于利用它的形式之前，都在建筑活动的边缘地带展示它的实用上的好处。

4. 工业设计中的材料和形式

我们对建筑史上两个案例的研究结果对工业设计同样成立。[28]在工业设计中同样是：一种新材料一般首先应用于旧有的设计中，这些

182 　　　　　　　　　　　　　　　　　| 美与科学革命 |

设计的提出原本是为利用长期确立的材料，只是制造商逐步把最适于新材料的形式赋予了他们的产品，后来这些形式逐步赢得了顾客的接受。当然最终，顾客可能开始期望这样的产品具有正是由新材料引入的形式。

钢提供了这种发展的一个例证，在19世纪下半叶钢逐渐应用于家用商品。最初钢家用器具的设计往往模仿在使用传统材料木头的设计中习见的形式，到19世纪20年代，家用器具的设计才开始探索钢材料提供的新形式。[29]类似的，当19世纪20年代塑料逐渐应用到消费商品中的时候，它们最初被看成传统材料的经济替代品，对设计没有什么影响。例如，早期的塑料纽扣、带扣和梳子都是类似木、角和象牙制品的替代品。塑料主导的新设计只不过在19世纪30年代出现在像便携式收音机这样的物品中。这些新形式逐渐被赋予自己的审美价值。

在新材料利用的最初时日，制造商赋予新材料以传统形式，而不在意寻求新材料的独特的审美可能性，传统形式在审美上可能让保守的消费者满意，却不能赢得那些高度关注真实性的人的赞誉。佩夫斯纳（Nikolaus Pevsner）列举了某些他不喜欢的东西："在仿制美洲鳄鱼皮的纸板旅行箱中，在仿制瓷釉的酚醛塑料发刷中——有某种不诚实的东西。压制玻璃碗要看上去是水晶的，机制煤斗要看上去是手工敲制的，家具上的机制装饰线条，使电火看上去像摇曳炭火的狡猾装置，伪装成木质的金属床架——这一切都是不道德的。"[30]强加给这些物品的形式似乎无视它使用的新材料，可以把这种情况看成审美误导的一种形式。

5. 对风格的归纳

这些案例研究表明，实用艺术中的审美规范对技术性能进步的响应方式非常类似于我提出的科学中产生理论选择的审美规范的归纳机制。我们接下来考查这两种方式的类似之处。

在建筑中，审美规范对两个因素做出响应：既有建筑的审美特征和它们已知的实用价值。一个建筑的实用价值，以及审美上与之相似的其他建筑的实用价值，决定了审美规范把多大价值赋予该建筑具有的特征；与之相对应地，该规范既用于指导也用于估价后来的建筑的设计。一个已经牢固树立的审美规范将确保共同体去设计和认同审美上正统的建筑。当一种新材料出现的时候，关于设计的正统做法将继续被估价。当显示由新材料带来并适于新材料的审美特征的一个建筑营造起来时，由于有已确立的审美规范，这个建筑最初是不讨人喜欢的。只有当这个建筑，或者其他审美上与之类似的建筑，表现出足够的实用价值时，这个建筑的审美特征在规范中的权重才会明显增加。特别是如果这个新建筑能够适应具有更正统审美形式的建筑不能满足的需要，这种情况就会发生。这种权重变化会使表现新特征的建筑既由于实用上的原因又由于审美上的理由为人接受。规范的修正使得认同更可能延伸到未来的体现新审美特征的建筑，使建筑师能够进一步开发利用新材料。

类似地，依据我逐步展开的模型，科学中的审美规范关注两个因素：共同体采信的理论在经验取得上的成功和这些理论的审美性质。一个理论的经验成功帮助确定该理论的审美性质在共同体的审美规范中的权重；反过来，这个规范就用于估价后来的理论。一个牢固确立的审美规范会导致该共同体去建立和认可审美上正统的理论。有时或许由于采纳了新假定或者利用了新方法，一个具有崭新的审美性质的理论形成了。由于有已确立的审美规范，这样一个理论最初很可能遭受抵制。只有当这个理论，或者其他与之类似的理论，表现出足够的经验成功时，这个理论的审美性质的权重才会大大提高。这使得新理论能够既根据经验标准又根据审美标准被接受。规范的修正使得后来的具有新审美性质的理论更容易被接受，使共同体能够进一步探索构成新型理论化方式的假定或者方法。

因此，在实用艺术和科学这两个领域，作品显示的实用价值——在科学理论场合是经验成功，在建筑场合是效用——可以改变后来的理论

　　　　　　　　　　　　　| 美与科学革命 |

估价要依据的并部分决定学科的发展路线的审美规范。因此，审美规范在科学中和在实用艺术中表现出同样独特的生命周期：响应一系列审美上创新的作品的经验成功，一个审美规范形成了；起初它要遭遇来自坚持信守先前已确立的规范的那些人的反对；它享有一个时期的对共同体的偏好的影响；它最终通过把后来的审美上创新的作品作为不可接受的加以排除开始妨碍进一步在经验上取得成功。

在一个审美规范的生命周期的某个时刻，与该审美规范处于特定关系中的一个科学理论有它的实用艺术中的对当物，该对当物与该艺术形式中的审美规范处于类似的关系中。例如，哥白尼理论遵从流行于16世纪中期的数理天文学中的审美规范，正如18世纪中期的石材建筑遵从流行于那个时代建筑中的审美规范。两类实体都完全符合各自领域里的已牢固确立的审美规范。量子理论的早期形式（普朗克和爱因斯坦依然可以信守的形式），在18世纪物理学革命中占据的位置类似于拉布鲁斯特设计的圣热讷维耶沃图书馆在铁设计兴起中占据的位置：它们每个都包含根本创新的成分，但保留了很多长期确立起来的风格的外观以博取审美保守派的认同。

在科学和实用艺术中审美规范发展和更新的方式的类似性，应该消除下述怀疑：人们是否可以恰当地把通过对经验效绩的归纳响应形成的估价规范看成审美的。我们现在看到，在实用艺术中审美规范同样响应经验效绩。此外，这一响应方式在实用艺术中非常类似于科学中运行的归纳机制。这样，宣称科学家的审美规范部分形成于他们的理论的经验成功，并不与通常对审美偏好的理解冲突，是符合实用艺术中的情形的。

在前一章中，我们看到，经验成功的理论的审美性质可以比审美规范更快地变更：这些就是革命危机可能发生的那种环境。同样的现象可以在实用艺术中出现。当实用艺术中技术性能高速进步时，审美规范也许不能足够快地更新自己，因而不能确保它们会适应新出现的性能，审美规范只会给这些性能以规范认为适宜的形式。在下面的段落中，建筑师M.弗赖伊（Maxwell Fry）讨论了19世纪持续存在的高速技术进步对建筑设计来说究竟意味着什么："这一急速变化削去了建筑师立足的根基。（……）如果导致我们现在技术技能出现的建筑的发展真的继续以同样的速度，即以超出我们作为艺术家消化它们的能力的速度步入本世纪，那么我们建立既中看又中用的建筑的希望就十分渺茫。"[31]建筑规范可能无力跟上技术进步的步伐类似于科学中审美规范在革命危机中的滞后。

我们在过去两章中讨论过的每个模型——我倡导的科学中的审美规范演化模型、马克思主义倡导的历史模型以及上述对实用艺术中审美规范发展的说明——都可以理解为或者要对它的主题做决定论的、单因素的说明或者具有可适应的多因素说明的成分。在每种情况下，决定论的单因素的说明都不足以令人信服。在我们考虑过的所有领域中，个人的创造力构成了创新的源泉，而创新不能预言也不能用技术能力的进步解释。没有哪一位今天的马克思主义倡导的历史模型的倡导者会主张，特定的一组生产能力会不可避免地导致一个特定的组织模式。一个社会的组织部分是由它的成员做出的选择决定的。建筑中铸铁的发展导致了埃菲尔铁塔的机能主义以及新艺术（Art Nouveau）的感性论的产生。在工业设计中，对真实性的关注与对人造物的喜爱共存，表现在玻璃质人造珍宝和赝造毛皮上面。类似的，我给出的科学中的审美规范演化模型不应该做决定论的解释，好像存在科学发展的铁的规律。相反地，科学家可能依照并非通过审美归纳得到的审美偏好去选择理论。

因此，我们讨论过的所有模型都应该主要解释为是在辨认在它们描述的发展中存在的趋势。这个趋势和其他有因果关系的因素共存并结合产生出我们观察到的现象的丰富性——社会的进化、实用艺术的历史和科学的进步。

美与科学革命

第九章注释：

1 这一章是由麦卡里斯特（McAllister 1995）扩展而来。对建筑材料的发展的纵览由埃利奥特（Elliott 1992）给出，其中67～108页，讨论了铁和钢，165～197页，讨论了混凝土。关于材料对建筑学中的审美规范的影响，见格德斯（Guedes 1979），马克和比林顿（Mark and Billington 1989），和波利（Pawley 1990），特别是69～94页，140～161页。

2 关于铸铁在圣保罗大教堂和圣斯蒂芬小教堂中的使用，见斯特赖克（Strike 1991），9～13页。

3 对铸铁在建筑中的结构性能方面的使用的有益的讨论，见吉迪翁（Giedion 1941），163～290页；格洛格和布里奇沃特（Gloag and Bridgwater 1948），53～236页；佩夫斯纳（Pevsner 1960），18～40页，佩夫斯纳（Pevsner 1968），9～20页，147～149页；和斯特赖克（Strike 1991），6～51页，62～71页。

4 关于科尔布鲁克代尔大桥和其他早期铁桥，见科松斯和特林德（Cossons and Trinder 1979）。

5 关于早期的铁构架的纺织厂，见斯肯普顿和约翰逊（Skempton and Johnson 1962）。

6 比林顿（Billington 1983）把工程师使用铁和混凝土的设计看成对区别于建筑的一种艺术形式，"结构艺术"的贡献。我发现这一观点很难与如下事实协调：我们将看到，这些设计逐步地融入了主流建筑学中。

7 罗斯金（Ruskin 1849），70～71页。

8 引自赫尔曼（Herrmann 1984），176页。

9 赫尔曼（Herrmann 1984），179页。

10 关于圣乔治教堂，见斯特赖克（Strike 1991），28～30页。

11 关于圣潘克拉斯车站的被接受，见西蒙斯（Simmons 1968），91～108页。

12 格洛格（Gloag 1962），3页。

13 关于水晶宫，见麦克金（McKean 1994）：帕克斯顿（Paxton），生平见13～15页；参观者对该建筑的反应见28～29页；关于这个建筑是否是一个建筑方面的作品的争论见40～44页。

14 关于加德纳的商店，见斯特赖克（Strike 1991），68～70页。

15 关于圣热讷维耶沃图书馆，见莱文（Levine 1977），325～357页；莱文（Levine 1982），特别是154～164页，和范·赞腾（Van Zanten 1987），83～98页。

16 关于法国国家图书馆，见范·赞腾（Van Zanten 1987），239～246页。

17 维奥莱-勒-杜克（Viollet-le-Duc 1863—1872），1：186页。

18 引自弗里贝（Friebe 1983），94页；关于机械馆和它的被接受的情况，见克罗尼涅和勒孔特（Crosnier and Leconte 1989）和杜兰特（Durant 1994）。

19 关于埃菲尔铁塔的早期被接受的情况，见卢瓦雷特（Loyrette 1985），169～189页；和卢瓦雷特（Loyrette 1989）。

20 引自卢瓦雷特（Loyrette 1985），177页。

21 引自贡姆布瑞赤（Gombrich 1974），945页。也见贡姆布瑞赤的评论，945～946页，关于铁在建筑中越来越被接受揭示的趣味方面的可塑性。

22 引自弗里贝（Friebe 1983），100页。

23 关于埃菲尔铁塔作为偶像的地位，见巴尔特和马丁（Barthes and Martin 1964）。

24 关于混凝土在建筑中的引入，见科林斯（Collins 1959）；佩夫斯纳（Pevsner 1960），179～184页；佩夫斯纳（Pevsner 1968），150～155页；和斯特赖克（Strike 1991），52～61页，98～116页。

25 引自科林斯（Collins 1959），70页。

26 关于佩雷（Perret），见科林斯（Collins 1959），153～287页；和班纳姆（Banham 1960），38～43页。

27 讨论关于在建筑中使用混凝土所依据的某些审美原则的是米切利斯（Michelis 1963）。

28 关于工业设计中的材料和形式，见赫斯克特（Heskett 1980）和斯帕克（Sparke 1986a），特别是37～55页，124～139页。

29 关于机械时代的家具设计，见斯帕克（Sparke 1986b），26～51页。

30 佩夫斯纳（Pevsner 1937），11页。

31 弗赖伊（Fry 1944），122页。

|　美与科学革命　|

· 第十章　天文学中的圆周和椭圆

1. 对照历史检验模型

现在可以对照历史事实检验我提出的科学活动模型。科学的哲学模型无须在每个细节方面都符合历史学家给出的对科学史实的解释，尽管科学的哲学模型可以提供修正这些解释的理由。但是科学的哲学模型应该广泛地符合，如果可能应该能够说明，有记载的史实。

并非所有史实都同样构成对科学活动模型有意义的检验。更加有意义的检验来自这样的史实：科学活动模型能够对这样的史实提出最与众不同的主张。就本书提出的模型而言，这些史实就是科学革命。我们在第八章中看到，在一门科学的历史的非革命时期，共同体的理论选择的审美规范与理论选择的经验标准相互吻合。当依据经验标准做出的理论选择与依据审美规范做出的理论选择发生分歧的时候，科学革命就会发生。在这样的时期，审美规范与经验标准不再有共同之处；审美规范起到一种保守作用，它要保留显示熟悉的审美性质的理论而否弃与它们竞争的审美上创新的新理论。

在本章和下章中，我将对照两对科学史实检验我的科学活动模型：哥白尼理论和开普勒理论在数理天文学中的兴起以及相对论和量子论在物理学中的兴起。[1]一般都认为这四个史实中的每一个史实都是革命。然而我们将发现，就每对史实的第一个史实的情况而言，产生的那个理论都显示与已确立的审美规范吻合。哥白尼的学说满足数理天文学中长期存在的理论要求，这样的要求可以用简单性、对称性或者形而上学虔诚这样的术语来表达，依照这种要求，天体的运动应该被看成天体沿着圆周或者圆周组合轨道的均匀运动。同样地，相对论满足19世纪物理学中已经确立的要求，按这种要求，理论应该是决定论的并且应该表现特定的对称。由于这两个理论满足这样的要求，所以它们都不应该被看成革命的。相反地，我会论证，把哥白尼学说看成托勒密类型的天文学的顶峰是最恰当的，并且相对论应该被看成古典物理学的顶峰。

我将把每对史实中的非革命史实与另一史实对照，这另一史实形成了真正的审美剧变，因此我认为，这一史实才是革命。开普勒通过把行星运动轨道描述成椭圆，否定了数理天文学过去持有的均匀圆周运动的信仰；同样地，量子论的发展则放弃了普朗克和爱因斯坦持有的对决定论的信仰以及薛定锷对形象化的信仰。这些史实表明，抗拒革命的科学家认为他们时代的创新理论审美上令人生厌：托勒密和哥白尼的追随者厌恶开普勒的椭圆，认为它们不完美，不适于天体的运动，而普朗克和爱因斯坦则由于量子论的非决定论，认为量子论审美上令人反感。这证明，科学革命的参与者对革命的体验使原有的审美规范发生剧变。

2. 哥白尼的理论构成经验进步

大多数科学史家都认为，数理天文学在1500年和1650年之间的某段时间经历过一场革命。1500年托勒密的天文理论仍在主宰西方天文学，而1650年牛顿开始了他的数学研究。在这个时间跨度内数理天文学中有许多创新，其中哪一个创新被看成是革命？自18世纪中期以来，历史学家通常给出的答案是，数理天文学在哥白尼手中发生了革命，这就是数理天文学从地球中心说向太阳中心说的转变。[2]我怀疑这种看法。

我要马上强调，我们这里考虑的是哥白尼理论是否在数理天文学中而不是在哲学中实现了革命。哥白尼学说在哲学上是否是革命的，这是一个大可争论的问题。某些作者认为哥白尼把人类从宇宙的中心转移到了广大宇宙中的边缘位置，他们论证，这等于哲学人类学中的一场革命；其他作者，比如洛夫乔伊（Arthur O. Lovejoy），论证哥白尼学说远没有这么大的哲学影响。[3]但是这些论证都与哥白尼理论在数理天文学中的作用无关。

亚里士多德对科学的分类（这一分类直到哥白尼时代都是被认可的），是把数理天文学看作独立于物理宇宙论的。数理天文学的目的是发展数学模型以预知天体的位置；而物理宇宙论则是自然哲学的分支，目的在于确定天体运动的本性和原因。由于存在这一界分，数理天文学家的任务原本就不是提供对真实天体现象的解释。[4]哥白尼的理论与托勒密的理论一样都是作为对数理天文学的贡献提出来的。因此，它是否在它的学科中构成一场革命就必须从它在数理天文学中的作用去估价，而不是从它在物理宇宙论中的反响去估价。

为了判别一个特定的科学理论是否构成了它学科中的一场革命，我们必须确定该理论吸引追随者和反对者的理由。革命的理论凭借它的经验效绩吸引支持，由于它的审美性质招致反对；在革命方面欠缺的理论凭借它的审美性质吸引支持，而它的经验效绩对它是否被接受没有什么影响。

根据某些说法，是像预言的精确性和更大程度的简单性这样的经验方面的理由促使16世纪中期的数理天文学家从信奉托勒密理论转向了支持哥白尼理论。让我们首先研究一下这个看法的合理性。哥白尼理论与托勒密理论可以就两类预言进行比较：关于天体位置的定量的预言和关于夜空面貌的定性的预言。

几乎没有什么证据表明，或者哥白尼时代的数理天文学家不满意托勒密理论的定量预言的精确度，或者他们认为哥白尼的理论更精确。哥白尼在他的《纲要》（*Commentariolus*）和《天体运行论》（*De revolutionibus orbium coelestium*）的开始部分中声称他自己满意托勒密理论的预言的精确性，前者是他大概在1510年和1514年之间写成的一篇论文，后者是他1543年的最著名的著作。[5]几位当代学者比较了托勒密理论和哥白尼理论的预言，他们说后者并不比前者更精确。[6]事实上，在选择托勒密理论还是哥白尼理论作为确定预言的准确性的理论依据之前，人们首先需要获得比《天体运行论》出版以来获得的天文数据更为精确的数据。因此，即使哥白尼理论当真比托勒密理论更精确，这对那个时代的天文学家来说也不会是显明的。总之，在某些旧的史学文献中所记载的这个主张——到16世纪中期托勒密理论致使天文学进入经验危机，是哥白尼消除了这个危机——是站不住脚的。[7]

哥白尼理论对天空面貌的定性预言同样没有表现出比托勒密理论优越。例如，许多他的同时代人推论，如果地球处于运动中，那么观测会表明，由于存在岁差，某些恒星看上去会相对其他恒星摆动。但是人们并没有观察到有这样的摆动存在，这个事实对哥白尼理论不利。第二个有影响的观测是，金星的亮度是大致不变的。这个事实与托勒密理论矛盾，托勒密理论断言金星到地球的距离有非常明显的摆动，这提示，我们应该在亮度方面观测到相应的震荡。然而，哥白尼理论却不能因此占上风（出于不同的原因），哥白尼理论同样预言金星到地球的距离存在非常明显的摆动，并且它没有对金星亮度的恒定不变单独提供解释。[8]现如今的解释是金星的视发光度既取决于它到地球的距离又取决于它的相位，这两者恰巧几乎精确地互相补偿了。但是，金星显示相位这个事实最初是由伽利略于1610年发现的。甚至这个消息也没能使哥白尼理论确立优势地位，因为亚里士多德宇宙学的某些版本同样提出金星显示相位。[9]

基于这样一些理由，帕尔特断定，哥白尼理论并没让人觉察到在预言精确度方面优于托勒密理论。帕尔特认为："为了使这一事实不与'哥白尼革命'这个推定事实矛盾，人们不得不退到简单性标准。"[10]如果哥白尼理论比托勒密理论简单，就可以认为哥白尼理论经验上更优越，即使它没有提供更大的预言精确度。

许多历史学家和科学哲学家都认为，哥白尼理论争取到支持主要是由于它的简单性程度。[11]现如今所做的对哥白尼理论和托勒密理论的相对简单性程度的评估大多数依据这两个理论要求的圆周的数量：通常的看法是，托勒密理论使用了80多个圆周，而哥白尼理论只需要30个左右。[12]然而，这样一种计数并没有反映16世纪的数理天文学家认为有意义的那种简单性。他们的典型问题是计算行星相对地球的视位置。在这类问题中，没有哪一个问题需要使用托勒密理论用到的所有80多个圆周；它仅仅需要6个左右支配问题涉及的那个行星运动的圆周。比较起来，在哥白尼理论中，由于地球和另外那个行星都在运动，这样问题就涉及支配两个星体运动的那些圆周。在这个意义上，作为对单个问题的一组求解方法，托勒密理论比哥白尼理论更简单更方便，——虽然系统性有些欠缺。[13]

事实上，在哥白尼理论形成时期，也并非都认为哥白尼理论比托勒密理论更简单。[14]有证据表明，哥白尼最终也认识到，就他的理论而言他不能说比托勒密的理论有更大的简单性。尽管在《纲要》中，哥白尼曾经认为他的理论更简单，在更系统的《天体运行论》中他改为宣称他的理论有更高的内在和谐性。[15]

因此，预言的精确性和简单性程度看来并不是哥白尼理论能够从托勒密理论那里赢得追随者的原因。为了揭示凭借什么哥白尼理论证明是有吸引力的，我们必须弄清什么是数理天文学中要解决的问题。

3. 哥白尼向亚里士多德原理的回归

公元前4世纪，亚里士多德阐述了三个物理宇宙论原理：第一个是地球的中心性静止性原理；第二个是宇宙的两界性原理，说的是包括地球和它的大气的月下区在物理本性上不同于由宇宙的其余部分组成的月上区；第三个是天体运动的圆周性和均匀性原理，说的是天体以均匀的线性速度沿着圆周或圆周组合的轨道运动。特别需要提出的是，后两个原理深深植根于亚里士多德的自然哲学之中。这意味着，由古代宇宙论传统上提到的四种原质组成的月下区的客体通常做由外力引起的或者受迫的偏离它们自然位置的运动。而天体则由第五种原质或者精华，即以太组成，这种原质禀赋完美，它使得天体只做对它们而言是自然的运动，即均匀的圆周运动。[16]

由于亚里士多德从未提出数理天文学理论，他的追随者非常想提出

美与科学革命

一个尽可能完全符合他的宇宙论原理的数理天文学理论。天文学家佩尔加的阿波罗尼奥斯（Apollonius of Perga 公元前3世纪）和喜帕恰斯（Hipparchus 公元前2世纪）借助至少粗略以地球为中心的圆周体系描述天体运动。因此他们的理论满足地球的中心性、静止性原理和天体运动的圆周性、均匀性原理，并且不与亚里士多德的宇宙的两界性原理矛盾。这一传统的天文学家遇到的主要困难在于如何能满意地说明观测到的数据。多次发生这样的情况：理论不能以可接受的精确度说明这些数据，因而不得不以更加复杂的方式排列圆周以提高与观测数据的吻合程度。最终，大约在公元150年，托勒密（Claudius Ptolemy）在《至大论》（Almagest）中得出：满意地符合观测数据需要一种新的几何设计——"等轴点"（equant point）。

考虑一下围绕某个点以均匀角速度沿圆周运动的一个物体的所有情况，这里像托勒密一样，把这一点称作等轴点。在等轴点与圆周中心重合的情况下，物体沿圆周轨道同样有均匀线性的速度。在制定天体运动模型的时候，人们可以规定，支配物体运动的等轴点应该与作为物体运动轨道的圆周的中心重合。实际上，托勒密的前辈在阐述天体以均匀线性速度运动时就是这样做的。与此不同，托勒密允许自己自由设置等轴点，以便优化模型与数据的吻合程度。在这种情况下，等轴点就极少会与圆周中心重合。

部分由于这一定程度的自由，托勒密的理论在说明天文数据方面要比他前辈的理论好得多。凭借这一点，16世纪以前托勒密的理论一直主宰西方的数理天文学。然而，使用等轴点等于多少放宽对天体运动的圆周性和均匀性原理的信仰标准，因为天体运动不再表现为以均匀线性速度沿轨道运动。由于这一原因，等轴点一直受到自然哲学家的批评，比如从5世纪的普罗克洛斯（Proclus）到16世纪的弗拉卡斯托罗（Girolamo Fracastoro）。[17]数理天文学中现有的表现最佳的理论，托勒密理论，不能充分满足物理宇宙论中以亚里士多德三个原理为据的基本理论这样一个事实在中世纪的自然哲学中引起普遍痛惜。[18]

对托勒密求助于等轴点，哥白尼同样不满意。他觉得，数理天文学理论应该完全符合天体运动的圆周性和均匀性原理。这一信念明显可从《天体运行论》的一个章标题中看到："天体的运动是均匀的、永恒的和圆周的或者圆周运动组合的。"[19]等轴点违背了这一原理，哥白尼希望使天文学理论摆脱等轴点。这一意图从他对托勒密的批评中和他自己建立理论的过程中都可以明白看出。首先，他在《纲要》和《天体运行论》中批评托勒密理论，不是作为太阳中心说的支持者批评地球中心说，而是因为托勒密没有充分严格地坚持天体运动的圆周性和均匀性原理。其次，他避开使用等轴点建构了一个理论，这个理论更充分满足天体运动的圆周性和均匀性原理，并且同样满足宇宙的两界性原理。在《纲要》的开始部分，他回顾自己的推理过程：

> 由托勒密和其他大多数人广泛提出的关于这些问题的理论，尽管数字上符合（视运动），但似乎同样是相当可疑的，因为这些理论是不适当的，除非它们也设想某种等轴圆周，由于这些等轴圆周，看起来似乎行星不论是在它的传送球中还是相对它本身的中心从不做匀速运动。因此，这类理论似乎既不足够完美也不充分符合合理性。
>
> 因此，当我注意到这些（困难）时，我经常想，是否可以找到一个更合理的由圆周组成的模型，每一个表观的不规则都可以从这个模型得出，而模型中的每个对象都做均匀运动，正像完美运动原理要求的那样。[20]

换句话说，哥白尼试图提出一个数理天文学理论，它比托勒密理论更严格符合亚里士多德的物理宇宙论。

的确，哥白尼的理论，牵涉到违背地球的中心性和静止性原理，这一对正统的偏离同样招致亚里士多德学派自然哲学家的批评。[21]可是，出于两点理由，哥白尼的让地球动起来的做法遭到的反对不像我们想象的那样大。第一个理由是数理天文学和物理宇宙论之间的界分使得哥白尼的读者，如果他们这样选择的话，把哥白尼的理论作为预言天体的位置的一个数学模型接受，并没有从中学到支持地球真在运动的主张。这是奥希安德添加到《天体运行论》上的没有署名的序言向读者力陈的立场。[22]

使对哥白尼做法的阻力减小的第二个事实是，地球的中心性和静止性原理始终是亚里士多德的三个宇宙论原理中最广泛最具争议的。毕达哥拉斯派的天文学家，比如公元前3世纪的萨莫斯的阿里斯塔胡斯（Aristarchus of Samos），就否定这一原理而主张太阳中心说。[23]一直流行到文艺复兴时期的各种形式的太阳崇拜也支持太阳中心说。[24]另外一个最初由旁托斯的赫拉克利德斯（Heraclides of Pontus）在公元前4世纪提出的天文理论和亚里士多德的原理的精神相矛盾，因为该理论断言，太阳、月亮和外部的行星围绕地球旋转，但是水星和金星围绕太阳旋转，从而该理论在宇宙中接纳了第二个旋转中心。在整个中世纪，这一理论得到有教养的人的广泛认可。许多否认地球位于宇宙中心的人也认为地球是运动的，他们坚持认为，地球运动的假设与经验的矛盾并不像粗看上去那样严重。因而哥白尼发现了类似他的想法的许多先例：在《天体运行论》中他列举了毕达哥拉斯派信奉太阳中心说，锡拉库萨的希塞塔斯（Hicetas of Syracuse）和其他古代天文学家认为地球是运动的。[25]因此他能够把自己看成只是在捍卫长久以来一直流传的观点。

4. 对哥白尼理论的审美偏好

我们已经看到，通过认定天体做均匀圆周运动，哥白尼理论满足了亚里士多德的物理宇宙论的要求。16世纪中期的天文学家怎样看待哥白尼理论的这一性质？我认为他们会觉得这一性质给予哥白尼理论以恰当性。他们认为，天体应该被描述成具有均匀圆周运动的看法是恰当的。

哥白尼也认为他的理论是恰当的。在《天体运行论》中，他宣称他的理论的主要优点是比托勒密理论具有更大的内在和谐性：

> 发明了偏心轮的那些人似乎因此通过适当的计算大部分解决了视运动问题。但是与此同时，他们引入了大量显然与均匀运动的基本原理冲突的观念。他们从偏心轮中既不能引导出也不能演绎出最重要的考虑，即宇宙的结构和它的各部分之间的真实的对称。相反，他们的做法正像有人从不同地方取来手、足、头和其他部分，它可能描绘得非常好，但是表现的不是一个人，因为这些片段相互之间完全没有关联，所以把它们拼凑在一起得到的是一个怪物而不是一个人。[26]

哥白尼希望，他的理论的适当性会促使天文学家从支持托勒密理论转向支持他自己的理论，虽然他的理论并没有明确表现出经验优越性。这一期望被证明很大程度是正确的。有明确证据表明许多16世纪晚期的数理天文学家发现哥白尼理论的适当性有足够吸引力使他们克服任何保留，他们原本可以依据其他理由反对这个理论。这种态度的一些例子可见赖因霍尔德（Erasmus Reinhold）、雷蒂库（Georg Joachim Rheticus）和第谷·布拉赫（Tycho Brahe）。威登堡的天文学教授和他同时代最重要的数理天文学家之一赖因霍尔德持有和哥白尼同样的看法：他们学科中的理论应该认定天体运动只有均匀圆周运动，我们可以从他题写在他保有的那册《天体运行论》扉页上的话中做这种揣测："天文学公理：天体运动是均匀和圆周的或者由均匀和圆周成分组成。"[27]赖因霍尔德称赞哥白尼的理论通过废止等轴点满足了这一要求。哥白尼把太阳而不是地球放在宇宙的中心这一事实看来并没有怎么让他感到不安。威登堡的数学教授雷蒂库斯花费相当时日研究哥白尼之后，在1540年出版了以《概论》（*Narratio*

Prima）为题的论著解释哥白尼理论。雷蒂库斯写道：

> 你们看到，就月亮这种情形而言，我们借助这个理论的假定摆脱了等轴，而且结果符合经验和所有观测数据。我的老师通过为三个外行星中每个外行星仅指派一个本轮和偏心轮同样为其他行星省却了等轴；这些行星都能够均匀地围绕自己的中心转动。（……）我的老师看到，只有按照这个理论，才能够满意地做到使宇宙中所有的圆周都围绕自己的中心而不是围绕其他中心均匀而有规律地转动——圆周运动的本质特性。[28]

1587年第谷在致天文学家罗斯曼（Christoph Rothmann）的一封信中表达了同样看法：

> 哥白尼（……）对建立（天文学）这一学科所必需的几何和算术方面的东西有最正确的理解。在这方面他并不次于托勒密；相反在某些领域要远胜过他，特别是就适当性的设计和假说的简洁明了的和谐而言。他的关于地球转动的看上去荒谬的看法并不妨碍这个估价，因为设计为围绕另外的点而不是圆周的真正中心均匀运行的圆周运动，如在托勒密对除了太阳以外所有行星提出的假设中可实际见到的，违背了我们学科的最基本原理，这种违背的方式要比赋予地球这种或者那种自然的实际上觉察不到的运动更远为荒谬并且更让人无法忍受。从哥白尼的假设中完全没有产生那么多大多数人以为的不适当的结果。[29]

我在第二章中曾提出，最好把被看作带给理论以适当性的那些性质看成审美性质。如果这是正确的，那么据以认定天体运动是均匀圆周运动的性质就是审美性质，依据这个性质转向哥白尼理论的天文学家受到的就是审美偏好的影响。[30]

事实上，天体运动是圆周运动的信念在古代思想中同样部分以审美考虑为依据。[31]因此，我这里提出的对哥白尼和他的同代人的解释是他们只不过毫不足怪地重申了在西方天文学中长久以来就存在的审美偏好。

16世纪存在的对赋予天体以均匀圆周运动的理论的强烈偏好很容易用审美归纳解释。对哥白尼和他的同代人来说，似乎亚里士多德的自然哲学在经验方面已经有了令人印象深刻的历史纪录。这一估价在很大程度上证明是合理的：与笛卡儿和伽利略这些新科学的鼓吹者的主张相反，日常经验与亚里士多德的力学和生物学理论完全符合。通过实施审美归纳，共同体逐渐把大的权重加给这样的要求：各门科学的理论都应该显示对亚里士多德哲学的形而上学主张的虔诚。在数理天文学中，哥白尼理论比托勒密理论更充分满足这一要求。这就足以使共同体把哥白尼理论看成比托勒密理论更可取，即使哥白尼理论没有明白表现出经验上的优越。

根据我提出的科学革命模型，一个理论如果满足共同体在该理论的形成时期持有的审美标准，那么该理论不是革命的理论。因此，依据我的模型，哥白尼理论达不到构成数理天文学中的革命的地步。[32]这个结论与大多数当代天文学家对哥白尼理论的看法相吻合，他们要么把它看作使数理天文学回归它的古代状态的一种尝试，要么把它看作毕达哥拉斯学说的复活。[33]

5. 库恩怎样解释对哥白尼学说的接受

库恩对天文学从托勒密理论向哥白尼理论的转变提出了与我不同的解释。他提出了这样的问题："哥白尼究竟是最后一位古代天文学家还是第一位现代天文学家？"库恩接受这样的看法：哥白尼导致数理天文学的革命。[34]所以他希望在天文学中从托勒密理论向哥白尼理论的转变过程中找出他认为属于革命的那些特征。我们看到，库恩的革命模型提出，一个革命的理论多半不是依据经验说服科学家，典型情况是依据审美标准吸引他们。

库恩认为，哥白尼理论不能以预言的精确性或者简单性的程度从托勒密理论那里争取到支持者；"单纯根据实用去看，哥白尼的新行星体系是一个失败，它既不比它的前辈托勒密理论更精确也不能比它更明显简单。"[35]更确切地说，库恩相信，哥白尼理论是以它的审美性质赢得追随者的。根据库恩的看法，在《天体运行论》中提出的论证表明，哥白尼本人意识到，他可以通过强调他的理论的审美性质最有效地吸引天文学家追随他的理论：

　　　　每一个论证引证现象的一个方面，这些现象不是能够用托勒密体系解释就是能够用哥白尼体系解释，论证接下去指出哥白尼的解释如何更和谐、一致和自然得多。（……）哥白尼的论证不是着眼实用的。哥白尼的论证不是诉诸从事实际观测的天文学家的功利方面的判断力，而是诉诸他的审美判断力并且仅仅诉诸他的审美判断力。（……）哥白尼的论证所指的和谐性并不能使天文学家把工作做得更好。新的和谐性没有增加精确性或者简单性。因此，他们能够并且的确主要诉诸那有限的并且也许是非理性的一小群数理天文学家，这些天文学家具有的新柏拉图主义的对数学和谐的感受力可以不受篇幅浩繁的最终结果不过是与他们以前已经知道的比几乎没有什么两样的预测数据的复杂数学的妨碍。[36]库恩认定，哥白尼理论主要依据它的审美性质确立自己，尽管哥白尼理论不能表明经验上比托勒密理论优越。因此他的结论是，从托勒密理论到哥白尼理论的转变展示了他的模型认为属于科学革命的那些特征。

　　我已经清楚表明，我具有和库恩相同的信念，哥白尼理论的接受主要是由审美因素而不是经验因素决定的。但是我们回顾过的历史事实无可争辩地告诉我们，根据对"科学革命"的合理解释，哥白尼理论并不构成数理天文学中的革命；相反，它的意图在于并且也被接受为对该学科的已确立的范式的保守性贡献。库恩发现了天文学家从托勒密理论向哥白尼理论的转变主要由于审美因素的推动，库恩自己的这个发现应该使他相信这个事件并不构成革命。哥白尼理论能够通过诉诸它的审美性质争取到支持者恰恰是因为它的保守性，因为它满足了长时间里塑造了数理天文学家的偏好的审美规范的要求。正如韦斯特曼指出的，并不能把哥白尼理论看成革命的，可以把哥白尼理论顺顺当当地归进库恩称为16世纪数理天文学的常规科学之中。[37]

所以在检验库恩的革命模型和我的革命模型时，从托勒密理论到哥白尼理论的转换不应该作为科学革命的例子而是作为非革命事件的例子引证。如果这样解释，这个事件就引起对库恩下述主张的怀疑：审美因素促使对已有理论产生不满并激起革命发生。数理天文学从托勒密向哥白尼的转变过程向我们表明：库恩所称的常态科学在很大程度上是由审美偏好支配和维持的。但是为了更明确地检验库恩的主张，典型情况下科学革命由审美因素引起并受经验因素制约，我们需要一个真正构成了革命的事件。在下节中，我将论证，开普勒的行星运动理论的兴起构成了数理天文学中的一场真正革命。库恩由于已经把哥白尼看成革命的，他就把开普勒的理论看成"哥白尼的想法的另一个版本"。[38]事实上，我们现在将看到，接受开普勒理论要求天文学家放弃长时间确立的信仰。

6. 开普勒的椭圆对传统的反叛

开普勒的1609年的《新天文学》（*Astronomia nova*）提出了他的前两个行星运动定律。[39]这些是他的"火星战争"的成果，火星战争指的是他在1600年和1605年间所做的用数学方法描述太阳的第四个行星的运动的艰难尝试。开普勒手里有他以前的雇主第谷收集的行星数据可以利用，这些数据有约百分之一的精确度，大大高于先前的天文数据。开普勒达到他的第一定律（每一个行星的轨道是一个椭圆，太阳位于该椭圆的一个焦点上）的推理路线是明确受经验考虑指引的。粗略来说，他一步一步地为火星的轨道设想各种曲线并衡量每个曲线与第谷数据的符合程度。[40]

开普勒首先检验火星以圆周轨道运行的假设，他发现他的轨道偏离第谷观测到的达8%之多。开普勒认为，对圆周轨道来说这一偏差太大，因此不能忽略。[41]开普勒现在可以选择沿袭从阿波罗尼奥斯到哥白尼的传统，通过构造圆周组合尝试以更大的精确度解释数据，但是他做了不同的选择。观察到的火星轨道和圆周之间的差异的分布在1602年向开普勒提示了他下一步应该考虑的形状："此轨道不是一个圆周，而是（从远日点）每侧开始略微内收（于弦处）并再次在近日点达到该圆周宽度，符合叫作卵形的那种轨道。"可是，开普勒还不能使这一假设符合观测数据。1604年他认定该轨道是处在一个圆周和一个卵形之间的一条曲线，他在同一句话中提出这条曲线是："在中央经线的地方（……）正圆拉长（真实的轨道路径）约800或900（局部达到152350，轨道的平均半径）之多。我的卵形缩减约400之多。真实的情况是中间情况，虽然更接近我的卵形（……）好像火星的轨道是一个正椭圆。"[42]开普勒在《新天文学》中发表的行星运动第一定律表达了这个结论。

在开普勒自己的推理中经验因素起的作用是明显的，他1609年发表的理论是他考察过的理论中经验方面表现最佳的。现在让我们考虑经验因素和其他因素在数理天文学家接受开普勒理论中起的作用。

17世纪初与在哥白尼生活的时代一样，圆周被赋予了巨大的形而上学价值和审美价值。比如，在文学意象中圆周继续被看成有最大重要性的图形。[43]比较起来，椭圆被看成审美上不悦人的。尽管今天我们通常把圆周看成椭圆的一种特殊情况，即两个轴长度相等的情况，但在16世纪和17世纪初期，椭圆则被看成扭曲的和不完美的圆周。

17世纪初期的天文学家都具有对圆周的这一偏爱，开普勒也不例外。[44]许多人都认为圆周是适于天体运动的唯一形状。例如，1599年，第谷给开普勒写道："行星轨道必须无例外地由圆周运动构成，否则它们就不能以均匀和恒久不变的形式循环往复，永恒延续就是不可能的，而且轨道就不会是简单的，就会显示更大的不规则性并且就会不适于科学处理和实践。"[45]一直能够从开普勒那里得到有关他工作消息的天文学家法布里丘斯（David Fabricius）1607年以类似措辞给开普勒写道："你用你的椭圆废除了天体运动的圆周性和均匀性，我越深入思考，我越觉得这种情况荒谬。（……）如果你能只保留正圆轨道并且用另外的小本轮证明你的椭圆轨道的合理性，那情况会好得多。"[46]在《新天文学》出版以后的年代里人们一直以这样的理由非难开普勒的理论。

与之形成对比的是，起初天文学家很难确定开普勒理论的经验价值，他们熟悉圆周的数学性质，却很少熟悉椭圆的数学性质，因而不能顺当地从该理论导出预言用天文观测数据验证。1627年以后，开普勒理论的经验价值更为明显易见，此时开普勒出版了《鲁道尔夫星行表》（*Tabulae Rudolphinae*）。[47]它汇编了用于预言月亮和行星位置的数据表和规则，依据的是开普勒的定律。本质上，它是对开普勒理论的观测结果的表格化，这样人们就容易对开普勒理论进行经验检验。天文学家很快发现，《鲁道尔夫星行表》中提出的预言与观测到的行星位置充分吻合——甚至包括水星的观测位置，而这颗行星到此时为止一直是最不受天文模型约束的。[48]

许多同时代的天文学家都是由于有使用《鲁道尔夫星行表》的经历而最终承认开普勒理论有巨大的经验价值。[49]居住在格但斯克的数学教授克鲁格（Peter Crüger）就是一个例子，他的观点可以从他与他居住在莱比锡的搭档米勒（Philipp Müller）的通信中得知。在《新天文学》出版后的一些年里，克鲁格一直不赞成开普勒的理论。比如1624年他对米勒写道："我不同意开普勒的假设。我相信上帝会赐予我们某种别的途径达到有关火星的正确理论。"然而当《鲁道尔夫星行表》出版以后，克鲁格很快修正了他的看法。在1629年致米勒的一封信中，克鲁格表明了该星行

　　　　　　　　　　　　　│ 美与科学革命 │

表对他对开普勒理论看法的影响：

> 你希望有人对这些表（《隆戈·蒙塔努斯（Longomontanus）天文表》做
> 进一步的推敲润饰，你说所有的天文学家都会对此心存感激。但是我认为这是
> 在浪费时间，既然《鲁道尔夫星行表》已经出版了，因为所有的天文学家肯定
> 都会使用这些表。（……）我全身心致力于理解《鲁道尔夫星行表》所依据的
> 基础，为此目的我把开普勒以前出版的天文学摘要用作星行表的引导。这个摘
> 要我以前（……）多次弃之一旁，我现在又一次捧起并研读（……）。我不再
> 理会行星轨道的椭圆形式带给我的困扰（……）。[50]

这段话明明白白告诉我们，开普勒理论赢得支持和招致反对的理由。
我认为最后这句话表明，到1629年克鲁格已经放弃了先前据以对开普勒
理论做出否定评价的标准之一，他现在不再以开普勒理论把行星轨道描述
成椭圆为由反对开普勒理论。之所以克鲁格觉得他不再能依据这些理由拒
绝开普勒理论是因为（如这段话的第一部分阐述的）该理论表现出了高度
的经验适宜性。克鲁格值得赞扬，因为他在使用了《鲁道尔夫星行表》以
后，能够抛弃他最初出于超经验理由的对开普勒理论的保留并承认是该理
论的经验价值表明了采纳它的合理性。

并非所有天文学家都持和克鲁格一样的看法，理论的经验效绩比他们
认为的理论在形而上学方面和审美方面的缺陷更重要。17世纪最坚定支
持天体运动的圆周性和均匀性原理的天文学家之一是伽利略，他没有把
他的反对牢固盘踞的信念的机敏延伸到这个问题。在他的1632年的《关
于两大世界体系的对话》（*Dialogue Concerning the Two Chief World
Systems*）中写道："只有圆周运动能够自然地适宜于以最佳配置组成宇
宙的各个组成部分。"[51]因此，伽利略提供给读者的就是在同样把圆周运
动赋予天体的两个世界体系之间选择，这就是托勒密和哥白尼的世界体

系，他遗漏了开普勒提出的行星可能以某种其他曲线形式运动，尽管他知道开普勒的工作并且和他有通信。柯瓦雷（Alexandre Koyré）和帕诺夫斯基（Erwin Panofsky）的研究认定，伽利略的圆周是唯一适于天体的轨道的信念植根于他持有的审美偏好之中。[52]

我给出的科学革命模型预言，一个革命理论的接受过程可以分为三个阶段：在第一阶段，该理论遭到反对，因为它的新的审美性质与共同体的规范冲突；在第二阶段，尽管有反对，但该理论表现出比竞争对手更大的经验成功；在第三阶段，该新理论积累的经验成功明确充分，使得共同体更大部分成员——包括先前以审美理由反对新理论的成员——开始接纳该新理论。到这个时候，该共同体的成员就不再强调他们原已确立的审美偏好，因此这些审美偏好就不再妨碍接受该新理论。开普勒理论的接受过程展示了这些阶段。最明显的是开普勒理论的审美性质所起的作用：这些审美性质不仅没有成为诉求的对象，反而成为接受该理论的障碍，该理论通过显示经验效绩使这个障碍逐步得到克服。

与哥白尼的理论不同，开普勒的理论构成了它学科中的一场革命。事实上，有充分的历史证据表明，与任何科学活动的哲学模型无关，在数理天文学中开普勒理论表现了比哥白尼理论深刻得多的创新。正如汉森（Norwood R. Hanson）指出的："托勒密和哥白尼之间的线是未中断的，而哥白尼和牛顿之间的线是中断的，只是这中断的线通过开普勒的非凡的创新又连接在一起了。"[53]

第十章注释：

1 这一章的另一个版本载于麦卡里斯特（McAllister 1996）。

2 关于"哥白尼革命"的早期编年的历史，见科恩（Cohen 1985），498～499页。

3 洛夫乔伊（Lovejoy 1936），99～108页。

4 关于数理天文学和物理宇宙论之间的区别，见汉森（Hanson 1961），170～172页，雅尔丁（Jardine 1982），183～189页。

5 斯沃德洛（Swerdlow 1973），434页；哥白尼（Copernicus 1543），4页；我在本章后面引用了这两段相关文字。

6 例如，普赖斯（Price 1959），209～212页；金里奇（Gingerich 1975），85～86页；和科恩（Cohen 1985），117～119页；比较了托勒密理论和哥白尼理论预言的精确性。

7 金里奇（Gingerich 1975）。

8 关于哥白尼理论在解释金星的亮度方面的困难，见普赖斯（Price 1959），212～214页。

9 关于金星的相位的讨论在关于哥白尼学说的争论中的作用，见阿里欧（Ariew 1987）。

10 帕尔特（Palter 1970），114～115页；帕尔特也打破了关于哥白尼的理论在自然合理方面优越于托勒密的理论的看法。

11 例如，莱欣巴赫（Reichenbach 1927），18页，写道："事实上，哥白尼（……）可以只引证他的体系的更大的简单性作为明显的优势。"

12 比如，这是科迪格（Kordig 1971），109页，的观点；他认为，哥白尼通过减少本轮的数目，"从84个减到大约30个"，简化了托勒密天文学。关于圆周数量的更多的细节和例证，见帕尔特（Palter 1970），94页，113～114页；和科恩（Cohen 1985），119页。

13 关于托勒密理论和哥白尼理论简单性和系统化的程度的深入的讨论，见汉森（Hanson 1961），175～177页。

14 在哥白尼理论形成时期，该理论并不被看作比托勒密理论更简单，对这个情况的进一步的证据，见诺伊格鲍尔（Neugebauer 1968）。

15 关于在《纲要》中的对简单性的主张，见斯沃德洛（Swerdlow 1973），434～436页；佩拉（Pera 1981），157～159页；评注了这一主张被《天体运行论》中的内在和谐的主张代替的过程。

16 关于在亚里士多德的宇宙论中的圆周运动的信条的进一步的讨论，见兰德尔（Randall 1960），153～162页。

17 普罗克洛斯（Proclus）和弗拉卡斯托罗（Girolamo Fracastoro）对等轴点的疑虑，见哈雷恩（Hallyn 1987），120页和注记。

18 关于中世纪时，托勒密的数理天文学和亚里士多德的物理宇宙论之间的紧张关系，见格兰特（Grant 1978），280～284页。

19 哥白尼（Copernicus 1543），10。关于圆周在16世纪天文学中的地位的进一步讨论，见布兰肯里奇（Brackenridge 1982），118～121页。

20 斯沃德洛（Swerdlow 1973），434～435页；斯沃德洛插补。

21 关于亚里士多德学派反对哥白尼的地球运动的主张，见格兰特（Grant 1984）。

22 哥白尼（Copernicus 1543），xvi页。

23 关于毕达哥拉斯学派的太阳中心说，见黑宁格（Heninger，1974），127～128页。

24 关于在文艺复兴时期太阳崇拜的形式，见哈雷恩（Hallyn 1987），127～147页。

25 哥白尼（Copernicus 1543），4～5页和12页。关于哥白尼诉诸的古代天文学家的讨论，见哈雷恩（Hallyn 1987），59～62页；关于哥白尼的毕达哥拉斯主义思想的更多的参考文献，见哈雷恩（Hallyn 1987），304～305页。注25。

26 哥白尼（Copernicus 1543），4页，也见22页；对这里引用的文字的更详细的讨论，见韦斯特曼（Westman 1990），179～182页；关于文艺复兴美学思想中身体的比喻，见哈雷恩（Hallyn 1987），94～103页；对哥白尼的和谐概念的进一步讨论，见罗斯（Rose 1975）。

27 引自金里奇（Gingerich 1973），58页；赖因霍尔德对哥白尼理论的态度，进一步，见同上，55～59页。

28 雷蒂库斯（Rheticus 1540），135～137页。

29 引自默斯高（Moesgaard 1972），38页；第谷对哥白尼的更多的赞许连同这些线索重现于哈雷恩（Hallyn 1987），123页。

30 诺伊格鲍尔（Neugebauer 1968），103页；金里奇（Gingerich 1975），89 ~ 90页；哈奇森（Hutchison 1987），109 ~ 136页；和韦斯特曼（Westman 1990），171 ~ 172页；都认同哥白尼的理论最初取得支持是由于该理论的审美性质。内曼（Neyman 1974），9页，写道："哥白尼引入了一个完全新的标准估价新理论，符合观测和智力上的优雅。"

31 关于古代天文学中的审美考虑，见哈斯（Haas 1909），93 ~ 102页。

32 在对哥白尼的理论并不构成数理天文学中的一场革命的论证的诸多历史解释之中，有诺伊格鲍尔（Neugebauer 1952），206页；汉森（Hanson 1961），和科恩（Cohen 1985），123 ~ 125页。

33 关于哥白尼的同代人把哥白尼理解为天文学的修复者，见哈雷恩（Hallyn 1987），59页，302页，注12；理解为毕达哥拉斯主义者，见黑宁格（Heninger 1974），130页。

34 库恩（Kuhn 1957），134页；（1962），149 ~ 150页；引用的文字来自库恩（Kuhn 1957）。

35 库恩（Kuhn 1957），171页。

36 同上，181页；也见172页。

37 韦斯特曼（Westman 1975），191 ~ 192页。

38 库恩（Kuhn 1957），219页。

39 开普勒（Kepler 1609）。

40 维尔森（Wilson 1968）和怀特赛德（Whiteside 1974）记述了经验考虑在开普勒对他的第一定律的推理中起到的指导作用。

41 关于开普勒的火星的轨道不是圆周的结论，见怀特赛德（Whiteside 1974），6 ~ 7页。

42 引自怀特赛德（Whiteside 1974），8 ~ 11页；插补来自怀特赛德。

43 关于17世纪文学中的圆周意象，见尼科尔森（Nicolson 1950），47 ~ 80页。

44 关于开普勒在思想中固执对圆周运动的信仰，见布兰肯里奇（Brackenridge 1982）。

45 引自米特尔施特拉斯（Mittelstrass 1972），210页。

46 引自克斯特勒（Koestler 1959），347页。

47 开普勒（Kepler 1627）。

48 17世纪的天文学家由于《鲁道尔夫星行表》的精确度而对它格外看重，见维尔森（Wilson 1968），24页。

49 《鲁道尔夫星行表》对开普勒理论被接受的作用，见罗素（Russell 1964），
7~9页。

50 克鲁格（Crüger）的两段文字引自罗素（Russell 1964），8页。

51 伽利略（Galilei 1632），32页。

52 柯瓦雷（Koyré 1939），154页；柯瓦雷（Koyré 1955）；帕诺夫斯基（Panofsky
1954），20~28页；帕诺夫斯基（Panofsky 1956），10~13页；关于审美考虑
在伽利略的天文思想中的作用的进一步评论，见谢伊（Shea 1985）。

53 汉森（Hanson 1961），169页。

Chapter 11
Continuity and Revolution in Twentieth-Century Physics

· 第十一章　20 世纪物理学中的继承和革命

1. 古典物理学中的两道裂隙

当19世纪行将结束的时候，许多人觉得物理科学已经发展成为一个有着巨大美感的结构。这个结构的中柱是牛顿理论及其在力学中的延伸、麦克斯韦的电动力学理论和玻尔兹曼的热力学理论。这个凭借其奉行的形象化和决定论统合一体的结构似乎能够解释所有的物理现象。

然而，正是在该世纪末，两道裂隙明显出现。物理学家依据他们的观点的不同对裂隙做了各种不同的描述。开尔文（Kelvin）在1900年的一次讲演中这样认识裂隙："动力学理论断言热和光都是运动形式，可是现在，这个理论的美和明晰由于有两朵乌云而变得模糊起来。第一朵乌云是随同光的波动理论出现的（……），它涉及这样一个问题，地球怎么能够穿过本质上是光以太这样的弹性固体而运动？第二朵乌云是麦克斯韦–玻尔兹曼关于能量均分的理论。"[1] 第一个裂隙在于，物理理论不能协调它对运动和电磁现象的解释，如开尔文指出的，它表现为把相互不相容的性质赋予传播电磁辐射的介质以太。第二个裂隙影响到亚微观现象的解释，例如它表现为不能解释辐射能量对波长的分布形式。

在1900年以后的年份里，物理学家致力于修补物理科学中的这两个裂隙。对第一个裂隙的修补是通过发展这样一个理论：它同样具有古典物理学的审美性质并重现19世纪物理学家见过的美。对第二个裂隙的修补比较间接：激进的改革已成必须，在这个过程中，物理科学失去了某些19世纪时的特征——令某些物理学家非常不满。对第一个裂隙的修补是由相对论提供的，而对第二个裂隙的修补则是由量子论提供的。

大多数对20世纪物理学的说明都既把相对论又把量子论看成革命的。我一直在建构的科学活动模型承认量子论的产生构成一场革命，因为这个理论不具有物理学共同体通常与经验成功联系的那些审美性质。我们将看到，量子论发展过程的参与者为说明在革命中形成的改革派和保守派的行为提供了好的例证。相反地，相对论则表现出具有19世纪物理学家希望看到的许多显著的审美性质。由于这个事实，我的模型认为相对论的产生不是革命。我们首先确定相对论取得支持的理由。

2. 相对论诉诸的审美因素

19世纪末的物理学家警觉地观察到在他们对运动的解释和对电磁现象的解释之间存在不一致部分是由于经验发现。在开始于1887年的一系列实验中，迈克耳孙（Albert A. Michelson）和莫雷（Edward W. Morley）使用了一个干涉仪去比较光在平行和垂直于沿轨道运行的地球的运动方向上的速度。古典理论认为，向相对于地球运动的不同方向发出的光束会以相对于以太的不同速度行进。但是迈克耳孙和莫雷发现在这样的光束的速度之间不存在差别。由于以太能够随同地球沿地球轨道行进的假设必须视为不合理的假设予以否定，看来光束的速度并不依赖于发射该光束的物体的运动状态。这个结果与牛顿理论相矛盾。

可是，在对运动和电磁现象的古典解释之间存在的不一致并非仅仅由于经验发现才变得明显易见。比如，爱因斯坦不满意古典物理理论并非主要由于经验考虑的推动。[2]迈克耳孙和莫雷的结果在爱因斯坦思想中并未起到重要作用，该结果引起他的注意只是在他那篇提出狭义相对论的论文发表以后的一段时间里。[3]的确，那篇论文并没有明确引证任何新近的可以对古典物理理论提出质疑的实验发现。更正确地说，爱因斯坦不满意古典理论主要是受了可以称之为形而上学因素和审美因素的推动。[4]

爱因斯坦明确持有一种相对主义的空间和运动观，这种观点起源于莱布尼茨和马赫对牛顿的批评。牛顿提出了一种绝对主义的空间和运动观，根据这种观点，空间是一种物理上的具体实体，物体相对于它处于绝对静止或者运动状态。莱布尼茨和马赫论证，尽管我们能够从经验上确定物体相互之间的相对速度，却没有办法确定物体的绝对运动。因此，如果牛顿的绝对主义观点正确，那么就会存在这样的物理事态，它们相互不同但是从经验上相互又无法区别，比如各自做同样的相对运动但在绝对空间中有不同速度的两个物系。莱布尼茨依据他的不可辨别物等同性原理提出，这一结果表明牛顿的绝对主义是不正确的。马赫赞同莱布尼茨的结论，他论证，绝对空间和运动的概念是冗物，因为牛顿自己的理论可以排除这些概念重新表述。按照莱布尼茨和马赫的看法，经验上不可辨别的物理事态应该被看作物理上等价的并且应该由物理理论给出相同的描述。

爱因斯坦的狭义相对论和广义相对论的工作都受到了莱布尼茨和马赫的相对主义观点的推动。[5]在这两种情形下，他针对的都是这样的事实：古典理论给如下两个物理系统以不同的描述，在这两个系统中所有的相对运动都是同一的并且他因此把这两个系统看成物理上等价的。这些描述上的差异违背了莱布尼茨和马赫的相对主义。爱因斯坦的两个相对论就是他仅仅依据相对运动重新描述这样的物理系统的尝试。

莱布尼茨和马赫的相对主义施加给理论创造活动的约束主要被爱因斯坦表达为对称性要求。这些在1905年爱因斯坦提出狭义相对论的那篇论文《论动体的电动力学》中可以明确见到，这篇论文以如下评论开始："众所周知，麦克斯韦的电动力学——如现在通常理解的——当应用于动体时，会导致似乎现象并不具有的不对称。"[6]爱因斯坦特别提到了古典理论对由各自做相对运动的导体和磁体组成的系统所做描述中的不对称。两种情况可以这样辨别：情况A，导体固定于某个参照系中，磁体相对该参照系运动；情况B，磁体被固定而导体运动。在这两种情况下，导体中都有同样强度的电流产生。结果是，一个观察者不能通过测量物体的相对速度和电流强度来区分这两种情况。但是古典物理理论对这两种情况下的电流给出了不同的解释。用爱因斯坦的话说："在这里，可观察现象只取决于导体和磁体的相对运动，而依据通常的概念，这两种情况（这两种情况中的两个物体分别的或者这一个或者那一个处于运动中）应该是相

　　　　　　　　　| 美与科学革命 |

互严格区别开的。"[7]古典理论对情况A中的电流的解释是说，磁体的运动产生了一个电场，它施加作用力于导体中的电子；古典理论解释情况B中的电流是说，导体中的电子当在磁体的磁场中运动时受到力的作用。这样，对情况B的解释没有求助在情况A的解释中起重要作用的电场。[8]

狭义相对论排除了这种不对称。它的两个公设之一是说，所有惯性参照系在物理上都是等价的，由此可以得出：一个惯性参照系可以没有像绝对运动状态这样的性质。这个公设使得物理理论论及的不是物体的运动而是物体相互之间的相对运动，因此，这一公设不接受古典理论对磁体-导体系统的解释。狭义相对论的第二个公设是说，光速在所有惯性参照系中都相同。爱因斯坦的论文表明，这些公设与麦克斯韦的电动力学相容而与牛顿力学不相容。后者被一个新的即相对论性的力学替代，它结合麦克斯韦的电动力学给磁体-导体系统一个只论及相对运动的解释。

古典物理理论对磁体-导体系统给出了两个不同的解释，但并不能把这个事实看成经验上的过失：两个解释都与观测完全符合。爱因斯坦不满意古典物理理论，他提出狭义相对论的动机主要来自他信奉的形而上学学说，关于空间和运动的相对主义观点。爱因斯坦反对在对磁体-导体系统的解释中存在的不对称，因为他把它看成该理论的一个不悦人的特征。爱因斯坦反对这种不对称表明了佩斯（Abraham Pais）认为的"相对论的审美起源"。[9]

审美因素在狭义相对论接纳中的作用同样是明显的。一方面，该理论由于解释了迈克耳孙和莫雷的结果而得到赞扬；另一方面，它被看作赋予物理科学一个更悦人的结构。[10]

我给出的科学活动模型提出，如果一个理论能够既出于经验理由又出于审美理由赢得支持者，我们就不应该把它的产生看成革命事件。为了以审美理由赢得支持，理论就必须符合已确立的审美规范，因此它必须明确具有先前理论的审美性质。爱因斯坦大概是第一个指出他的工作和古典物理学的连续性的："至于相对论，这完全不是一个革命举动的问题，而是持续了几个世纪的线索的自然发展。"[11]几位研究20世纪物理学的历史学家都同意，狭义相对论最适于看成古典物理学纲领的顶峰。比如，霍尔顿说："一般所说的爱因斯坦在1905年引入物理学的所谓的'革命'实际上证明是回归古典纯正性的一种努力。（……）的确，尽管通常强调，爱因斯坦从基础上挑战了牛顿物理学，但是同样正确但被忽视的一点是方法上的和较早的古典文献比如和《原理》的一系列吻合。"[12]

狭义相对论在20世纪物理学中占据的位置类似于哥白尼理论在16世纪数理天文学中占据的位置，它们都是意图在于并且被接受为对原已确立的理论化风格的贡献，它们都消除了较早理论审美上的缺陷。然而，在这一点上，爱因斯坦理论仍然没有达到他所希望的。就该理论宣称所有惯性参照系都是物理上等价的并由此免除了绝对速度概念而言，该理论符合莱布尼茨-马赫的相对主义观点。不过，它仍然区分惯性和参照系——即非加速的——和加速的参照系。换句话说，它认为，物体有绝对的加速度而不只是相对其他物体的加速度。爱因斯坦在广义相对论中致力于废除绝对加速度的概念。

爱因斯坦提出广义相对论的论文以熟悉的方式开头，它指出现存理论在描述一个特定物理系统的方式上的不对称。[13]谈到的系统由处在另外的空虚宇宙中的两个相对旋转的气态物体组成。在特定条件下，情况会是：物体A是球形的而物体B是扁圆形的。什么可以解释形状上的这种差别呢？不是物体相互的相对旋转。因为那是一种对称关系。牛顿理论和狭义相对论大概会说物体A是扁圆的，因为它处于绝对旋转状态中，而物体B是球形的，因为它不处在这样一种状态中。但是这一解释由于牵涉到绝对旋转，就不符合莱布尼茨-马赫的相对主义观点。广义相对论意图作为一个解释框架，通过仅求助于相对运动描述这样的物理系统。[14]

广义相对论在提供这样一种框架方面多半是不成功的，但是与关心该

美与科学革命

理论没能达到它的目的相比，我们更关心爱因斯坦提出该理论的动机以及决定该理论接受的那些因素。在本书前面部分（第一章和第六章），我曾表明，主要是审美考虑引导了爱因斯坦建立广义相对论。除了经验标准以外，审美标准也在该理论的接受中起到重要作用。依照伯格曼（Peter G. Bergmann）的看法："它的最终采纳，首先是由爱因斯坦本人后来是由物理学共同体，取决于完成了的理论在审美上的吸引力，取决于实验和观测对它的证实。"[15]洛伦兹表达了这样的看法："爱因斯坦的理论有最高程度的审美价值，每一个爱美的人都必定希望它是真的。"[16]因此，我们从狭义相对论中得出的结论对广义相对论同样成立：因为广义相对论继续显现被原已确立的审美规范看重的那些对称和其他的性质，广义相对论就应该被看成以先前存在的理论化风格实现的一个成果而不能被看成一个革命性的创新。

在爱因斯坦投入了后半生致力于统一场理论的工作中，审美考虑同样是一个重要因素。佩斯这样刻画爱因斯坦对这样一个理论的研究："他的目的既不是要诠释未得到解释的东西也不是要解决任何悖谬之处。他的目的纯粹是寻求和谐。"[17]爱因斯坦未能成功提出一个关于统一场的理论；但是如果他成功了，并且如果这个理论反映共同体原已确立的审美偏好，那么依据这个模型这个理论同样要算作非革命的。

3. 量子论和形象化的缺失

爱因斯坦的相对论理论赢得支持部分是依赖它们的审美性质，而量子论最初赢得支持则几乎完全依赖它的经验性质：许多物理学家认为量子论审美上不悦人。在量子论的诸性质中，被拿来反对量子论的是它的形象化的缺失和它在形而上学方面的蕴涵。[18]

19世纪末的物理理论为亚微观现象提供了系统的形象化方法。电磁辐射被形象化为在以太中传播的波，各种光学现象被形象化为波的效应。例如，衍射是波的干涉。从1897年电子被发现以后，亚原子粒子就被形象化为宏观物体的缩微形式。粒子被赋予了像弹子球那样的日常物体的性质，它们被精确定位，有确定的质量、速度、动量和动能，并且能够以连续轨线运动。卢瑟福1911年提出的原子理论把原子形象化为微型的行星系统，其中电子沿轨道围绕原子核运行，就像行星沿轨道围绕太阳运行一样。

1900年前后，一个明显的事实是，古典物理理论不能解释有关某些重要亚微观现象的经验发现：黑体辐射、光电效应、原子的吸收和发射光谱。在尝试解释这些现象的新理论中，物理学家引入了能量的基本单位的概念，即能量量子。普朗克1900年在他的关于黑体辐射的光谱的理论中第一个使用了这个概念；爱因斯坦1905年在他对光电效应中光释放金属靶的电子的比率的解释中采用了这一概念；玻尔1913年尝试依据原子中电子的能量是量子化的假定解释原子的吸收和发射光谱中的谱线。

尽管使用了能量量子，这些理论依然保留了许多先前关于亚微观现象的理论特有的形象化方式。例如，玻尔的原子理论继续把电子形象化为古典粒子，像卢瑟福所做的那样。因此，把亚微观实体图像化为日常实体的缩微形式的传统仍然没有打破。

这些早期的量子理论有两个缺陷。首先，他们的经验成功在某些情况下是受局限的，比如，玻尔的理论被发现只能解释最简单的原子即氢原子的行为。其次，从更根本上讲，越来越明显的是，这些理论不够系统。这些理论远远达不到为现象提供一种统一和连贯的解释，做到的只是对古典物理理论的修修补补。为了得到正确的结果，他们指定了在某些境况下必须施加于古典理论的一组量子条件。

一个以量子概念为基础的更加一般和更加系统化的关于亚微观现象的理论，1925年由海森堡建立。这个理论，即所谓的矩阵力学，把自己限制于表达可观察参量的量值之间的关系。在这个理论中，亚原子粒子被看

　　　　　　　　　　　　　| 美与科学革命 |

成抽象实体，这些抽象实体的性质确保了确定的实验有精确的结果，但是关于这些抽象实体该理论没有给出任何形象化的东西。很快便清楚了，矩阵力学没有对亚微观现象给出形象化不只因为海森堡不愿意建立这样一个理论，而是因为没有矩阵力学可予以形象化的东西。根据矩阵力学，量子粒子没有像精确的位置、速度、动量或者能量那样的性质。海森堡1927年提出的不确定性原理清楚表述了这一点。这样，任何一种为亚微观现象提供与矩阵力学相容的形象化解释的尝试都会因缺乏可以与亚原子粒子行为关联的宏观术语而受挫。因此，矩阵力学标志着亚微观物理学理论应该以宏观术语为现象提供形象化解释的传统的断裂。

海森堡断言，他发现，矩阵力学的抽象性和他的思维风格相合，他认为这种风格是非形象的。一些别的物理学家，比如范·扶累克（John H. Van Vleck）说，他们也对该理论的抽象性感到适意。[19]但是其他物理学家惋惜形象化的缺失，薛定锷就是其中一位。

审美因素对薛定锷的理论创造活动有非常大的影响。他对物理理论提出了两项审美要求：理论包含的数学方程应该形式优雅并且它们应该把它们处理的现象形象化。[20]部分是受这些原理的引导并依据德布罗意的波具有粒子性的观念，薛定锷在1927年提出了一个被称为波动力学的关于亚原子粒子的量子理论。这个理论（如很快表明的）与海森堡的理论逻辑上等价，但是它似乎重新开启了一个把亚微观现象形象化的通道。该理论的核心是现在冠以薛定锷名字的方程，对此方程，薛定锷最初提出的（非相对论性的）形式是：

$$\nabla^2\psi + [8\pi^2 m\ (E\text{-}E_{pot})\ /h^2]\ \psi = 0$$

这里∇^2是微分算子，m是方程适用的粒子的质量，E是它的总能量，E_{pot}是它的势能。这个方程的解是所谓的ψ-函数。薛定锷把每个ψ-函数看成描述具一种特定频率的一个物质波,并且他以此为基础把一个亚原子粒子形象化为由一些这样的物质波叠合而成的一个波包。

当谈到他的理论的源起时,薛定锷澄清,他致力于找出一种形象化方法替代海森堡的矩阵力学:"我的理论是受了德布罗意的思想和爱因斯坦的简略但不完整的评论的启发(……)。据我所知,它和海森堡的思想没有任何起源上的联系,当然,我知道他的理论,但是由于它使用我觉得非常艰深的超越代数的方法并且缺乏直观性,它让我感到气馁,即便不能说反感。"[21]薛定锷方程似乎提供了一个使亚微观现象形象化的途径,这个事实加上物理学家一般更熟悉微分方程数学而不是矩阵数学这个事实,使大多数物理学家倾向于选择波动力学理论而不是矩阵力学理论。许多表达这一偏好的科学家自认为在运用审美标准选择理论。[22]如梅拉(Jagdish Mehra)说:"柏林的伟大的物理学家普朗克、爱因斯坦和劳厄(M. v. Laue)都非常喜欢薛定锷的工作,因为在他的工作中人们可以始终使用连续函数,人们不必依赖'令人生厌的和丑陋的'矩阵力学。"[23]海森堡本人也承认,波动力学具有某种审美吸引力,他称波动力学是"优雅的和简单的"。[24]

狄拉克对波动力学的反应许多文献都特别提到,他认为自己具有和薛定锷同样的审美偏好:

> 在我见过的所有物理学家中间,我认为薛定锷是与我最相似的。我发现我自己更容易与薛定锷取得一致而不是和其他什么人。我相信,之所以会如此,原因是薛定锷和我对数学美都有非常敏锐的鉴赏力,并且这种对数学美的鉴赏支配了我们的全部工作。这种鉴赏对我们来说是一种来自如下信念的举动:描述自然的基本规律的方程必须包含伟大的数学美,它对我们来说就像宗教。它是一种非常有益的可信奉的宗教,它可以被看作我们大部分成功的基础。[25]

狄拉克与薛定锷在审美偏好上的共鸣表现在狄拉克对波动力学的嘉许上。狄拉克著名的对波动力学发展过程的阐述不仅详细论及他认为的审美标准在薛定锷的理论创造活动中的作用，而且详细论及了他自己在该理论中见到的美：

> 海森堡通过密切关注光谱的实验证据开展自己的工作。薛定锷从一种更富数学意味的观点出发开展工作，他试图找到一种描述原子事件的美的理论（……）。他能够扩展德布罗意的观念并得到一个被称之为薛定锷波动方程的描述原子过程的非常美的方程。薛定锷寻求对德布罗意观念的某种美的概括，纯粹通过思考得到了这个方程，而不是像海森堡那样紧密跟踪该课题实验上的进展。[26]

狄拉克赞扬的不仅有薛定锷方程的优雅而且还有该理论的形象化的效能。他说，他喜欢波动力学把粒子形象化为在空间中传播开来的某种介质的密度的变化。[27]

然而，薛定锷的波动力学在以古典术语为亚微观现象提供一个协调一致的形象化方面并不成功。首先依如下经验证据，这个尝试失败了：亚原子粒子的某些性质类似古典波的性质，同时亚原子粒子的其他性质类似古典粒子的性质。玻尔给出了关于量子粒子的行为形象化的困难的一个例子：

> 下面这个爱因斯坦很早就提醒注意并且经常提起的例子清楚表明了（……）在多大程度上我们不得不放弃把原子现象形象化。如果把一个半反射镜放置在光子行进的路径上，使光子有两种可能的传播方向，在两个方向的一定距离上设置两块感光板，光子就可能记录在两块感光板之中的任何一块上，并且只记录在一块板上，不然，我们可以通过用镜子替换感光板观察到两个反射波列之

间的干涉作用。因此，在形象化地表现光子的行为的任何尝试中我们都会遇到困难：一方面，不得不说，光子总得选择两个路径中的一个；另一方面，不得不说，它的行为又好像它经过了两个路径。[28]

为了摆脱这一难题，人们必须不再试图认定亚原子粒子和电磁辐射在多大程度上是可以用古典术语形象化的波或者粒子，而代之以把它们看成古典物理理论和日常经验所未知的实体波–粒子（wave-particles）或者"波子"（wavicles）。这个观点表达在波粒二象性这个术语中。[29]由于有这些论证，薛定锷的用波动的术语把ψ–函数形象化的做法遭到大多数物理学家的反对，他们支持不适于形象化的统计解释。19世纪30年代成为物理学共同体多数人观点的所谓量子理论的哥本哈根主张解释这种统计解释。[30]

量子理论的这种不提供对亚原子粒子的令人可信的形象化的性质，1928年以后在物理学家中间引起了两种反应。一部分物理学家从未使自己适应这样的事实：物理理论已变得不可形象化了。薛定锷本人后来的生涯可以作为这部分物理学家态度的一个例证。他继续主张形象化是一个好理论的本质特性。他不肯放弃这个要求，宁愿转而寻求更适合他的理论创造风格的物理领域。在随后的25年里，在很大程度上他不用将量子力学应用于相对论物理学这样一些领域。19世纪50年代，当临近生命尽头的时候，他写了一系列文章倡导量子力学的形象化并且为他对ψ–函数的波动解释提出了一种新的形式；但是这些意见不符合该学科的情况而没有被接受。[31]在这部分物理学家中，许多人都能够对他们为之惋惜的量子理论的抽象性和他们对之有高度评价的量子理论的经验成功区别对待；但是他们不信服这后一性质可以补偿前一性质。

以玻尔和海森堡为首的另一部分物理学家把形象化的缺失看成是一个经验上成功的关于亚微观现象的理论值得付出的代价。他们继续以抽象风

　　　　　　　　美与科学革命

格发展和提高量子理论。海森堡的态度正如他后来解释的那样：

> 古典物理学教我们讨论粒子和波，但是既然古典物理学在这一领域不正确，我们为什么还应该固执地坚持这些概念不放？我们为什么不应该径直说，我们做不到以非常高的精确度使用这些概念，因此有不确定关系，并且因此我们不得不在某种程度上放弃这些概念。当我们越过古典理论的范围时，我们必须认识到我们的语词不适合了。它们在这个物理实在中并不真正有可把握的东西，因此，一种新的数学途径就非常合适了，因为这种新的数学途径会告诉那里可能有的东西以及那里可能没有的东西。[32]

甚至赞赏薛定锷试图拯救形象化的狄拉克，继续以海森堡开创的抽象风格的方式对量子理论做出贡献，不让形象化缺失妨碍他建立经验成功的理论。

另一部分物理学家在面对量子理论的形象化缺失时并不都泰然自若：他们之中许多人像第一部分物理学家中的许多成员一样，为在发展和应用物理理论时不能信赖它们的视直觉感到困惑。对形象化缺失的不安表达在谈论量子理论时用到的疑虑的、嘲讽的和反论的语调中。一个例子是双关语：如果你了解量子理论，那么你就不了解它；另一个例子是一个笑话，最初好像是布拉格（William H. Bragg）1928年编造的，说的是电子和光子的举止星期一、星期三和星期五像波，星期二、星期四和星期六像粒子。[33]

这两部分物理学家例示了在经历科学革命的共同体中形成的保守派和改革派的立场。第一部分物理学家感受到的对形象化的信奉产生于如下的长期经验：见证到经验成功的理论为他们的论题提供了形象化方式，这种信奉产生于对古典物理学的记录施行的审美归纳。第二部分物理学家能够接受量子理论是由于他们放宽了对古典物理学要求的信仰标准。例如，玻尔写道"只有通过有意识地放弃我们平常对形象化和因果性的要求",量子理论才成为可能。[34]

由于量子理论继续在经验上成功,物理学共同体日益从自己早期的理论应该为亚微观现象提供形象化解释的要求中摆脱出来。19世纪30年代,物理学家不情愿地放松了对形象化的要求,因为满足这个要求似乎是不可能的。然而,随着时间的逝去,许多物理学家开始为这个要求曾经起过的重要作用表示遗憾,某些物理学家甚至认为这个要求阻碍了物理学的发展。格里宾(John Gribbin)1984年的下段文字显示了这种新态度:

> 毫无疑问,引导薛定锷发现波动方程的那个有关物理上实在的围绕原子核运行的波的吸引人的图像(……)是错误的。波动力学同矩阵力学一样都不是通向原子世界实在的向导,但是与矩阵力学不同,波动力学给人一种是某种熟识的和适意的东西的错觉,它是那种令人惬意的一直持续到今天并掩盖了如下事实的错觉:原子世界完全不同于日常世界。师从薛定锷的几代的学生,他们本人现在都长大成了教授,原本可以对量子理论达到深刻得多的理解,如果他们当初能被推动最终掌握狄拉克方法的抽象本性,而不是学会想象从他们就日常世界中的波的行为知道的东西得出原子行为方式的图像。[35]

科学家态度的改变表明,紧随革命而来的就是,科学家怎样再估价他们的审美信仰的功过。随着量子理论经验记录改善,它具有的审美性质在重塑物理学家的审美规范。因为量子理论是一个抽象的理论,审美规范最终就越来越重视抽象性和贬低形象性。格里宾对形象化要求的斥责在19世纪20年代是不可想象的,它表明,审美规范的这一修正到底走出了多么远。

4. 决定论的放弃

量子理论的形而上学蕴涵加重了由它的抽象性引起的疑虑。量子理论的某些蕴涵与长期确立起来的形而上学预设有着尖锐的冲突。例如，物理系统的能量和其他性质是以离散单位而不是以连续变化量出现的主张就与关于自然的连续性原理相矛盾。人们经常用 Natura non facit saltus （"自然不做跳跃"）这句格言表达的这个原理可以回溯到亚里士多德，并且被莱布尼茨看成自然哲学的基本信条。[36] 从伽利略时代到19世纪末的物理理论一直总是和这个原理一致，因而，1900年物理学家把他们全部的经验成功与把自然描绘成连续的理论联系在一起。当量子理论出现时，某些观察者论证，由于古典物理理论的成功已经确立自然憎恶不连续性，量子理论把自然描绘成不连续的这一事实表明量子理论是错误的。可以把对连续性的偏好看成审美归纳施行于古典物理记录的结果；对把自然描绘成不连续的理论的嫌恶很容易会被看成一定程度上审美的。比如，莱布尼茨表明了他对把自然刻画成连续的物理理论的审美欣赏。[37]

然而，在本节中，我们要集中探讨量子理论的另一个引人注目的形而上学性质，它的非决定论。决定论的理论把物理系统描述成如下系统：可以从对该物理系统的初始状态的知识出发以相似的细节精确程度预言该物理系统的未来状态。古典物理理论是决定论的。相反，非决定论的理论把物理系统描述成甚至原则上不允许这样的预言。

量子理论是非决定论的这个事实只是逐步变得明显。当普朗克1900年提出黑体辐射的量子理论时，当爱因斯坦1905年依据量子原理解释光电效应时，以至当玻尔1913年提出他的原子的量子理论时，这个事实尚不是明显的。这个事实只是在由矩阵力学和波动力学组成的所谓新量子理论之中得到完全承认，这些理论从1925年左右起由玻尔、海森堡、薛定锷和其他人建立。

许多对量子观念的早期发展做出贡献的物理学家感到新量子理论的非决定论令人难以接受。普朗克和爱因斯坦是这些科学家之中的代表人物。他们两个人都不否认新量子理论有相当可观的经验价值，的确，他们两个人都再三赞赏它在预言方面的成功。激起他们不满的是该理论的性质而不是它的经验效能，并且主要是因为它的非决定论。当他们对该理论做全面估价时，这个性质轻松地压倒它的经验成功并使得他们否定该理论。[38]

普朗克在他的诺贝尔奖的获奖演说中回顾了量子理论的发展历程，他明确和充分地嘉许该理论在物理学许多领域中取得的经验成功。[39]虽然如此，他还是表达了他对该理论的不满：

> 把作用量子引进已经完全确立了的古典理论遇到的诸多困难从开始往后（……）逐渐增加而不是减少，尽管其间有一些已被大步迈进的研究匆匆略过，但在该理论中余留的断裂更令谨慎的理论物理学家苦恼。（……）
>
> 最初不过是数字决定的，结果局面却完全改变了。[40]

普朗克表达的对量子理论的不满表明，他对量子理论有超越经验理由的保留，尽管量子理论在经验方面获得成功，但他承认，这种成功已经把科学共同体争取过去了。

爱因斯坦持类似的态度。他认为，如果说物理学从牛顿以来取得了如此之多的成就，那是因为该学科清楚认识到建立决定论的理论的重要性。他认为，物理学家应该坚持建立这样的理论，甚至在亚微观现象领域也应如此：

> 自牛顿以来，理论物理学的发展就是牛顿的观念的有机发展。对法拉第、麦克斯韦和洛伦兹来说，力成了独立的实在，然后转变成了场的概念。偏微分方程取代了牛顿用来表达因果性的常微分方程。牛顿的绝对和不变的空间已被相对论变换成物理上不可或缺的结构。只是在量子理论中，牛顿的微分方法成为不适当的了，并且的确严格的因果性也舍弃了我们，但是最后的结论尚未达到。愿牛顿方法的精神给我们力量去恢复物理实在和牛顿教导的最深刻的特

美与科学革命

性——严格因果性之间的和谐。[41]

为促成这个结果，19世纪20年代爱因斯坦开始了长期的质疑量子理论，特别是海森堡的不确定性关系的战斗。不确定性关系描述对某些物理量的测定存在精确度的限制。首先，他论证量子理论是内在不一致的；1935年前后他转向了论证量子理论是物理实在的不完全的表现。这场战斗大部分是通过与玻尔的论战进行的。[42]

为了显现量子理论中的不一致，爱因斯坦提出了一些思想试验，他宣称在这些思想试验中物理量的测量可以比不确定性关系允许的更精确。他最著名的思想试验是设想了一个内置辐射源并悬挂于弹簧秤的箱子。箱壁上的快门由箱中的时钟控制。在某个时刻时钟瞬间打开快门，让一个辐射光子从箱中逸出。箱子中的能量的减少可以由弹簧秤上标示的质量的减少测量，光子逸出的时间可以由时钟测量。爱因斯坦宣称这两个量可以以任意精确度测量，从而违反了不确定关系。在答复中，玻尔表明，依照广义相对论，箱子在重力场中的位置的改变在能量和时间的测量上引入了不确定性，这符合海森堡的不确定关系。

通过使爱因斯坦的思想试验与量子理论协调，玻尔表明，在量子理论中找不到不一致之处。爱因斯坦对量子理论的反对并没有被这些交流平息，这表明他的反对是基于另外的考虑，特别是基于他的对决定论的信仰。爱因斯坦选择利用一致性论证进行他的反对量子理论的战斗大概是由于他感觉到在科学共同体中这些认证要比直接的形而上学论证更有分量。毕竟，每个人都承认必须避免逻辑上的不一致，但是在参与发展量子理论的科学家中间，几乎没有人持有和爱因斯坦相同的对决定论的信仰。

在这场战斗的第二阶段，爱因斯坦把目标定在明确量子理论是对实在的不完备描述上面。他这时期的论证表现出他把该理论的经验价值与该理论根据其他理由的可接受性区分开来了：

> 用粒子射线做的干涉实验给出了一个辉煌的证明：运动现象的波动特性如
> 该理论所假定的确真的与事实符合。除此之外，该理论无疑问还成功表明了系
> 统在外力作用下从一个量子条件到另一个量子条件跃迁的统计规律，这从古典
> 力学的观点看似乎是一个奇迹。（……）甚至对放射性衰变规律的理解，至少
> 以这些规律的宽泛方式，都是由该理论提供的。

大概从未有一个理论对这样一些异类经验现象的解释和计算给出了像量子理论这样的答案。除却这一点，我相信该理论容易诱使我们在寻求物理学的统一基础方面误入歧途，因为我相信它是对真实事物的不完备描述（……）。描述的不完备性是（……）那些规律的统计本性的结果。[43]

像普朗克一样，爱因斯坦对量子理论的立场——承认它的经验价值但是全面反对它，因为它不能满足某些要求——使人联想起革命中保守派科学家的行为（见第八章）。的确，我觉得最好把普朗克和爱因斯坦看成面对革命创新的保守派。

如果我要把这样一种角色赋予普朗克和爱因斯坦，我就必须把他们对量子理论的反对解释成是基于审美标准。为这一看法找到支持并不难。首先，决定论和非决定论都是形而上学信条，并且我已经论证，应该把理论的形而上学虔诚算作理论的审美性质。其次，爱因斯坦的传记作者同样认为爱因斯坦对非决定论的疑虑来自审美情感：对他来说，如果该理论，用他自己比喻的说法，把上帝刻画成凭借掷骰子决定事情的发生，那么该理论的和谐就会被毁掉。[44]

为了使我的科学活动模型完全适用于普朗克和爱因斯坦对决定论的信仰，我必须进一步把这个信仰解释为形成于审美归纳。我认为，这个看法完全得到事实的支持。普朗克和爱因斯坦在劝说他们的同事坚持古典物理学确立的理论化风格时，他们都确信古典物理理论发展过程中的辉煌经验成就必定与它们的决定论信条有关。由此他们是在对表现决定论性质的理

论的经验效绩做审美归纳。

相反，玻尔属于那场革命中的改革派。我们已经看到，这样一个派别的成员往往搁置对任何审美偏好的虔诚，并无例外地依据经验标准进行理论选择。有充分证据表明，玻尔几乎没有对审美规范的信仰，关于他，罗森菲尔德（Léon Rosenfeld）写道："在考虑某个研究线索的前景时，他会用这样的说法排除通常对简单性、优雅乃至一致性的考虑，他会说这样的性质当然只能事后去判断，'我不能理解，'他习惯说，'称一个理论是美的意谓什么，如果它不是真的。'"[45]这句话告诉我们：玻尔在理论的经验价值可以弄清楚明白之前，不愿意谈论理论的美。他只接受逻辑和经验标准作为理论估价的依据："在我看来，除了证明理论的结果与经验背离或者证实理论的预言没有穷尽观察的可能性以外，不可能有办法认定一个逻辑上相容的抽象的数学结构不适当。"[46]这种对理论的经验可接受性的强调相当于某种形式的实证主义，并且玻尔的同代人的确普遍把玻尔看成这些事务方面的实证主义者。[47]

因此，爱因斯坦和玻尔之间的论战例示了在科学革命中保守派和改革派之间意见不一的情况。保守派希望在理论选择中固守已确立的审美标准，而改革派则放宽了对理论创造活动的所有超出经验的约束。这些看法明确表达在玻尔对爱因斯坦和他自己的描述中：

> 尽管对量子力学描述方式的有效性和广泛的适用范围已经有了富启发性的证实，但爱因斯坦（……）依然表达了对量子力学的明显缺乏大家都赞同的根基坚实的解释自然的法则的忧虑。可是依据我的观点，我只能回答，在完成在一个完全新的经验领域里确立秩序的任务时，除了避免逻辑矛盾的要求以外，我们几乎不能信赖任何惯常的法则，无论它们多么广泛适用，在这点上，量子力学的抽象的数学结构无疑将会满足所有要求。[48]

通过施行审美归纳并依据量子理论的经验成功，我们可以料想到物理学家19世纪20年代以后不断提高了对非决定论的吸引力，正像他们最终接受了抽象性一样。这种情况的确发生了。今天几乎没有哪位物理学家依然反对量子理论的非决定论，并且新理论具有的非决定论也不再阻碍新理论的接受。同时，量子理论逐渐被看成审美上令人愉悦的了。回顾一下，在1970年，海森堡承认最初他觉得量子理论有一种审美缺失感："由于普朗克1900年的作用量子的发现，物理学陷入一种混乱状态。两个世纪多以来用来成功描述自然的旧有规则不再适用于新的发现。（……）旧物理学的美和完备性似乎已被破坏，没有谁能够从经常是全异的试验中取得对新的和不同类关系的真正洞见。"但是当一门科学的内在和谐失去时，只要该学科的基础得到了重构，这种内在和谐一般就会得到恢复。"在原子物理学中，在不到50年以前就发生了这种过程，精确科学在完全新的预设下再次恢复到在四分之一世纪里失去的那种和谐的完备状态。"[49]大约就在海森堡写下这番话的同时，雅默（Max Jammer）觉得可以把量子理论评价为"壮丽的具有伟大的美的智识结构"。[50]这些声明和普朗克与爱因斯坦对量子理论的有保留的声明之间的差异是审美归纳在造就对经验成功理论从审美上赏识方面的效力的一个明证。

| 美与科学革命 |

第十一章注释：

1. 汤姆生（Thomson 1901），486页。

2. 关于经验考虑在爱因斯坦思想中的有限作用的证据，见斯文松（Swenson 1972），156～160页；和霍尔顿（Holton 1973），279～370页。

3. 关于爱因斯坦知道迈克耳孙-莫雷的结果只是在他的狭义相对论论文发表以后的证据，见斯文松（Swenson 1972），158～159页；和霍尔顿（Holton 1973），298～306页。

4. 关于实验发现在爱因斯坦的狭义相对论论文中的作用见霍尔顿（Holton 1973），306～309页。

5. 关于莱布尼茨-马赫有关空间和运动的相对主义，以及它对爱因斯坦的影响见弗里德曼（Friedman 1983），3～17页。

6. 爱因斯坦（Einstein 1905），140页；关于在爱因斯坦狭义相对论论文中的对称性考虑，见霍尔顿（Holton 1973），380～385页；正如霍尔顿（Holton）指出的（192～194页），爱因斯坦不仅在他的狭义相对论论文中而且在他1905年的其他两篇重要论文中都表达了不满意古典物理理论中的不对称。相反，谢尔顿（Shelton）论证，霍尔顿（Holton）过高估计了作为爱因斯坦工作动机的对称性考虑的重要性。

7. 爱因斯坦（Einstein 1905），140页。

8. 关于古典理论对磁导体体系做出的分析，见米勒（Miller 1981），145～150页。

9. 佩斯（Pais 1982），138～140页；斯文松（Swenson 1972），157页；赞同引导爱因斯坦达到狭义相对论的动机主要是审美的。

10. 格利克（Glick 1987）考察了关于狭义相对论的接受方面的更广泛的问题。

11. 引自霍尔顿（Holton 1973），197页；爱因斯坦把他的工作看成维护与古典物理学的连续性的进一步的证据，见霍尔顿（Holton 1986），77～104页。

12 霍尔顿（Holton 1973），195页；对狭义相对论维持了与古典物理学的连续性的主张的进一步的支持，见赫西（Hesse 1961），226页。

13 爱因斯坦（Einstein 1916），112～113页。

14 弗里德曼（Friedman 1983），204～215页，讨论了广义相对论在实现莱布尼茨–马赫的相对主义方面的尝试和失败。

15 伯格曼（Bergmann 1982），30页。

16 洛伦兹（Lorentz 1920），23页；在后来赏识广义相对论的审美性质的物理学家中间有钱德拉塞卡尔（Chandrasekhar 1987），148～155页；和温伯格（Weinberg 1993），107～108页。

17 佩斯（Pais 1982），23页。

18 关于量子理论的形象化的缺失以及在薛定锷手中的暂时的和部分的恢复的更多细节，见米勒（Miller 1984），125～183页；福曼（Forman 1984）强调了量子理论形象化和决定论缺失讨论的文化方面。量子物理学历史的权威记叙有雅默（Jammer 1966）与梅拉和雷兴贝格（Mehra and Rechenberg 1982—1987）。

19 范·扶累克（Van Vleck 1972），8～9页。

20 有关薛定锷赋予数学方程的优雅以重要性的证据可见莫尔（Moore 1989），例如，196页，384页；关于他对形象化的偏好，见韦塞尔（Wessels 1983），260～273页。

21 引自米勒（Miller 1984），143页，关于矩阵力学与波动力学兴起和被接受的更充分的细节，见莫尔（Moore 1989），191～229页。

22 福伊尔（Feuer 1957），117页；同意在矩阵力学与波动力学之间的选择部分要依据"审美上优雅标准"。

23 梅拉（Mehra 1972），35页。

24 海森堡（Heisenberg 1971），72～73页。

25 狄拉克（Dirac 1977），136页。

26 狄拉克（Dirac 1963），46～47页。

27 关于狄拉克对波动力学的赞许，见梅拉（Mehra 1972），50～51页；和克拉夫（Kragh 1990），30～37页。

28 玻尔（Bohr 1949），222页。

29 惠顿（Wheaton 1983）回顾了波粒二象性的产生。

30 关于物理学家相继地对量子理论的解释，见雅默（Jammer 1974）。

美与科学革命

31 关于薛定锷不能在量子理论中重新确立形象化的情况，见韦塞尔（Wessels 1983），265～269页，关于他后来生涯的情况，见莫尔（Moore 1989）。

32 引自佩斯（Pais 1991），310页。

33 惠顿（Wheaton 1983），306页。

34 玻尔（Bohr 1934），108页。

35 格里宾（Gribbin 1984），117页。

36 洛夫乔伊（Lovejoy 1936）回顾了连续性原理的历史。

37 布雷格（Breger 1994），133～135页；记叙了莱布尼茨赋予连续性原理以审美价值。

38 关于普朗克对量子理论的抵制的更多的情况，见海尔布伦（Heilbron 1986），122～140页；关于爱因斯坦这方面的情况，见施塔赫尔（Stachel 1986）和本-梅纳赫姆（Ben-Menahem 1993），相反，薛定锷不大受该理论的非决定论的困扰，见本-梅纳赫姆（Ben-Menahem 1989）。

39 普朗克（Planck 1922），13～17页。

40 同上，18页；普朗克在他的（1948），43～45页中回顾了他反对量子理论的过程。

41 引自Nature（1927），467页。

42 在第八章中给出了有关玻尔-爱因斯坦论战研究的某些参考文献。

43 爱因斯坦（Einstein 1936），374页。

44 霍夫曼和杜卡（Hoffmann and Dukas 1972），193～195页；认为爱因斯坦对非决定论的反对是一种审美反应。

45 罗森菲尔德（Rosenfeld 1967），117页；莫特（Mott 1986），25页，写道，尽管如此他从玻尔那里学到了"物理学可以多么美"。

46 玻尔（Bohr 1949），229页。

47 关于把玻尔看成实证主义者，见默多克（Murdoch 1987），139～140页。

48 玻尔（Bohr 1949），228页。

49 海森堡（Heisenberg 1970），181～182页。

50 雅默（Jarmmer 1966），10页。

· 第十二章　审美选择的理性根据

1. 对结论的回顾

本书做出的对科学的理性主义图像的辩护现在完成了。在得出某些更普遍的结论之前，让我们回顾一下本书论述的主要步骤。

科学的理性主义图像的首要主张是，存在一套从事科学所要遵循的规则——理性规范——可以为这些规则提出原则性的和超经验的辩护。理性主义图像同样能够表明实际的科学活动在很大程度上是遵照这些规则的。因此，如果能够确认科学家做的推理和决定明显违反理性规范，理性主义图像就会受到质疑。许多哲学家和科学史家认为，有大量的两类史实表明科学家的行为的确明显违反理性。第一类史实是，科学家在理论之间做选择时一定程度上是依据审美标准的；第二类史实是，科学的活动要经受革命，在革命中科学家用以估价理论的标准发生剧烈改变。本书的目的是，构建与理性主义图像一致的对这些现象的解释。

两种需要改变的看法是，科学家对理论做审美判断时对理论经验上成功与否抱一种漠视态度，以及科学家对理论做的审美判断是他或她对理论的经验估价的一个方面。有证据表明，尽管科学共同体往往把审美价值赋予表明经验成功的理论所具有的性质，但是审美估价并不总是与依据经验标准的估价一致。根据我的科学家的对理论的审美估价模型，科学共同体是通过我称之为审美归纳的机制形成和修正审美规范的。当考察理论在其学科中的经验记录时，科学家赋予每种审美性质的权重大致正比于他们归给显示那种性质的理论的经验适宜性程度。以这种方式建立起来的权重表组成了科学家以后在估价他们学科中的理论时使用的审美规范。

或许，存在某些与高度的经验适宜性关联的审美性质。科学实在论者认为这种可能性的存在是由于凡是与关于宇宙的真的理论相去不远的理论都具有特定的审美性质。如果这样的审美性质存在，那么就可以据之提出理论选择的标准，这些标准会促使科学家选择具有这些性质的理论。虽然

| 美与科学革命 |

这些标准指涉的是理论的审美性质，但是在理论选择中，它们可以配合推进经验标准指向的相同目标，它们使科学家在面临对两个理论做选择时能够判断哪个理论有更高程度的经验适宜性。

如果有这样的审美性质存在，那么不断地使用审美归纳就会揭示哪些审美性质是这样的性质，这些性质在科学家的审美规范中就会得到不断增加的权重。可是，直到目前我们尚未有令人信服的证据表明这样的审美性质存在。相反，科学家迄今为止持有的大多数审美偏好最终都证明妨碍了对经验成功的追寻。的确，在每个时期愿意在已得到的理论中采纳经验最成功理论的科学家发现，有必要周期性地舍弃已确立的审美偏好。依据这个事实，爱因斯坦和狄拉克等人确认的主张——已存在通行的可以作为理论的经验适宜程度的可靠指示标志的审美标准——不能成立。

科学家放宽了他们对已确立的审美规范的信仰标准的那些科学事变就是科学革命。革命的一个结果是，支配理论选择的那组审美标准发生了改变。革命后被建立和采纳的理论在审美性质方面不同于革命前的那些理论。虽然如此，由于有共同体的经验标准方面的连续性，所以革命前和革命后的科学活动存在部分连续性。由于科学革命只引起理论估价标准的部分变化，所以革命前的科学家的论证和思考在一定程度上对以后的科学家和历史学家依然是可理解的。

2. 审美信仰的理性根据

既然我们有了关于审美规范的产生和演化的模型，我们就可以重新估价由如下事实向科学的理性主义图像提出的问题，事实是科学家在理论选择中依靠审美标准。我们应该认为科学家任由他们对理论的判断一定程度上由审美标准决定是对理性的严重背离吗？

如果只做简单的分析，会认为把审美归纳作为理论选择标准的来源的确是与理性相悖。科学的目标是给出最完备精确的对宇宙的可能解释。我们对益于理论具有高度的经验适宜性的那些性质的理解是由目标分析提供的，目标分析产生了我们的理论估价的经验标准。因此，允许我们对理论的判断背离这些经验标准给出的结论就是背离依理性做法得到的东西。虽然审美标准给出的结论的确反映了理论过去的经验效绩，但是我们不能够保证它们会与经验标准的结论一致。在审美标准的结论与经验标准的结论相符的情况下，使用审美标准并不带来好处；在其他情况下，审美标准可能致使共同体选择经验上不太成功的理论。因此，任由我们对理论的估价接受审美标准的影响就是背离理性。按照这种观点，实际的科学实践的确与科学的理性主义图像相矛盾，因为科学家对理论的估价经常部分地由审美标准决定。

然而，一种考虑更全面的关于审美归纳的观点认为，允许我们对理论的估价一定程度上形成于审美标准是可以得到合乎理性的辩护的。可能存在某些审美性质——某些简单性性质、某些对称性性质等等——它们有助于理论具有高度的经验适宜性。这是我们在第六章发现的可能性。归纳策略的从实效出发的辩护向我们保证，如果理论的这样的审美性质存在，那么归纳程式至少与其他可供选择的制定标准的程序一样有希望发现它们。由审美归纳构成的程式是否是理性的可辩护的取决于由该程式得到的结果的可能性程度和由这些结果得到的报偿情况。可能的结果有两个：审美归纳可以确定有助于理论具有高度的经验适宜性的审美性质，以及它不能确定这样的性质。

这些结果的报偿不难估计。只要审美归纳没有辨别出理论的与高度的经验适宜性相关的审美性质，审美归纳就多少总是有损于经验效绩，因为它使我们在某些场合对理论做出经验上并非最佳的选择。这些不利的选择在科学革命中会得到纠正，那时表明妨碍追寻经验成功的审美偏好会被放弃。相反，理论的与高度的经验适宜性相关的审美性质的发现会带来相当大的益处。这样的发现会扩大我们用以辨认可能在经验上成功的科学理论的那组标准。更重要的是，它会揭示真和美概念的新的方面，改变认识论和美学。

至于这些结果的可能性程度，要估价审美归纳辨识出益于理论具有高度的经验适宜性的审美性质的可能性大概不会比猜测更可信。我们的估价将部分决定于我们对如下主张的态度，即实体的概念特征要符合它们的实际性质。那些信奉各种形式的柏拉图主义或者毕达哥拉斯主义的人一般都认定这种相符的存在，他们包括爱因斯坦和狄拉克。其他人则激烈反对这一主张。

由于难以确定审美归纳成功的可能性，最合理的结论或许是，只要我们不能排除益于理论具有高度的经验适宜性的审美性质的存在，否认有发现它们的可能性就是愚蠢的。因此我们应该继续施行审美归纳。依据这个结论，在理论选择中诉诸审美标准就是理性地可辩护的，因此它就是与科学的理性主义图像相容的。

3. 革命的理性

在科学革命的讨论中，一个中心问题是：革命是理性行动还是总是非理性行动？科学革命涉及两个变化：共同体采纳的理论的转移，从一个理论转向了另一个具有根本不同性质的理论，以及共同体的理论选择标准的改变。为了把革命看成理性的，必须存在一些标准，以比较被放弃的理论和代替它的理论并判定后者更优越。如果不存在这样的标准，那么革命行动就必定要被看成非理性的。依照这种看法，虽然革命是有原因的，但是革命是没有理性的。

某些科学活动模型认为革命由共同体的理论选择标准完全被一组新标准代替组成。如果对库恩的激进解释正确，库恩的模型就是这样的模型。如下述论证所表明，由所有这样的模型都可以推出革命是非理性的。为了比较在革命中被放弃的理论T_1和被接受来替代它的理论T_2的价值，就需要一组标准。只有两组标准可以合法地用于这一任务：在革命中被放弃的那组标准C_1和接受来代替它的那组标准C_2。任何其他可以想象到的标准都不会得到革命的参与者的承认，因而也不会帮助弄清革命是否是可辩护的。可以推想，C_2主张用T_2代替T_1，而C_1主张不这样做：要不然就不会有革命发生。这样，如果我们要认定T_2代替T_1是可辩护的，我们就必须表明C_2代替C_1是可辩护的。为了表明这一点我们需要一组标准。但是C_1和C_2已经穷尽了革命的参与者承认的标准。这意味着我们既不能表明C_2代替C_1是可辩护的，从而也不能表明T_2代替T_1是可辩护的。因此，革命就是非理性的行动。如库恩提出的，如果每个理论选择标准都只是在一个特定的范式内成立，在不同的范式之间进行的选择就不可能有理性根据可依。

相反，某些模型认为革命并不是共同体的整个理论选择标准的完全改变，这样的模型可以认定某些革命是理性的。这是因为，那些贯穿革命持续不变的理论选择标准提供了依据，它为所有参加者承认，可用于理论之间的裁定。如果这组标准估价T_2高于T_1，那么T_2代替T_1就是可辩护的，那么对这场革命就存在理性的辩护；如果不是这样，那么无论是上述的代替还是那场革命都是不可辩护的。我提出的科学活动的模型采取的就是这种形式。每场革命都涉及共同体的审美标准的改变，但同时共同体的经验标准在连续的革命中幸存不变。因此，依据这一模型，革命就存在理性根据。这就是改革派在革命中倡导应该放弃已确立的审美规范时的有代表性的论证。改革派成员相信，如果放宽审美规范施加给理论选择的约束，可以更快推进科学进步。

总之，我们不仅可以对依据已确立的审美标准选择理论做出理性辩护，而且可以对在革命中放弃这些标准做出理性辩护。只要在理论的显示特定审美性质和它的显示经验成功之间持续存在相关，继续依据这些审美标准选择理论可能就是理性的。毕竟，这个策略将揭示在理论的经验成功和它们的审美性质之间可能存在的真实联系。但是，如果在理论的显示特定审美性质和它的显示经验成功之间的相关被打破，以至于继续偏好该理论需要牺牲经验效绩，那么在革命中放弃这些审美偏好就是理性的。

4. 自然归纳倾向

我说过来说过去，好像科学共同体和科学家个人可以自己决定是否施行审美归纳。如果情况真的是这样，那么如果科学家认为任由他们的理论选择接受审美标准的支配是非理性的，他们就可以抑制自己不去这样做，而仅仅依据经验标准选择理论。

事实上，我相信科学家和科学共同体一般并没有做这种决定的能力。我相信，我发现了科学共同体存在的一种自然现象：一种把理论的审美性质与对经验成功的预期联系起来并且依据这些预期进行理论选择的倾向。这种倾向主要是无意识的：科学家通常既不能阻止自己形成这些预期也不能阻止自己因循这些预期进行理论选择。虽然或许可以引导科学家一般地认清对理论的特定审美性质的强烈信仰可能妨碍追寻经验成功，但是我不预期这种认识大大影响他们的理论选择行动。在理论选择的任何特定场合，科学家都会把他们当前的审美偏好——无论它们是什么样的一些偏好——看成自然的和正当的。而且，由于科学家的审美规范形成于审美归纳，科学家就能够随时通过指出他或她估价的那些理论在经验成功与审美性质之间过去存在的相关为他或她的审美偏好辩护。因此科学家个人总是能够认为自己有充足的理由坚持自己的特定的审美偏好。

只有少数科学家在某些关头成功地悬搁了审美信仰并摆脱了审美归纳。就那些能够做到这一步的科学家来说，他们一定相信，已确立的审美偏好正在妨碍接受有更大经验价值的理论并且这些偏好并没有单独得到辩护。当然，结果就是科学革命。

作为审美归纳的无意识本性的一个例示，再考虑一下普朗克、爱因斯坦和薛定锷对量子理论的反应。显而易见，普朗克和爱因斯坦对决定论的偏好和薛定锷对形象化的偏好阻碍了他们接受他们可达的关于亚微观现象的经验效绩最佳的理论。我猜测，如果他们的审美偏好明确受到挑战，他们依然会认为这些偏好在物理学中是自然的和正当的，并且会通过指出一大串决定论的和形象化的经验成功的理论来为这些偏好辩护。我不能肯定，理解了审美偏好在科学共同体中确立的过程真的会使他们更批判地考察他们的审美偏好。简而言之，我采纳休谟提出的科学家和科学共同体有把理论的审美性质与经验效绩联系起来的倾向的看法。休谟把信念通过归纳的形成看成人的如下倾向的表现：人总是预期任何观察到的事件之间的联系能够持续下去。例如，休谟认为，看到火就联想到疼痛的那些人有随后遇到火就退缩的倾向。[1]类似地，在审美归纳中，那些把某些审美性质与经验成功联系起来的科学家会重视和寻求其他的表现同样性质的理论。休谟不相信，读到他的论著的人会不再做归纳概括；同样，我不预期我的读者会摆脱审美归纳的影响。

美与科学革命

第十二章注释:

1 休谟（Hume 1739），9~106页。

Ackerman, James. 1985. "The Involvement of Artists in Renaissance Science." In John W. Shirley and F. David Hoeniger, eds., *Science and the Arts in the Renaissance*. Washington, D. C. : Folger Books; pp.94–129.

Agassi, Joseph. 1964. "The Nature of Scientific Problems and Their Roots in Metaphysics." In Mario Bunge, ed., *The Critical Approach to Science and Philosophy*. New York: Free Press; pp. 189–211.

Alexenberg, M. 1981. *Aesthetic Experience in Creative process*. Ramat Gan: Bar–Ilan University Press.

Aramaki, Seiya. 1987. "Formation of the Renormalization Theory in Quantum Electrodynamics." *Historia Scientiarum* 32: 1–42.

Ariew, Roger. 1987. "The Phases of Venus before 1610." *Studies in History and Philosophy of Science* 18: 81–92.

Arnheim, Rudolph. 1969. *Visual Thinking*. Berkeley: University of California Press.

Arregui, Jorge V., and Pablo Arnau. 1994. "Shaftesbury: Father or Critic of

Modem Aesthetics?" *British Journal of Aesthetics* 34: 350–362.

Aune, Bruce. 1977. *Reason and Action*. Dordrecht: Reidel.

Bachelard, Gaston. 1934. *The New Scientific Spirit*. Translated by Arthur Goldhammer. Boston: Beacon Press, 1984.

Badash, Lawrence. 1987. "Ernest Rutherford and Theoretical Physics." In Kargon and Achinstein (1987), pp.349–373.

Banham, Reyner. 1960. *Theory and Design in the First Machine Age*. 2d ed., 1962. London: Butterworth Architecture.

Barker, Peter. 1981. "Einstein's Later Philosophy of Science." In Peter Barker and Cecil G. Shugart, eds., *After Einstein: Proceedings of the Einstein Centennial Celebration at Memphis State University*. Memphis, Tenn.: Memphis State University Press; pp. 133–145.

Barker, Stephen F. 1957. *Induction and Hypothesis: A Study of the Logic of Confirmation*. Ithaca: Cornell University Press.

Barrow, John D. 1988. *The World within the World*. Oxford: Clarendon Press.

Barthes, Roland, and André Martin. 1964. *La Tour Eiffel*. Paris: Delpire.

Beardsley, Monroe C. 1973. "What Is an Aesthetic Quality?" *Theoria* 39: 50–70.

Beer, Gillian. 1983. *Darwin's Plots: Evolutionary Narrative in Darwin, George Eliot and Nineteenth-Century Fiction*. London: Routledge and Kegan Paul.

Bellone, Enrico. 1973. *I modelli e la concezione del mondo nella fisica moderna da Laplace a Bohr*. Milan: Feltrinelli.

Ben-Menahem, Yemima. 1989. "Struggling with Causality: Schrödinger's Case." *Studies in History and Philosophy of Science* 20: 307–334.

——. 1993. "Struggling with Causality: Einstein's Case." *Science in Context*

美与科学革命

6: 291-310.

Bergmann, Peter G. 1982. "The Quest for Unity: General Relativity and Unitary Field Theories." In Holton and Elkana(1982). pp. 27-38.

Bernstein, Jeremy. 1979. *Experiencing Science*. London: Burnett.

Billington, David P. 1983. *The Tower and the Bridge: The New Art of Structural Engineering*. New York: Basic Books.

Blackburn, Simon. 1984. *Spreading the Word: Groundings in the Philosophy of Language*. Oxford: Clarendon Press.

——. 1985. "Errors and the Phenomenology of Value." In Ted Honderich, ed., *Morality and Objectivity*. London: Routledge and Kegan Paul; pp.1-22.

Bohr, Niels. 1934. *Atomic Theory and the Description of Nature*. Cambridge: Cambridge University Press.

——. 1949. "Discussion with Einstein on Epistemological Problems in Atomic Physics." In Schilpp (1949), pp. 199-241.

Boltzmann, Ludwig. 1901. "The Recent Development of Method in Theoretical Physics." Translated by Thomas J. McCormack. *The Monist* 11: 226-257.

Boullart, Karel. 1983. "Mathematical Beauty as a Metaphysical Concept: The Aesthetics of Rationalism." In G. W. Leibniz-Gesellschaft, ed., *Leibniz: Werk und Wirkung. IV. Internationaler Leibniz-Kongreß: Vorträge*. Hannover: G. W. Leibniz-Gesellschaft; pp. 69-76.

Brackenridge, J. Bruce. 1982. "Kepler, Elliptical Orbits, and Celestial Circularity: A Study in the Persistence of Metaphysical Commitment, " parts 1 and 2. *Annals of Science* 39: 117-143, 265-295.

Braithwaite, Richard B. 1953. *Scientific Explanation: A Study of the Function of Theory, Probability and Law in Science*. Cambridge: Cambridge University Press.

Breger, Herbert. 1989. "Symmetry in Leibnizean Physics." In *The Leibniz Renaissance*. Florence: Leo S. Olschki; pp. 23–42.

——. 1994. "Die mathematisch–physikalische Schönheit bei Leibniz." *Revue internationale de philosophie* 48: 127–140.

Brown, Laurie M., and Helmut Rechenberg. 1987. "Paul Dirac and Werner Heisenberg—A Partnership in Science." In Kursunoglu and Wigner (1987), pp. 117–162.

Buchdahl, Gerd. 1970. "History of Science and Criteria of Choice." In Stuewer (1970), pp.204–230.

——. 1973. "Explanation and Gravity." In Mikuláš Teich and Robert Young, eds., *Changing Perspectives in the History of Science: Essays in Honour of Joseph Needham*. London: Heinemann; pp. 167–203.

Bullough, Edward. 1912. "Psychical Distance' as a Factor in Art and an Aesthetic Principle." *British Journal of Psychology* 5: 87–118.

Bunge, Mario. 1963. *The Myth of Simplicity: Problems of Scientific Philosophy*. Englewood Cliffs, N. J. : Prentice–Hall.

Bush, Douglas. 1950. *Science and English Poetry: A Historical Sketch, 1590–1950*. Oxford: Oxford University Press.

Caneva, Kenneth L. 1978. "From Galvanism to Electrodynamics: The Transformation of German Physics and Its Social Context." *Historical Studies in the Physical Sciences* 9: 63–159.

Cassidy, Harold G. 1962. *The Sciences and the Arts: A New Alliance*. New York: Harper.

Chandrasekhar, Subrahmanyan. 1987. *Truth and Beauty: Aesthetics and*

Motivations in Science. Chicago: University of Chicago Press.

——. 1988. "A Commentary on Dirac's Views on 'The Excellence of General Relativity.'" In K. Winter, ed., *Festi-Val: Festschrift for Val Telegdi*. Amsterdam: North-Holland; pp. 49–56.

——. 1989. "The Perception of Beauty and the Pursuit of Science." *Bulletin of the American Academy of Arts and Sciences 43, no. 3* (December): 14–29.

Channell, David F. 1991. *The Vital Machine: A Study of Technology and Organic Life*. New York: Oxford University Press.

Churchland, Paul M. 1985. "The Ontological Status of Observables: In Praise of the Superempirical Virtues." In Paul M. Churchland and Clifford A. Hooker, eds., *Images of Science: Essays on Realism and Empiricism*. Chicago: University of Chicago Press; pp. 35–47.

Cohen, G. A. 1978. *Karl Marx's Theory of History: A Defence*. Oxford: Clarendon Press.

Cohen, I. Bernard. 1980. *The Newtonian Revolution: With Illustrations of the Transformation of Scientific Ideas*. Cambridge: Cambridge University Press.

——. 1985. *Revolution in Science*. Cambridge: Harvard University Press.

Collins, Peter. 1959. *Concrete: The Vision of a New Architecture*. London: Faber and Faber.

Copernicus, Nicholas. 1543. *On the Revolutions*. Edited by Jerzy Dobrzycki and translated by Edward Rosen. In *Nicholas Copernicus: Complete Works*. 4 vols. London: Macmillan, 1972–; vol.2(1978).

Cossons, Neil, and Barrie Trinder. 1979. *The Iron Bridge: Symbol of the Industrial Revolution*. Bradford-on-Avon, Wiltshire: Moonraker Press.

Crombie, Alistair C. 1994. *Styles of Scientific Thinking in the European Tradition: The History of Argument and Explanation Especially in the Mathematical and Biomedical Sciences and Arts*. 3 vols. London: Duckworth.

Cronin, Helena. 1991. *The Ant and the Peacock: Altruism and Sexual Selection from Darwin to Today*. Cambridge: Cambridge University Press.

Crosnier Leconte, Marie–Laure. 1989. "La Galerie des Machines." In Musée d'Orsay (1989), pp. 164–195.

Curtin, Deane W., ed. 1982. *The Aesthetic Dimension of Science*. New York: Philosophical Library.

D'Agostino, Salvo. 1990. "Boltzmann and Hertz on the Bild–Conception of Physical Theory." *History of Science* 28: 380–398.

Dalitz, R. H. 1987. "A Biographical Sketch of the Life of Professor P. A. M. Dirac, OM, FRS." In J. G. Taylor (1987), pp.3–28.

Davies, Paul. 1992. *The Mind of God: Science and the Search for Ultimate Meaning*. London: Simon and Schuster.

Derkse, Wil. 1993. *On Simplicity and Elegance: An Essay in Intellectual History*. Delft: Eburon.

Dickie, George. 1974. *Art and the Aesthetic: An Institutional Analysis*. Ithaca: Cornell University Press.

Dirac, P. A. M. 1939. "The Relation between Mathematics and Physics." *Proceedings of the Royal Society of Edinburgh* 59: 122–129.

——.1951. "A New Classical Theory of Electrons." *Proceedings of the Royal Society of London*, ser. A, 209: 291–296.

——. 1963. "The Evolution of the Physicist's Picture of Nature." *Scientific*

美与科学革命

American 208, no. 5 (May): 45–53.

——. 1977. "Recollections of an Exciting Era." In Charles Weiner, ed., *History of Twentieth Century Physics: Proceedings of the International School of Physics "Enrico Fermi," Course LVII*. New York: Academic Press; pp. 109–146.

——. 1980a. "The Excellence of Einstein's Theory of Gravitation." In Maurice Goldsmith, Alan Mackay, and James Woudhuysen, eds., *Einstein: The First Hundred Years*. Oxford: Pergamon Press; pp.41–46.

——. 1980b. "Why We Believe in the Einstein Theory." In Bruno Gruber and Richard S. Millman, eds., *Symmetries in Science*. New York: Plenum Press; pp. 1–11.

——. 1982a. "Pretty Mathematics." *International Journal of Theoretical Physics* 21: 603–605.

——. 1982b. "The Early Years of Relativity." In Holton and Elkana (1982), pp.79–90.

Dobbs, Betty Jo Teeter. 1992. *The Janus Faces of Genius: The Role of Alchemy in Newton's Thought*. Cambridge: Cambridge University Press.

Dover, K. J. 1974. *Greek Popular Morality in the Time of Plato and Aristotle*. Oxford: Blackwell.

Duhem, Pierre. 1906. *The Aim and Structure of Physical Theory*. 2d ed., 1914. Translated by Philip P. Wiener. Princeton: Princeton University Press, 1954.

Durant, Stuart. 1994. *Palais des Machines*. London: Phaidon.

Edgerton, Samuel Y., Jr. 1991. *The Heritage of Giotto's Geometry: Art and Science on the Eve of the Scientific Revolution*. Ithaca: Cornell University Press.

Einstein, Albert. 1905. "On the Electrodynamics of Moving Bodies." Translated by Anna Beck. In *The Collected Papers of Albert Einstein*. Princeton: Princeton University Press, 1989; vol.2, pp. 140–171.

———. 1916. "The Foundation of the General Theory of Relativity." Translated by W. Perrett and G. B. Jeffery. In *The Principle of Relativity: A Collection of Original Memoirs on the Special and General Theory of Relativity*. London: Methuen, 1923; pp.109–164.

———. 1936. "Physics and Reality." Translated by Jean Piccard. *Journal of the Franklin Institute* 221: 349–382.

———. 1949. "Autobiographical Notes." In Schilpp(1949), pp. 1–49.

Elkana, Yehuda. 1982. "The Myth of Simplicity." In Holton and Elkana (1982), pp.205–251.

Elliott, Cecil D. 1992. *Technics and Architecture: The Development of Materials and Systems for Buildings*. Cambridge: MIT Press.

Engler, Gideon. 1990. "Aesthetics in Science and in Art." *British Journal of Aesthetics* 30: 24–34.

———. 1994. "From Art and Science to Perception: The Role of Aesthetics." *Leonardo* 27: 207–209.

Falkenburg, Brigitte. 1988. "The Unifying Role of Symmetry Principles in Particle Physics." *Ratio*, n. s. 1: 113–134.

Feigl, Herbert. 1970. "Beyond Peaceful Coexistence." In Stuewer(1970), pp. 3–11.

Feuer, Lewis S. 1957. "The Principle of Simplicity." *Philosophy of Science* 24: 109–122.

———. 1974. *Einstein and the Generations of Science*. 2d ed., 1982. New Brunswick, N. J. : Transaction Books.

Fleck, Ludwik. 1935. *Genesis and Development of a Scientific Fact.* Translated by Fred Bradley and Thaddeus J. Trenn. Chicago: University of Chicago Press, 1979.

Forman, Paul. 1984. *"Kausalität, Anschaulichkeit, and Individualität,* or How Cultural Values Prescribed the Character and the Lessons Ascribed to Quantum Mechanics." In Nico Stehr and Volker Meja, eds., *Society and Knowledge: Contemporary Perspectives in the Sociology of Knowledge.* New Brunswick, N. J. : Transaction Books; pp. 333-347.

Forster, E. M. 1927. *Aspects of the Novel.* Edited by Oliver Stallybrass. London: Edward Arnold, 1974.

Frank, Philipp. 1957. *Philosophy of Science: The Link between Science and Philosophy.* Englewood Cliffs, N. J. : Prentice-Hall.

Friebe, Wolfgang. 1983. *Buildings of the World Exhibitions.* Translated by Jenny Vowles and Paul Roper. Leipzig: Edition. Leipzig. 1985.

Friedman, Alan J., and Carol C. Donley. 1985. *Einstein as Myth and Muse.* Cambridge: Cambridge University Press.

Friedman, Michael. 1974. "Explanation and Scientific Understanding." *Journal of Philosophy* 71: 5-19.

——. 1983. *Foundations of Space-Time Theories: Relativistic Physics and Philosophy of Science.* Princeton: Princeton University Press.

Fry, Maxwell. 1944. *Fine Building.* London: Faber and Faber.

Galilei, Galileo. 1632. *Dialogue Concerning the Two Chief World Systems—Ptolemaic and Copernican.* Translated by Stillman Drake. Berkeley: University of California Press, 1953.

Galison, Peter L.1979. "Minkowski's Space-Time: From Visual Thinking to the Absolute World." *Historical Studies in the Physical Sciences* 10: 85-

121.

Gentner, Dedre. 1983. "Structure–Mapping: A Theoretical Framework for Analogy." *Cognitive Science* 7: 155–170.

Gentner, Dedre, and Michael Jeziorski. 1989. "Historical Shifts in the Use of Analogy in Science." In Barry Gholson, William R. Shadish, Jr., Robert A. Neimeyer, and Arthur C. Houts, eds., *Psychology of Science: Contributions to Metascience*. Cambridge: Cambridge University Press; pp. 296–325.

Ghiselin, Michael T. 1976. "Poetic Biology: A Defense and Manifesto." *New Literary History* 7: 493–504.

Giedion, Sigfried. 1941. *Space, Time and Architecture: The Growth of a New Tradition*. 5th ed., 1967. Cambridge: Harvard University Press.

Gingerich, Owen. 1973. "The Role of Erasmus Reinhold and the Prutenic Tables in the Dissemination of Copernican Theory." In Jerzy Dobrzycki, ed., *Studia Copernicana VI*. Wroclaw: Ossolineum; pp. 43–62, 123–125.

——. 1975. "'Crisis' versus Aesthetic in the Copernican Revolution." In Arthur Beer and K.A. Strand, eds., *Copernicus Yesterday and Today*. Vistas in Astronomy, vol. 17. Oxford: Pergamon Press; pp. 85–93.

Glick, Thomas F. 1987. "Cultural Issues in the Reception of Relativity." In Thomas F. Glick, ed., *The Comparative Reception of Relativity*. Dordrecht: Reidel; pp. 381–400.

Gloag, John. 1962. *Victorian Taste: Some Social Aspects of Architecture and Industrial Design from 1820–1900*. London: A. and C. Black.

Gloag, John, and Derek Bridgwater.1948. *A History of Cast Iron in Architecture*. London: Allen and Unwin.

Goldman, Alan H.1990. "Aesthetic Qualities and Aesthetic Value." *Journal of*

Philosophy 87: 23–37.

Gombrich, Ernst H. 1974. "The Logic of Vanity Fair: Alternatives to Historicism in the Study of Fashions, Style and Taste." In Paul A. Schilpp, ed., *The Philosophy of Karl Popper*. 2 vols. La Salle, Ill. : Open Court; vol. 2, pp.925–957.

Grant, Edward. 1978. "Cosmology." In David C. Lindberg, ed., *Science in the Middle Ages*. Chicago: University of Chicago Press; pp. 265–302.

———. 1984. "In Defense of the Earth's Centrality and Immobility: Scholastic Reaction to Copernicanism in the Seventeenth Century." *Transactions of the American Philosophical Society* 74, pt.4.

Gribbin, John. 1984. *In Search of Schrödinger's Cat: Quantum Physics and Reality*. New York: Bantam Books.

Gross, Alan G. 1990. *The Rhetoric of Science*. Cambridge: Harvard University Press.

Gruber, Howard E.1978. "Darwin's 'Tree of Nature' and Other Images of Wide Scope." In Wechsler (1978), pp.121–140.

Guedes, Pedro, ed. 1979. *The Macmillan Encyclopedia of Architecture and Technological Change*. London: Macmillan.

Haas, Arthur E.1909. "Ästhetische und teleologische Gesichtspunkte in der antiken Physik." *Archiv für Geschichte der Philosophie* 22: 80–113.

Hacking, Ian. 1992. " 'Style'for Historians and Philosophers." *Studies in History and Philosophy of Science* 23: 1–20.

Haldane, J. B. S. 1927. "Science and Theology as Art-Forms. "In J. B. S. Haldane, *On Being the Right Size and Other Essays*. Edited by John Maynard Smith. Oxford: Oxford University Press, 1985; pp.32–44.

Hallyn, Fernand. 1987. *The Poetic Structure of the World: Copernicus and*

Kepler. Translated by Donald M. Leslie. New York: Zone Books, 1990.

Hanson, Norwood Russell. 1961. "The Copernican Disturbance and the Keplerian Revolution." *Journal of the History of Ideas* 22: 169–184.

Harré, Rom. 1960. *An Introduction to the Logic of the Sciences*. 2d ed. 1983. London: Macmillan.

———. 1972. *The Philosophies of Science: An Introductory Survey*. Oxford: Oxford University Press.

Hatfield, Gary. 1993. "Helmholtz and Classicism: The Science of Aesthetics and the Aesthetics of Science." In David Cahan, ed., *Hermann von Helmholtz and the Foundations of Nineteenth-Century Science*. Berkeley: University of California Press; pp.522–558.

Heilbron, John L. 1986. *The Dilemmas of an Upright Man: Max Planck as Spokesman for German Science*. Berkeley: University of California Press.

Heisenberg, Werner. 1970. "The Meaning of Beauty in the Exact Sciences." In Werner Heisenberg, *Across the Frontiers*. Translated by Peter Heath. New York: Harper and Row, 1974; pp.166–183.

———. 1971. *Physics and Beyond: Encounters and Conversations*. Translated by Arnold J. Pomerans. New York: Harper and Row.

Helmholtz, Hermann von. 1870. "On the Origin and Significance of the Axioms of Geometry." In Robert S. Cohen and Yehuda Elkana, eds., *Hermann von Helmholtz: Epistemological Writings*. Dordrecht: Reidel, 1977; pp.1–38.

Heninger, S. K., Jr. 1974. *Touches of Sweet Harmony: Pythagorean Cosmology and Renaissance Poetics*. San Marino, Calif. : Huntington Library.

Herrmann, Wolfgang. 1984. *Gottfried Semper: In Search of Architecture*. Cambridge: MIT Press.

Heskett, John. 1980. *Industrial Design*. London: Thames and Hudson.

Hesse, Mary B. 1954. *Science and the Human Imagination: Aspects of the History and Logic of Physical Science*. London: SCM Press.

——. 1961. *Forces and Fields: The Concept of Action at a Distance in the History of Physics*. London: Nelson.

——. 1966. *Models and Analogies in Science*. Notre Dame, Ind.: University of Notre Dame Press.

——.1974. *The Structure of Scientific Inference*. London: Macmillan.

Hillman, Donald J. 1962. "The Measurement of Simplicity." *Philosophy of Science* 29: 225–252.

Hilts, Victor L. 1975. "A Guide to Francis Galton's *English Men of Science.*" *Transactions of the American Philosophical Society* 65, pt. 5.

Hoffmann, Banesh, and Helen Dukas. 1972. *Albert Einstein: Creator and Rebel*. New York: Viking Press.

Hoffmann, Roald. 1990. "Molecular Beauty." *Journal of Aesthetics and Art Criticism* 48: 191–204.

Hogarth, William. 1753. *The Analysis of Beauty*. Edited by Joseph Burke. Oxford: Clarendon Press, 1955.

Holton, Gerald. 1973. *Thematic Origins of Scientific Thought: Kepler to Einstein*. Revised edition, 1988. Cambridge: Harvard University Press.

——. 1978. *The Scientific Imagination: Case Studies*. Cambridge: Cambridge University Press.

——. 1986. *The Advancement of Science and Its Burdens: The Jefferson Lecture and Other Essays*. Cambridge: Cambridge University Press.

Holton, Gerald, and Yehuda Elkana, eds. 1982. *Albert Einstein: Historical and Cultural Perspectives*. Princeton: Princeton University Press.

Honner, John. 1987. *The Description of Nature: Niels Bohr and the Philosophy of Quantum Physics*. Oxford: Clarendon Press.

Hovis, R. Corby, and Helge Kragh. 1993. "P. A. M. Dirac and the Beauty of Physics." *Scientific American* 268, no. 5 (May): 62–67.

Hoyle, Fred. 1950. *The Nature of the Universe*. Rev. ed., 1960. Harmondsworth, Middlesex: Penguin Books.

Hoyningen-Huene, Paul. 1987. "Context of Discovery and Context of Justification." *Studies in History and Philosophy of Science* 18: 501–515.

Hume, David. 1739. *A Treatise of Human Nature*. Edited by L. A. Selby-Bigge and P. H. Nidditch. Oxford: Clarendon Press, 1978.

Hungerland, Isabel Creed. 1968. "Once Again, Aesthetic and Non-Aesthetic." *Journal of Aesthetics and Art Criticism* 26: 285–295.

Huntley, H. E. 1970. *The Divine Proportion: A Study in Mathematical Beauty*. New York: Dover.

Hutcheson, Francis. 1725. *An Inquiry Concerning Beauty, Order, Harmony, Design*. Edited by Peter Kivy. The Hague: martinus Nijhoff, 1973.

Hutchison, Keith. 1982. "What Happened to Occult Qualities in the Scientific Revolution?" *Isis* 73: 233–253.

——. 1987. "Towards a Political Iconology of the Copernican Revolution." In Patrick Curry, ed., *Astrology, Science and Society: Historical Essays*. Woodbridge, Suffolk: Boydell; pp.95–141.

Huxley, Thomas Henry. 1894. "Biogenesis and Abiogenesis." In Thomas Henry Huxley, *Collected Essays*. 9 vols. London: Macmillan; vol.8, pp.229–271.

Jacquette, Dale. 1990. "Aesthetics and Natural Law in Newton's Methodology." *Journal of the History of Ideas* 51: 659–666.

Jammer. Max. 1966. *The Conceptual Development of Quantum Mechanics*. New York: McGraw-Hill.

——. 1974. *The Philosophy of Quantum Mechanics: The Interpretations of Quantum Mechanics in Historical Perspective*. New York: Wiley.

Jardine, Nicholas. 1982. "The Significance of the Copernican Orbs." *Journal for the History of Astronomy* 13: 168-194.

——. 1991. *The Scenes of Inquiry: On the Reality of Questions in the Sciences*. Oxford: Clarendon Press.

Kaiser, David. 1994. "Bringing the Human Actors Back on Stage: The Personal Context of the Einstein-Bohr Debate." *British Journal for the History of Science* 27: 129-152.

Kargon, Robert. 1969. "Model and Analogy in Victorian Science: Maxwell's Critique of the French Physicists." *Journal of the History of Ideas* 30: 423-436.

Kargon, Robert, and Peter Achinstein, eds. 1987. *Kelvin's Baltimore Lectures and Modern Theoretical Physics: Historical and Philosophical Perspectives*. Cambridge: MIT Press.

Keller, Alex. 1983. *The Infancy of Atomic Physics: Hercules in His Cradle*. Oxford: Clarendon Press.

Kemeny, John G. 1953. "The Use of Simplicity in Induction." *Philosophical Review* 62: 391-408.

Kemp, Martin. 1990. *The Science of Art: Optical Themes in Western Art from Brunelleschi to Seurat*. New Haven: Yale University Press.

Kepler, Johannes. 1609. *New Astronomy*. Translated by William H. Donahue. Cambridge: Cambridge University press, 1993.

——. 1627. *Tabulae Rudolphinae*. Edited by Franz Hammer. In Max Caspar and Franz Hammer, eds., *Johannes Kepler: Gesammelte Werke*. 22 vols. Munich: C. H. Beck, 1937–; vol.10(1969).

King, Jerry P. 1992. *The Art of Mathematics*. New York: Plenum Press.

Kippenhahn, Rudolph. 1984. *Light from the Depths of Time*. Translated by Storm Dunlop. Berlin: Springer–Verlag, 1987.

Kitcher, Philip. 1989. "Explanatory Unification and the Causal Structure of the World." In Philip Kitcher and Wesley C. Salmon, eds., *Scientific Explanation*. Minnesota Studies in the Philosophy of Science, vol. 13. Minneapolis: University of Minnesota Press; pp.410–506.

Kivy, Peter. 1976. *The Seventh Sense: A Study of Francis Hutcheson's Aesthetics and Its Influence in Eighteenth-Century Britain*. New York: Burt Franklin.

——. 1991. "Science and Aesthetic Appreciation." In Peter A. French, Theodore E. Uehling, Jr., and Howard K. Wettstein, eds., *Philosophy and the Arts*. Midwest Studies in Philosophy, vol. 16. Notre Dame, Ind.: University of Notre Dame Press; pp. 180–195.

Klein, Martin J. 1972. "Mechanical Explanation at the End of the Nineteenth Century." Centaurus 17: 58–82.

Koestler, Arthur. 1959. *The Sleepwalkers: A History of Man's Changing Vision of the Universe*. London: Hutchinson.

Kordig, Carl R. 1971. *The Justification of scientific Change*. Dordrecht: Reidel.

Koyré, Alexandre. 1939. *Galileo Studies*. Translated by John Mepham. Hassocks, Sussex: Harvester Press, 1978.

——. 1955. "Attitude esthétique et pensée scientifique." *Critique: Revue générale des publications françaises et étrangéres* 11: 835–847.

Kragh, Helge. 1990. *Dirac: A Scientific Biography*. Cambridge: Cambridge University Press.

美与科学革命

Krisch, A. D. 1987. "An Experimenter's View of P. A. M. Dirac." In Kursunoglu and Wigner (1987), pp.46–52.

Kuhn, Thomas S.1957. *The Copernican Revolution: Planetary Astronomy in the Development of Western Thought.* Cambridge: Harvard University Press.

——. 1962. *The Structure of Scientific Revolutions.* 2d ed., 1970. Chicago: University of Chicago Press.

——. 1970. "Reflections on My Critics." In Lakatos and Musgrave (1970), pp.231–278.

——. 1977. *The Essential Tension: Selected Studies in Scientific Tradition and Change.* Chicago: University of Chicago Press.

Kursunoglu, Behram N., and Eugene P. Wigner, eds. 1987. *Reminiscences about a Great Physicist: Paul Adrien Maurice Dirac.* Cambridge: Cambridge University Press.

Lagrange, Joseph Louis. 1788. *Mécanique analytique*, vol. 1.2d ed., 1811. Reprinted in J. A. Serret, ed., *Oeuvres de Lagrange.* 14 vols. Paris: Gauthier-Villars, 1867–1892; vol.11(1888).

Lakatos, Imre. 1970. "Falsification and the Methodology of Scientific Research Programmes." In Lakatos and Musgrave (1970), pp.91–196.

——. 1971. "History of Science and Its Rational Reconstruction." In Roger C.Buck and Robert S.Cohen, eds., PSA 1970: *Proceedings of the 1970 Biennial Meeting, Philosophy of Science Association.* Dordrecht: Reidel; pp.91–136.

Lakatos, Imre, and Alan Musgrave, eds. 1970. *Criticism and the Growth of Knowledge.* Cambridge: Cambridge University Press.

Lamouche, André. 1955. *Le Principe de simplicité dans les mathématiques et dans les sciences physiques.* Paris: Gauthier-Villars.

Laplace, Pierre-Simon de. 1813. *Exposition du système du monde.* 4th ed. 2 vols. Paris: Courcier.

Latour. Bruno. 1984. *The Pasteurization of France.* Translated by Alan Sheridan and John Law. Cambridge: Harvard University Press, 1988.

———. 1987. *Science in Action: How to Follow Scientists and Engineers Through Society.* Milton Keynes, Buckinghamshire: Open University Press.

Latour, Bruno, and Steve Woolgar. 1979. *Laboratory Life: The Construction of Scientific Facts.* 2d ed., 1986. Princeton: Princeton University Press.

Laudan, Larry. 1977. *Progress and Its Problems: Towards a Theory of Scientific Growth.* Berkeley: University of California Press.

———. 1981. *Science and Hypothesis: Historical Essays on Scientific Methodology.* Dordrecht: Reidel.

———. 1984. *Science and Values: The Aims of Science and Their Role in Scientific Debate.* Berkeley: University of California Press.

Leary, David E. 1990a. "Psyche's Muse: The Role of Metaphor in the History of Psychology." In Leary (1990b), pp.1-78.

———, ed. 1990b. *Metaphors in the History of Psychology.* Cambridge: Cambridge University Press.

Le Lionnais, François. 1948. "Beauty in Mathematics." In François Le Lionnais, ed., *Great Currents of Mathematical Thought.* 2d ed., 1962. Translated by R. A. Hall et al. 2 vols. New York: Dover, 1971; vol. 2, pp.121-158.

Levine, Neil. 1977. "The Romantic Idea of Architectural Legibility: Henri Labrouste and the Néo-Grec." In Arthur Drexler, ed., *The Architecture of the Ecole des Beaux-Arts.* London: Secker and Warburg; pp.325–416.

——. 1982. "The Book and the Building: Hugo's Theory of Architecture and Labrouste's Bibliothèque Ste–Geneviève." In Robin Middleton, ed., *The Beaux-Arts and Nineteenth-Century French Architecture.* London: Thames and Hudson; pp. 138–173.

Levins, Richard. and Richard Lewontin. 1985. *The Dialectical Biologist.* Cambridge: Harvard University Press.

Lewis, David. 1973. *Counterfactuals.* Oxford: Blackwell.

Li, Ming, and Paul M. B. Vitányi. 1992. "Inductive Reasoning and Kolmogorov Complexity." *Journal of Computer and System Sciences* 44: 343–384.

Lindeboom, G. A. 1968. *Herman Boerhaave: The Man and His Work.* London: Methuen.

Lipscomb, William N., Jr. 1982. "Aesthetic Aspects of Science." In Curtin (1982), pp.1–24.

Lodge, Oliver. 1883. "The Ether and Its Functions, " parts 1 and 2. *Nature* 27: 304–306, 328–330.

Lorentz, H. A. 1920. *The Einstein Theory of Relativity: A Concise Statement.* New York: Brentano's.

Lovejoy, Arthur O. 1936. *The Great Chain of Being: A Study of the History of an Idea.* 2d ed., 1964. Cambridge: Harvard University Press.

Loyrette, Henri. 1985. *Gustave Eiffel.* Translated by Rachel Gomme and Susan Gomme. New York: Rizzoli.

——.1989. "Images de la Tour Eiffel (1884–1914)." In Musée d'Orsay (1989), pp. 196–219.

Lumsden, Charles J. 1991. "Aesthetics." In Mary Maxwell, ed., *The*

Sociobiological Imagination. Albany: State University of New York Press; pp.253-268.

Lynch, Michael, and Samuel Y. Edgerton, Jr. 1988. "Aesthetics and Digital Image Processing: Representational Craft in Contemporary Astronomy." In Gordon Fyfe and John Law, eds., *Picturing Power: Visual Depiction and Social Relations*. London: Routledge; pp. 184-220.

Mach, Ernst. 1883. *The Science of Mechanics: A Critical and Historical Account of Its Development*. Translated by Thomas J. McCormack. 6th ed., 1960. La Salle, Ill.: Open Court.

Machan, Tibor R. 1977. "Kuhn, Paradigm Choice and the Arbitrariness of Aesthetic Criteria in Science." *Theory and Decision* 8: 361-362.

Mackie, John L. 1977. *Ethics: Inventing Right and Wrong*. Harmondsworth, Middlesex: Penguin Books.

Mamchur, Elena. 1987. "The Heuristic Role of Aesthetics in Science." *International Studies in the philosophy of Science* 1: 209-222.

Margenau, Henry. 1950. *The Nature of physical Reality: A Philosophy of Modern Physics*. New York: McGraw-Hill.

Mark, Robert, and David P. Billington. 1989. "Structural Imperative and the Origin of New Form." *Technology and Culture* 30: 300-329.

Martin, James E. 1989. "Aesthetic Constraints on Theory Selection: A Critique of Laudan." *British Journal for the Philosophy of Science* 40: 357-364.

Maxwell, James Clerk. 1873. *A Treatise on Electricity and Magnetism*. 3d ed., 1892.2 vols. Oxford: Clarendon Press.

McAllister, James W. 1989. "Truth and Beauty in Scientific Reason." *Synthese* 78: 25-51.

｜ 美与科学革命 ｜

——. 1990. "Dirac and the Aesthetic Evaluation of Theories." *Methodology and Science* 23: 87–102.

——. 1991a. "Scientists' Aesthetic Judgements." *British Journal of Aesthetics* 31: 332–341.

——. 1991b. "The Simplicity of Theories: Its Degree and Form." *Journal for General Philosophy of Science* 22: 1–14.

——. 1993. "Scientific Realism and the Criteria for Theory–Choice." *Erkenntnis* 38: 203–222.

——. 1995. "The Formation of Styles: Science and the Applied Arts." In Caroline A. van Eck, James W. McAllister, and Renée van de Vall, eds., *The Question of Style in Philosophy and the Arts*. Cambridge: Cambridge University Press; pp.157–176.

——. 1996. "Scientists' Aesthetic Preferences among Theories: Conservative Factors in Revolutionary Crises." In Tauber (1996), pp. 169–187.

McDowell, John. 1983. "Aesthetic Value, Objectivity, and the Fabric of the World." In Eva Schaper, ed., *Pleasure, Preference and Value: Studies in Philosophical Aesthetics*. Cambridge: Cambridge University Press; pp. 1–16.

McKean, John. 1994. *Crystal Palace*. London: Phaidon.

McReynolds, Paul. 1990. "Motives and Metaphors: A Study in Scientific Creativity." In Leary (1990b). pp.133–172.

Mehra, Jagdish. 1972. "The Golden Age of Theoretical Physics': P. A. M. Dirac's Scientific Work from 1924 to 1933." In Salam and Wigner (1972), pp.17–59.

Mehra, Jagdish, and Helmut Rechenberg. 1982–1987. *The Historical Development of Quantum Theory*. 5 vols. New York: Springer–Verlag.

Mellor, D. H. 1968. "Models and Analogies in Science: Duhem *versus*

Campbell? " *Isis* 59: 282–290.

——. 1988. "The Warrant of Induction." Reprinted in D. H. Mellor, *Matters of Metaphysics*. Cambridge: Cambridge University Press, 1991; pp.254–268.

Michelis, P. A. 1963. *Esthétique de l'architecture du béton armé*. Paris: Dunod.

Miller, Arthur I. 1981. *Albert Einstein's Special Theory of Relativity: Emergence (1905) and Early Interpretation (1905–1911)*. Reading, Mass.: Addison-Wesley.

——. 1984. *Imagery in Scientific Thought: Creating 20th-Century Physics*. Boston: Birkäuser.

Mittelstrass, Jürgen. 1972. "Methodological Elements of Keplerian Astronomy." *Studies in History and Philosophy of Science* 3: 203–232.

Moesgaard, Kristian P. 1972. "Copernican Influence on Tycho Brahe." In Jerzy Dobrzycki, ed., *The Reception of Copernicus' Heliocentric Theory*. Dordrecht: Reidel; pp.31–55.

Moore, Walter. 1989. *Schrödinger: Life and Thought*. Cambridge: Cambridge University Press.

Mott, Nevill. 1986. *A Life in Science*. London: Taylor and Francis.

Murdoch, Dugald. 1987. *Niels Bohr's Philosophy of Physics*. Cambridge: Cambridge University Press.

Musée d'Orsay. 1989. 1889: *La Tour Eiffel et l'Exposition Universelle*. Paris: Éditions de la Réunion des Musées Nationaux.

Nagel, Ernest. 1961. *The Structure of Science: Problems in the Logic of Scientific Explanation*. London: Routledge and Kegan Paul.

Nature. 1927. "News and Views" , unsigned. *Nature* 119: 467–471.

Nersessian, Nancy J. 1988. "Reasoning from Imagery and Analogy in Scientific Concept Formation." In Arthur Fine and Jarrett Leplin, eds., *PSA 1988: Proceedings of the 1988 Biennial Meeting of the Philosophy of Science Association.* 2 vols. East Lansing, Mich.: Philosophy of Science Association; vol. 1, pp.41-47.

Neugebauer, Otto. 1952. *The Exact Sciences in Antiquity.* 2d ed., 1969. New York: Dover.

——.1968. "On the Planetary System of Copernicus." In Arthur Beer, ed., *Philosophy, Dynamics, Astrometry, Astro-Archaeology, Correlations. Astrophysics, History, Instrumentation, Cosmogony.* Vistas in Astronomy, vol. 10. Oxford: Pergamon Press; pp.89-103.

Newton-Smith, W. H. 1981. *The Rationality of Science.* London: Routledge and Kegan Paul.

Neyman, Jerzy. 1974. "Nicholas Copernicus (Mikolaj Kopernik): An Intellectual Revolutionary." In Jerzy Neyman, ed., *The Heritage of Copernicus: Theories "Pleasing to the Mind."* Cambridge: MIT Press; pp.1-22.

Nicolson. Marjorie Hope. 1946. *Newton Demands the Muse: Newton's "Opticks" and the Eighteenth-Century Poets.* Princeton: Princeton University Press.

——. 1950. *The Breaking of the Circle: Studies in the Effect of the "New Science" upon Seventeeth-Century Poetry.* Rev. ed., 1960. New York: Columbia University Press.

——. 1956. *Science and Imagination.* Ithaca: Cornell University Press.

Nisbet, Robert. 1976. *Sociology as an Art Form.* New York: Oxford University Press.

Osborne, Harold. 1964. "Notes on the Aesthetics of Chess and the Concept of Intellectual Beauty." *British Journal of Aesthetics* 4: 160–163.

——. 1984. "Mathematical Beauty and Physical Science." *British Journal of Aesthetics 24*: 291–300.

——. 1986a. "Interpretation in Science and in Art." *British Journal of Aesthetics* 26: 3–15.

——. 1986b. "Symmetry as an Aesthetic Factor." *Computers and Mathematics with Applications*, ser. B, 12: 77–82.

Pais, Abraham. 1982. *"Subtle Is the Lord…" : The Science and the Life of Albert Einstein.* Oxford: Clarendon Press.

——. 1991. *Niels Bohr's Times, in Physics, Philosophy, and Polity.* Oxford: Clarendon Press.

Palter, Robert. 1970. "An Approach to the History of Early Astronomy." *Studies in History and Philosophy of Science* 1: 93–133.

Panofsky, Erwin. 1954. *Galileo as a Critic of the Arts.* The Hague: Martinus Nijhoff.

——. 1956. "Galileo as a Critic of the Arts: Aesthetic Attitude and Scientific Thought." *Isis* 47: 3–15.

Papert, Seymour A. 1978. "The Mathematical Unconscious." In Wechsler (1978), pp.105–119.

Pawley, Martin. 1990. *Theory and Design in the Second Machine Age.* Oxford: Blackwell.

Penrose, Roger. 1974. "The Rôle of Aesthetics in Pure and Applied Mathematical Research." *Bulletin of the Institute of Mathematics and Its Applications* 10: 266–171.

Pera, Marcello. 1981. "Copernico e il realismo scientifico." *Filosofia* 22: 151–

美与科学革命

174.

Pevsner, Nikolaus. 1937. *An Enquiry into Industrial Art in England*. Cambridge: Cambridge University Press.

——. 1960. *Pioneers of Modern Design: From William Morris to Walter Gropius*. Rev. ed., 1974. Harmondsworth, Middlesex: Penguin Books.

——. 1968. *The Sources of Modern Architecture and Design*. London: Thames and Hudson.

Pickering, Andrew, ed. 1992. *Science as Practice and Culture*. Chicago: University of Chicago Press.

Pickvance, Simon. 1986. "'Life' in a Biology Lab." In Les Levidow, ed., *Radical Science Essays*. London: Free Association Books; pp.140–153.

Planck, Max. 1922. *The Origin and Development of the Quantum Theory*. Translated by H. T. Clarke and L. Silberstein. Oxford: Clarendon Press.

——. 1948. "A Scientific Autobiography." In Max Planck, *Scientific Autobiography and Other Papers*. Translated by Frank Gaynor. London: Williams and Norgate, 1950; pp.13–51.

Pocock, Stuart J. 1983. *Clinical Trials: A Practical Approach*. Chichester, West Sussex: Wiley.

Poincaré, Henri. 1908. *Science and Method*. Translated by F. Maitland. London: Nelson, 1914.

Polanyi, Michael. 1958. *Personal Knowledge: Towards a Post-Critical Philosophy*. London: Routledge and Kegan Paul.

Pollitt, J. J. 1974. *The Ancient View of Greek Art: Criticism, History, and Terminology*. New Haven: Yale University Press.

Popper, Karl R. 1959. *The Logic of Scientific Discovery*. Rev. ed., 1980. London: Hutchinson.

——. 1972. *Objective Knowledge: An Evolutionary Approach*. Oxford: Clarendon Press.

Pribram, Karl H. 1990. "From Metaphors to Models: The Use of Analogy in Neuropsychology." In Leary(1990b), PP.79–103.

Price, Derek J. de S. 1959. "Contra–Copernicus: A Critical Re–Estimation of the Mathematical Planetary Theory of Ptolemy, Copernicus, and Kepler." In Marshall Clagett, ed., *Critical Problems in the History of Science*. Madison: University of Wisconsin Press; PP.197–218.

Price, Kingsley. 1977. "The Truth about Psychical Distance." *Journal of Aesthetics and Art Criticism* 35: 411–423.

Priest, Graham. 1976. "Gruesome Simplicity." *Philosophy of Science* 43: 432–437.

Quine, Willard Van Orman. 1953. *From a Logical Point of View: Nine Logico-Philosophical Essays*. 2d ed., 1961. Cambridge: Harvard University Press.

Randall, John H., Jr. 1960. *Aristotle*. New York: Columbia University Press.

Ray, Christopher. 1987. *The Evolution of Relativity*. Bristol: Adam Hilger.

Reichenbach, Hans. 1927. *From Copernicus to Einstein*. Translated by Ralph B. Winn. New York: Dover, 1980.

——. 1938. *Experience and Prediction: An Analysis of the Foundations and the Structure of Knowledge*. Chicago: University of Chicago Press.

Rescher, Nicholas. 1977. *Methodological Pragmatism: A Systems-Theoretic Approach to the Theory of Knowledge*. Oxford: Blackwell.

——. 1987. *Scientific Realism: A Critical Reappraisal*. Dordrecht: Reidel.

——, ed. 1990. *Aesthetic Factors in Natural Science*. Lanham, Md.: University Press of America.

Rheticus, Georg Joachim. 1540. *Narratio prima*. Translated by Edward Rosen. In Edward Rosen, ed., *Three Copernican Treatises*. 2d ed., 1959. New York: Dover, 1939; pp.107–196.

Rigden, John S. 1986. "Quantum States and Precession: The Two Discoveries of NMR." *Reviews of Modern Physics* 58: 433–448.

Rohrlich, Fritz. 1987. *From Paradox to Reality: Our Basic Concepts of the Physical World*. Cambridge: Cambridge University Press.

Rolston, Holmes, III. 1995. "Does Aesthetic Appreciation of Landscapes Need to Be Science–Based? " *British Journal of Aesthetics* 35: 374–386.

Root–Bernstein, Robert S. 1984. "On Paradigms and Revolutions in Science and Art: The Challenge of Interpretation." *Art Journal* 44: 109–118.

———. 1985. "Visual Thinking: The Art of Imagining Reality." *Transactions of the American Philosophical Society* 75, no.6: 50–67.

———. 1987. "Harmony and Beauty in Medical Research." *Journal of Molecular and Cellular Cardiology* 19: 1043–1051.

Rose, Paul L. 1975. "Universal Harmony in Regiomontanus and Copernicus." In Suzanne Delorme, ed., *Avant, avec. après Copernic*: La Représentation de l'univers et ses conséquences épistémologiques. Paris: Blanchard; PP. 153–158.

Rosen, Joe. 1975. *Symmetry Discovered: Concepts and Applications in Nature and Science*. Cambridge: Cambridge University Press.

Rosenfeld, Léon. 1967. "Niels Bohr in the Thirties: Consolidation and Extension of the Conception of Complementarity." In Stefan Rozental, ed., *Niels Bohr: His Life and Work as Seen by His Friends and Colleagues*. Amsterdam: North–Holland; pp.114–136.

Rosenkrantz, R. D. 1976. "Simplicity." In William L. Harper and Clifford A.

Hooker, eds., *Foundations of Probability Theory, Statistical Inference, and Statistical Theories of Science.* 3 vols. Dordrecht: Reidel; vol.1, pp.167–196.

Rosenthal-Schneider, Ilse. 1980. "Reminiscences of Einstein." In Harry Woolf, ed., *Some Strangeness in the Proportion: A Centennial Symposium to Celebrate the Achievements of Albert Einstein.* Reading, Mass.: Addison-Wesley; pp. 521–523.

Ruskin, John. 1849. *The Seven Lamps of Architecture.* 2d ed., 1880. Reprint. London: George Allen and Sons, 1907.

Russell, Bertrand. 1940. "The Philosophy of Santayana." In Paul A. Schilpp, ed., *The Philosophy of George Santayana.* Evanston, Ill.: Northwestern University Press; pp.453–474.

Russell, John L. 1964. "Kepler's Laws of Planetary Motion: 1609–1666. " *British Journal for the History of Science* 2: 1–24.

Salam, Abdus, and Eugene P. Wigner, eds.1972. *Aspects of Quantum Theory.* Cambridge: Cambridge University Press.

Salmon, Wesley C. 1961. "Comments on Barker's 'The Role of Simplicity in Explanation.' " In Herbert Feigl and Grover Maxwell, eds., *Current Issues in the Philosophy of Science.* New York: Holt, Rinehart and Winston; pp.274–276.

Scheffler, Israel. 1967. *Science and Subjectivity.* Indianapolis: Bobbs-Merrill.

Schilpp, Paul A., ed. 1949. *Albert Einstein: Philosopher-Scientist.* La Salle, Ill.: Open Court.

Schrödinger, Erwin. 1958. *Mind and Matter.* Cambridge: Cambridge University Press.

Schweber, Silvan S. 1994. *QED and the Men Who Made It: Dyson, Feynman,*

美与科学革命

Schwinger, and Tomonaga. Princeton: Princeton University Press.

Sellar, Walter C., and Robert J. Yeatman. 1930. *1066 and All That: A Memorable History of England.* London: Methuen.

Shaftesbury, Anthony Ashley Cooper, Third Earl of. 1711. *Characteristics of Men, Manners, Opinions, Times etc.* Edited by John M. Robertson. 2 vols. London: Grant Richards, 1900.

Shanmugadhasan, S. 1987. "Dirac as Research Supervisor and Other Remembrances." In J. G. Taylor (1987), pp.48–57.

Shea, William R. 1985. "Panofsky Revisited: Galileo as a Critic of the Arts." In Andrew Morrogh, Fiorella Superbi Gioffredi, Piero Morselli, and Eve Borsook, eds., *Renaissance Studies in Honor of Craig Hugh Smyth.* 2 vols. Florence: Giunti Barbèra; vol. 1, pp.481–492.

Shelton, Jim. 1988. "The Role of Observation and Simplicity in Einstein's Epistemology." *Studies in History and Philosophy of Science* 19: 103–118.

Shepard, Roger N. 1978. "The Mental Image." *American Psychologist* 33: 125–137.

Sibley, Frank. 1959. "Aesthetic Concepts." *Philosophical Review* 68: 421–450.

Simmons, Jack. 1968. *St. Pancras Station.* London: Allen and Unwin.

Simonton, Dean K. 1988. *Scientific Genius: A Psychology of Science.* Cambridge: Cambridge University Press.

Skempton, A. W., and H. R. Johnson. 1962. "The First Iron Frames." *Architectural Review* 131: 175–186.

Smith, Adam. 1776. *An Inquiry into the Nature and Causes of the Wealth of Nations.* Edited by R. H. Campbell, A. S. Skinner, and W. B. Todd.

Oxford: Clarendon Press, 1976.

Sober, Elliott. 1975. *Simplicity*. Oxford: Clarendon Press.

——. 1984. *The Nature of Selection: Evolutionary Theory in Philosophical Focus*. Cambridge: MIT Press.

——. 1988. *Reconstructing the Past: Parsimony, Evolution, and Inference*. Cambridge: MIT Press.

Sparke, Penny. 1986a. *An Introduction to Design and Culture in the Twentieth Century*. London: Allen and Unwin.

——. 1986b. *Furniture*. London: Bell and Hyman.

Stachel, John. 1986. "Einstein and the Quantum: Fifty Years of Struggle." In Robert G. Colodny, ed., *From Quarks to Quasars: Philosophical Problems of Modern Physics*. Pittsburgh: University of Pittsburgh Press; pp.349–385.

Stafford, Barbara M. 1984. *Voyage into Substance: Art, Science, Nature, and the Illustrated Travel Account, 1760–1840*. Cambridge: MIT Press.

Stolnitz, Jerome. 1960. *Aesthetics and Philosophy of Art Criticism: A Critical Introduction*. Boston: Houghton Mifflin.

——. 1961a. "On the Significance of Lord Shaftesbury in Modern Aesthetic Theory." *Philosophical Quarterly* 11: 97–113.

——. 1961b. "On the Origins of 'Aesthetic Disinterestedness.'" *Journal of Aesthetics and Art Criticism* 20: 131–143.

Strike, James. 1991. *Construction into Design: The Influence of New Methods of Construction on Architectural Design, 1690–1990*. Oxford: Butterworth Architecture.

Stuewer, Roger H., ed. 1970. *Historical and Philosophical Perspectives of Science*. Minnesota Studies in the Philosophy of Science, vol. 5. Minneapolis: University of Minnesota Press.

Sullivan, J. W. N. 1919. "The Justification of the Scientific Method." The Athenaeum, no. 4644 (2 May): 274–275.

Swenson, Loyd S., Jr. 1972. *The Ethereal Aether: A History of the Michelson-Morley-Miller Aether-Drift Experiments, 1880–1930*. Austin: University of Texas Press.

Swerdlow, Noel M. 1973. "The Derivation and First Draft of Copernicus's Planetary Theory: A Translation of the Commentariolus with Commentary." *Proceedings of the American Philosophical Society* 117: 423–512.

Swerdlow, Noel M., and Otto Neugebauer. 1984. *Mathematical Astronomy in Copernicus's De Revolutionibus*. 2 vols. New York: Springer–Verlag.

Tauber, Alfred I., ed. 1996. *The Elusive Synthesis: Aesthetics and Science*. Dordrecht: Kluwer.

Taylor, A. M. 1966. *Imagination and the Growth of Science*. London: Murray.

Taylor, J. G., ed. 1987. *Tributes to Paul Dirac*. Bristol: Adam Hilger.

Thagard, Paul. 1988. *Computational Philosophy of Science*. Cambridge: MIT Press.

Thomson, George. 1961. *The Inspiration of Science*. Oxford: Oxford University Press.

Thomson, Herbert F. 1965. "Adam Smith's Philosophy of Science." *Quarterly Journal of Economices* 79: 212–233.

Thomson, William, Lord Kelvin. 1884. *Notes of Lectures on Molecular Dynamics and the Wave Theory of Light*. Reprinted in Kargon and Achinstein (1987), pp.7–263.

——. 1901. "Nineteenth–Century Clouds over the Dynamical Theory of Heat and Light." Reprinted in Lord Kelvin, *Baltimore Lectures on Molecular Dynamics and the Wave Theory of Light*. Cambridge: Cambridge

University Press, 1904; pp.486–527.

Tonietti, Tito. 1985. Letter to the Editor. *Mathematical Intelligencer* 7, no.4: 6–8.

Tsilikis, John D. 1959. "Simplicity and Elegance in Theoretical Physics." *American Scientist* 47: 87–96.

van Fraassen, Bas C. 1980. *The Scientific Image*. Oxford: Clarendon Press.

——. 1989. *Laws and Symmetry*. Oxford: Clarendon Press.

Van Vleck, John H. 1972. "Travels with Dirac in the Rockies." In Salam and Wigner (1972), pp.7–16.

Van Zanten, David. 1987. Designing Paris: *The Architecture of Duban, Labrouste, Duc, and Vaudoyer*. Cambridge: MIT Press.

Veltman, Kim H. 1986. *Linear Perspective and the Visual Dimensions of Science and Art*. Munich: Deutscher Kunstverlag.

Viollet-le-Duc, Eugène Emmanuel. 1863–1872. *Entretiens sur l'architecture*. 2 vols. Facsimile edition. Paris: Pierre Mardaga, 1977.

Walsh, Dorothy. 1979. "Occam's Razor: A Principle of Intellectual Elegance." *American Philosophical Quarterly* 16: 241–244.

Watkins, John. 1958. "Confirmable and Influential Metaphysics." *Mind* 67: 344–356.

——. 1984. *Science and Scepticism*. Princeton: Princeton University Press.

Watson, James D. 1968. *The Double Helix: A Personal Account of the Discovery of the Structure of DNA*. Critical edition, edited by Gunther S. Stent. London: Weidenfeld and Nicolson, 1981.

Webster, Charles. 1982. *From Paracelsus to Newton: Magic and the Making of Modern Science*. Cambridge: Cambridge University Press.

Wechsler, Judith, ed. 1978. *On Aesthetics in Science*. Cambridge: MIT Press.

Weinberg, Steven. 1987. "Towards the Final Laws of Physics." In Richard P. Feynman and Steven Weinberg, *Elementary Particles and the Laws of Physics: The 1986 Dirac Memorial Lectures*. Cambridge: Cambridge University Press; pp.61–110.

——. 1993. *Dreams of a Final Theory*. London: Hutchinson.

Wessels, Linda. 1983. "Erwin Schrödinger and the Descriptive Tradition." In Rutherford Aris, H. Ted Davis, and Roger H. Stuewer, eds., *Springs of Scientific Creativity: Essays on Founders of Modern Science*. Minneapolis: University of Minnesota Press; pp.254–278.

Wessely, Anna. 1991. "Transposing 'Style' from the History of Art to the History of Science." *Science in Context* 4: 265–278.

Westman, Robert S. 1975. "The Melanchthon Circle, Rheticus, and the Wittenberg Interpretation of the Copernican Theory." *Isis* 66: 165–193.

——. 1990. "Proof, Poetics, and Patronage. Copernicus's Preface to *De Revolutionibus*." In David C. Lindberg and Robert S. Westman, eds., *Reappraisals of the Scientific Revolution*. Cambridge: Cambridge University Press; pp. 167–205.

Weyl, Hermann. 1952. *Symmetry*. Princeton: Princeton University Press.

Wheaton, Bruce R. 1983. *The Tiger and the Shark: Empirical Roots of Wave-Particle Dualism*. Cambridge: Cambridge University Press.

Wheeler, John A. 1983. "Law without Law." In John A. Wheeler and W. H. Zurek, eds., *Quantum Theory and Measurement*. Princeton: Princeton University Press; pp.182–213.

Whiteside, D. T. 1974. "Keplerian Planetary Eggs, Laid and Unlaid, 1600–1605." *Journal for the History of Astronomy* 5: 1–21.

Whitrow, Gerald J. 1967. *Einstein: The Man and His Achievement*. London:

British Broadcasting Corporation.

Wiener, Norbert. 1948. *Cybernetics, or Control and Communication in the Animal and the Machine.* 2d ed., 1961. Cambridge: MIT Press.

Williams, George C. 1966. *Adaptation and Natural Selection: A Critique of Some Current Evolutionary Thought.* Princeton: Princeton University Press.

Williamson, Robert B. 1977. "Logical Economy in Einstein's 'On the Electrodynamics of Moving Bodies.'" *Studies in History and Philosophy of Science* 8: 49–60.

Wilson, Curtis. 1968. "Kepler's Derivation of the Elliptical Path." *Isis* 59: 4–25.

Wilson, Edward O. 1978. *On Human Nature.* Cambridge: Harvard University Press.

Wollheim, Richard. 1968. *Art and Its Objects.* 2d ed., 1980. Cambridge: Cambridge University Press.

Yang, Chen Ning. 1961. *Elementary Particles: A Short History of Some Discoveries in Atomic Physics.* Princeton: Princeton University Press.

Zee, Anthony. 1986. *Fearful Symmetry: The Search for Beauty in Modern Physics.* New York: Macmillan.

Zemach, Eddy M. 1986. "Truth and Beauty." *Philosophical Forum* 18: 21–39.

致　谢

我感谢剑桥大学教授玛丽·B.赫西（Mary B. Hesse）和尼古拉斯·雅尔丁（Nicholas Jardine），多伦多大学教授詹姆斯·R.布朗（James R. Brown），感谢他们对书中阐述内容的初稿提出的意见。他们并不完全同意我的见解，这一点从他们自己的著述中可明显看出。我感谢康奈尔大学出版社的两位匿名审稿人，感谢他们对倒数第二稿提出的透彻精当的意见。最后感谢供职于莱登大学的我的同事和朋友为我提供使这项工作顺利完成的惬意的环境。

本书中的一些材料扩展自下述出版物：《科学理性中的真和美》，载《综合》78（1989），25~51（©1989，克鲁瓦尔学术出版公司）；《理论的简单性：其程度和形式》，载《一般科学哲学杂志》22（1991），1~14（©1991，克鲁瓦尔学术出版公司）；《科学实在论和理论选择标准》，载《认识》38（1993），203~222（©1993，克鲁瓦尔学术出版公司）和《科学家对理论的审美偏好：革命危机中的保守因素》，载艾尔弗雷德·I.陶伯（Alfred I. Tauber）编《难以捉摸的综合：美学和科学》，（道得莱特：克鲁瓦尔，1996），169~187（©1996，克鲁瓦尔学术出版公司），所有这些承蒙克鲁瓦尔学术出版公司许可利用。
《科学家的审美判断》，载《英国美学杂志》31（1991），332~341，
承蒙牛津大学出版社许可；《风格的形成：科学和实用艺术》，载卡
罗琳·A.范·艾克（Caroline A. van Eck），詹姆斯·W.麦卡里斯特
（James W. McAllister）和莱尼·范·德·瓦尔（Renée van de Vall）
编《哲学和艺术中的风格问题》（剑桥：剑桥大学出版社，1995），
157~176，承蒙剑桥大学出版社许可利用。

詹姆斯·W.麦卡里斯特